城市规划经典译丛

U0225072

所的诱惑

——城市的历史与未来

[美] 约瑟夫 · 里克沃特　著

叶齐茂　倪晓晖　译

中国建筑工业出版社

著作权合同登记图字：01-2016-6267号

图书在版编目（CIP）数据

场所的诱惑：城市的历史与未来 /（美）约瑟夫·里克沃特著；叶齐茂，倪晓晖译．—北京：中国建筑工业出版社，2017.11
（城市规划经典译丛）
ISBN 978-7-112-21174-6

Ⅰ. ①场… Ⅱ. ①约… ②叶… ③倪… Ⅲ. ①城市规划—研究 Ⅳ. ①TU984

中国版本图书馆CIP数据核字（2017）第217996号

THE SEDUCTION OF PLACE: THE HISTORY AND FUTURE OF THE CITY
Copyright © Joseph Rykwert 2000

Translation copyright © 2017 by China Architecture & Building Press

本书由作者 JOSEPH RYKWERT 通过 Andrew 版权代理公司授权翻译出版

责任编辑：程素荣
责任校对：李欣慰　芦欣甜

城市规划经典译丛
场所的诱惑——城市的历史与未来
[美] 约瑟夫 · 里克沃特　著
叶齐茂　倪晓晖　译
*
中国建筑工业出版社出版、发行（北京海淀三里河路9号）
各地新华书店、建筑书店经销
北京京点图文设计有限公司制版
北京中科印刷有限公司印刷
*
开本：787×1092 毫米　1/16　印张：16　字数：305 千字
2018 年 2 月第一版　2018 年 2 月第一次印刷
定价：58.00 元
ISBN 978-7-112-21174-6
（30823）
版权所有　翻印必究
如有印装质量问题，可寄本社退换
（邮政编码 100037）

目录

致谢

本书酝酿的时间很长，真正动笔写的时间却不长。我首先要感谢的是剑桥大学、宾夕法尼亚大学、波兰克拉科夫的亚盖洛大学的学生和同事，我和他们讨论了本书的一些想法。科尔曼（Nathaniel Coleman）和阿尔杜里（Taha al-Douri）是我在宾夕法尼亚大学的研究助手，他们对我的一些帮助连他们自己都不知道。

安德鲁·莫蒂（Andrew Motion，一个出版商）首先建议我写一本有关这个主题的书。许多朋友（George Baird，Marc Baraness，Czeslaw Bielecki，Mario Botta，David Chipperfield，Evelyn Stern，Jean-Louis Cohen，Charles Correa，Francoise Choay，Andre Corboz Hubert and Terry Damisch，Balakrishna Doshi，Aurelio Galfetti，Antoine Grumbach，Vittorio and Marina Gregotti，Panos Koulermos，Paul Levy，Richard Sennett and Saskia Sassen and Ivan Zaknic.）首先与我讨论过这本书，他们都鼓励我写下去，而且对我可能出现的失误提出了许多忠告。我还要感谢一些忙忙碌碌的朋友（Denis Cosgrove，Graham Howes，Paul McQuail ，Gwen Wright），他们放下手中的工作，阅读我的手稿。他们还提出了一些我没有想到的问题，纠正了我的一些基本错误。我很幸运能够就一些专业问题询问我们家里的两个人（Christian Devillers，Julien Studley）。

我要感谢许焯权（Desmond Hui，香港大学建筑系教授），他安排并陪我去了三次中国。我要感谢尼尔德夫妇（Lawrence and Andrea Nield，2000年悉尼奥运场馆的总规划师），他们在澳大利亚接待了我们。

我的出版代理人亨特（Bruce Hunter）帮助我策划了这本书，谢利·万格（Shelley Wanger）一直都是一个严厉但体贴人的编辑。艾丽斯（Alice van Straalen）给本书制作了平装版。我非常感谢他们。伦敦图书馆、宾夕法尼亚大学图书馆，纽约大学埃尔默博斯特图书馆的工作人员都是那样彬彬有礼，很有耐心。

我的妻子安娜督促我写这本书，尽量让我不要跑题，删减掉我的一些更任性的发挥。所以，这是我的作品，也是她的作品。不过，我来承担本书中存在的判断和事实上的错误。

就在我写这本书的时候，我的两个孙女降生了。他们那一代人将会掌握城市的未来，所以，我把这本书献给她们，左伊和盖娅。

序：众里寻它千百度

1945年，战火蹂躏下的欧洲和亚洲的大部分地区成为一片废墟。规划师和建筑师以及与他们并肩的社会学家和工程师们似乎完全掌握了他们必须最迅速地去应对的形势。日本、中国、缅甸和欧洲必须重建数量相当巨大的住宅。

实际上，就在战争还在如火如荼地进行时，许多专业人士已经对战争的后果做好了思想准备，他们运筹帷幄，制定着他们决战千里的战略。他们信心十足，认为他们能够保证，规划合理和设计新颖的新的文明城市会从战火和废墟中横空出世，以保证生还者和退伍军人的福祉。这些专业人士被看成是新的和更好的世界的先锋，他们的工作基础是统计调查和技术效力。他们面对的是一个历史上从未出现过状况。他们的设想是乐观的。建设成为第一位的任务，在20世纪上半叶，在任何一个讲西班牙语的国家，无论是欧洲的，还是南美的，需要大学文凭却又没有明确爱好的年轻人，常常学习法律，但是，到了1945年以后，他们中的许多人喜爱上了建筑。在英国，当时的工党政府不仅支持新型城市化，而且还精心研究了住房问题。

但是，1965年，这种情形发生了很大的变化。许多新计划没有成为现实，美国的复员军人没有住进他们具有远见卓识的建筑师设计的城市，而是住进了具有传统投机目的的开发商开发的郊区住宅里。社会开始瞧不起建筑师了；建筑学院必须重新调整重点，社会批判家对建筑师口诛笔伐。福楼拜（Gustave Flaubert）曾经这样讥讽建筑师，“建筑师，真愚蠢；他们总是忘了在家里修楼梯”，人们把这句话翻译成了英语，让它重新流行起来。

战后开始从事建筑实践的建筑师，依然不是完全相信他们那些年长的同行们所信奉的合理性和技术效力。对他们来讲，那些正在飞速建设起来的住宅区留下了太多的遗憾。城市也许压根就不是精心设计的住宅单元的集合，而是某种需要展开研究的不同于住宅单元集合的东西。“国际现代建筑大会”（CIAM）内部出现了冲突，实际上，战争结束后的数十年里，正是“国际现代建筑大会”倡导的观念深刻地影响了当时的规划师和建筑师。在南斯拉夫，现在的克罗地亚的杜布罗夫尼克，“国际现代建筑大会”召开了第10次大会，但是，这次大会不欢而散。

我恰恰是在“国际现代建筑大会”分裂期间成长起来的。作为一个学生，我一直都不满意我的课程，这个课程完全被涂上了理性主义遗产的色彩，甚至是那个腼腆的英国编辑。这个繁琐的唯社会学论，似乎既粗野又具有误导性。于是，我开始寻找历史先例，考察许多与那些历史先例所处环境相联系的其他方式，特别是那些与人类学家正在研究的与环境相联系的其他方式。由于人类学家的研究十分繁琐，不能重复。所以，我决定把研究集中在罗马城，人们常常把罗马城看成理性安排的一个范例，因为罗马城是按照方格模式布局的，是模仿军营而建造的。我更加详尽地阅读了罗马作家留下的有关罗马城的作品，我发现，对罗马城的传统看法完全不正确。因为当时罗马人期望的不只是给军人提供一个临时居所，因此，军营恰恰是以不是军营的罗马城为基础的。就像入住罗马城一样，一系列精心设计的仪式给居住者解释了军营的形式，在此之后，战士才能入住军营。甚至矩形和方格式的平面布局都是当时罗马人所认为的世界，都是罗马人觉得他们在这个世界中所处的位置。[1]

这个研究让我怀疑我过去得到的有关聚居点的合理和经济属性的全部观念，同时，还让我怀疑另外一个观念，一个与人无关的客观的力量支配着罗马城建设。对我而言，恰恰是观念、感觉经验和期望控制着城镇规划设计者和建设者，正如经济学家所说，城市不是按照准自然法则成长的，城市是以人的意志为转移的，人的许多意识和潜意识的因素对城镇的规划设计者和建设者的意志都发挥着重要影响。看来，在城镇规划设计者和建设者的思想中存在某种意识和潜意识的相互作用。

罗马城的形体结构就是城镇规划设计者和建设者意识和潜意识相互作用的一种反映，也是这种相互作用的有形的文献。城市肯定不是一个完整的艺术品或一个精美的物件，每一个城市建设行动都在保护着和推动着人的意愿所及的事物，因此，我们几乎不能把认识其他人造物与认识城市这个事物相提并论。或者如卡尔维诺（Calvino）所说，“—城市认为它们自己，或是思维的产物，或是机会的产物，可是，思维或机会都撑不起它们的城墙。”[2] 希腊人用 *polis* 这个词来表示城市，他们也使用 *polis* 来表示骰子和棋盘游戏，很像“十五子棋”，我们依赖骰子和棋盘，依赖机会和规则的相互作用才能玩游戏。[3] 每掷一次骰子，博弈者都会按规则做出应变，而正是这种应变显示了博弈者的能力。如果城市发展真的与此相类似，那么，在城市问题上，我们就既是建设者，也是使用者。城镇不是完全通过政治或经济从上面强加给我们的，也不是完全受到我们无法完全弄清的未知世界左右的。在英国，城和镇是两个有区别的实体，政府决定若干个镇合并成为城市，所以，我在这里说“城”和“镇”；在美国，任何城镇都可以得到“城市”的称号。无论如何，“城”和“镇”都可以翻译成德语的 *stadt*，意大利语的 *citta*。在法语中，*cite* 是指像“旧城”、“城镇核心”之类地方。西班牙语沿袭了它的罗马人的根，使用 *urbe*，给我们留下了城市科学，以及 *ciudad*，这个词的发音是古代的，像我们的“*city*”，而 *poblacion* 是指社区，而不是指城墙。*Vills*，类似法语的 *ville* 和英语的“*town*”，带着一种乡村起源的痕迹。

城市像它们的居民一样，也是一个善恶混合体。5000 年前，随着文字的发明，有关城市的批评一直都不绝于耳。然而，人们总是涌进城市，并点赞城市。“每一个国家都有一个政府”[4] 这句格言长期以来都被认为是天经地义的。我们真有一个我们应该有的城市吗？社会学家、交通专家和政治家，都写过城市，讨论过城市问题。经济学家和未来学家都预言过城市的崩溃。阅读他们写的那些文献，我总是发现，社会学家、交通专家和政治家对城市的实体结构，对城市所引起的触觉、对城市的气味，对城市的外观关注太少了。

仅仅观察表面现象是危险的，所以，我会去研究我们对城市的感觉经验，尽力认识城市表面现象背后掩盖起来的那些事物。在我看来，我们对城市空间的研究，尤其是对城市公共空间的研究，是与城市如何用公共建筑展示城市相联系的。标志性建筑曾几何时已经不再是政治和公权力机构说待的地方，而是私人金融待着的地方，是公司投资建设起来的地方。供租赁的办公室、公寓大楼、公司总部挤满了城市的天际线。华盛顿特区的五角大楼（据说，五角大楼给世界留下的印记最大）曾经那么盛气凌人，可是，最近几十年建设起来的那些政治机关已经不再那么显眼或盛气凌人了，那些公共机构出现在偏僻和孤独的位置上，坐落在停车场、保安和防范的屏障背后，那些设施的确会影响过路人，甚至还会影响车辆的正常行驶，那些公共机构所在地表现为一种异类，好像乔装打扮的和孤独的统治者一样。

我从来就不会开车，所以，有可能影响我对这些问题的考虑。不能开车可能使我比那些开车的人对步行化的城市街道项目更宽容些。开车的和不开车一定可以分享我对巨大缓冲停车地区背后的公共机构建筑的看法。无论我们是从入口经过停车场，还是驱车进入停车场，停车场的缓冲效果几乎相同。

所以，最近几十年建设起来的那些公共机构都是遮遮掩掩的，然而，城镇或城市的感觉和结构总是呈现在市民面前，就像它呈现在游客面前一样。无论城市结构是体会到的、看到的、摸到的、嗅到的，还是识破的，无论城市结构是有意识还是无意识形成的，社会总是一种看不见的事物，而城市结构则是看得见的社会的表征，是社会精神的看得见的表征。我始终认为，城市是一种社会表征，一个社会形象，而不是一种社会表达。“表达”这个词总是让我想到某种不情愿的、本能的，所以是被动的出现的东西，就像挤牙膏似的，或者，让我想到，无论我们愿意不愿意却发生了的事情，在理性有机会战胜情感、情绪之前，脸上不知不觉地流露出来的东西，叫作“表达”，所以，我认为，城市不是一种社会表达。与“表达”这个词相反，表征意味着反映、愿望，甚至基于某个特定项目背景下的设计。因为城市总是一种期待的结构，一种期待的形象（不过，我们可能对它们并不满意），所以，城镇或城市一定不是被动的，因为社会与城市结构之间从来都存在相互作用的，所以，我们不能不去调整城市结构以适应社会，反之亦然，我们不能不去调整社会以适应城市结构。也许这样认识更接近真理，改变城市结构一定意味着改变社会，而改变社会也一定意味着改变城市结构。

现代城市是一种充满矛盾的城市，现代城市承载着许多民族、文化、阶层和宗教信仰。这种现代城市非常不完整，充满着鲜明的差别和尖锐的冲突，所以，现代城市一定有许多面孔，而不是一副面孔。越来越多的城市居民感觉到了我们的城市冲突。所以，对我们的城市状况，我们没有形成一个统一的、清晰的认识，可能是一个优势，而不是一个瑕疵或一个问题。

然而，我们的先辈已经确定了我们在城市的生活方式，它总是我们响应的相同的实体结构。实际上，现代城市应该是斑驳的、分裂的、不连续的（没有多少居民认为现代城市是这样的），当然，现代城市也不会永远处在这种状态中。无论一种变化所改变的是城市的优点还是缺点，城市总是处在变化中，这是我们从过去得到的一个经验。过去150年以来，城市变化的速度加快了，随着全球化对整个城市结构的影响，城市变化正在加速。所以，我们必须设想，我们的城市是可以得到塑造的，市民、行政管理人员、建筑师、规划师，都可以做某些让我们的选择更清楚的事情，如果事情不是向好的方向转化，我们只能责怪我们自己。虽然那些解决问题的力量似乎完全不依人的意志为转移，但是，一般市民有时还是能够对城市变化实施干预的，有些人已经投身到这种让事物向好的方向转化的行动中去了。

这种让事物向好的方向转化的行动过去肯定影响过城市。当我们考虑这类问题时，不要忘记，优秀的公民们似乎并没有按照理性的或一般的标准在行事。我们需要认识究竟是什么让一些城市稳定，充满希望，而另一些城市则处于衰退状态。许多批评家解释了现代世界城市是否建立了古老的大都市，如墨西哥城或伦敦，或相对新的城市，如纽约或最近兴起的吉隆坡，不过这些人的评论仅仅只考虑了那些不以人的意志为转移的影响城市的经济因素。墨西哥城虽然区域辽阔，人口众多，但是，墨西哥城的中心部分还是传统意义上的城市。墨西哥城的中心部分依然保留着围绕“宪法广场”的西班牙殖民城镇的特征，在西班牙人征服墨西哥之后，科狄茨（Cortes）主持建造了这个宪法广场。建有拱廊的周边建筑，包括总统官邸的“皇宫”（national palace），法院、市政厅、大教堂，都环绕着“宪法广场”，不过没有议会大厦，这一点也是西班牙历史传统的一部分。墨西哥人把“宪法广场”看成他们的墨西哥城的枢纽，甚至他们国家的枢纽，那里现在依然是选举后群众集会和示威的地方。墨西哥城向外的蔓延一直都没有产生可以与这个布局相抗衡的吸引力。所以，一个城市的成功与否不能用它的经济增长来衡量，也不能用这个城市占某种市场的份额来衡量，甚至也不能用在全球化过程中的地位来衡量。全球化是我们这个时代不可避免的现象，但它依赖于这个城市内在结构的力量，以及在结构对居民生活的影响。

现在和不久的将来，全球化都是影响城市最强大的经济力量。它集中在传统上称之为世界城市的大都市里，纽约（最强大的）、伦敦、东京以及正在追赶上来的上海。作为有效率的或全球大都市，我会在本书里对纽约做一些分析。有关纽约的经济判断不绝于耳，但是，曼哈顿的重要地位绝不仅仅是经济的。

尽管“全球化”这个词汇不算新颖，但是，它至今也还是很时髦。“全球化”这个词汇具有一种掩饰的效果，“全球化”意味着说，任何一个国家，或任何一个政府，或任何一个城市，无法左右全球发生的事情。我们可以营造我们最好的状态。有些人甚至信誓旦旦，我们已经具有的状态是可能的最好状态（相对所有相反的状态而言），我们真正需要的维持现状，当然，更富有一些就好了。另外一些记者、社会学家和经济学家与这些胜利者不同，与那些对非人因素的估计不同，他们始终抓住现代城市的错误和失败不放，对产生现代城市错误和失败的原因展开分析，开药方。这些批判，尤其是社会学家的批判，准确和很有见地地考虑到了现代城市的发展对社会发展造成的直接损失，最近的城市变化涉及了社会和社会保障两方面的问题，但是，这些批判似乎不能帮助处在水深火热之中的那些人。

城市规划师、经济学家和历史学家大体都可以划分成两个学派。第一个学派源于黑格尔，从马克思（Karl Marx）到熊彼特（Joseph Alois Schumpeter），再到福山（Francis Fukuyama）和鲍德里亚（Jean Baudrillard），这些宏大历史思潮的经典作家们勾画出了我们的命运，因为任何变更和改革可能都会是前无古人的，所以，我们需要探索，以便得到符合实际的认识。这个阵营中的极端人物看不起零星的改良。他们认为，社会冲突应该是尖锐的。当社会状况变得不能忍受，一场革命会建立起一个公正的社会。所有的冲突都会最终得到解决。第二个学派对自由市场有着不同的看法，他们坚称，自由市场的力量有多么巨大和不可预测，如何类似于自然界那些不可抗拒的力量。我们的城市繁荣取决于那些自由市场力量不受约束的运行，因此，面对自由市场力量时，我们的选择很有限。任何限制都有可能妨碍自由市场的自由增长，从而让我们以及我们的城市变得贫困，也许还具有破坏性。试图干扰历史的因素，尤其是干扰经济因素，都可能让我们面临生态问题。

两个学派都不大关注城市结构和我们对城市结构的感知，两个学派似乎都认为，人类对形式无能为力，对历史无能为力，对市场的无能为力。与此相反，我认为，这些巨大的、似乎不以人的意志而转移的历史“力量”和/或经济“力量”常常是积累起来的个人选择的产物。如果我们做一个任意数量的不同取向的力的矢量图，我们会发现，对这些力组合排列的任何改变都会让矢量的角度发生改变。

实际上，开发商、行政官员和政治家控制城市结构的动机常常是模糊的，有时还十分随意，即使他们的那些目标似乎是经过思考的，并且也是合理的，它们常常也不能正确地表达出来。社会责任，甚至真正的、没有利益纠葛的慈善活动，都可以用来获得社会声誉和社会地位，可是，开发商、行政官员和政治家很少用争取名声和地位之类的理性策略来协调涉及精明、冷静和合理的争取收益和/或权力的欲望。已有条件可能误导人们经过深思熟虑而展开的行动，或者让他们的行动南辕北辙。我们每一个人都有一把体会动机的自由尺度，所以，我们以各自的方式自由行动，甚至不同的行动。

这样，在城市发展中，我们不可避免地总会做出不合理的判断，甚至误判，金融业和工业经济上类似误判司空见惯，尤其明显的是那些发生在股市和期货交易上的误判，有些误判有时甚至是毁灭性的，我会在本书里体积此类误判。我们做出的判断或是无能的，或是具有远见卓识的，我们行动的结果可能是我们所要的或预见到的，然而，也有可能事与愿违，或者完全始料未及。正如马克思指出的那样，当我们书写我们的历史，甚至简简单单地书写历史时，我们不能选择我们书写历史时的客观条件，因为过去总是现在的客观条件，历史决定了我们思考和感觉世界的模式。

误判的风险和错误伴随自由而来，自由自然设定了责任。我们生活的任何一个城镇，即使它可能是世界上最好的，也可能不是我们确切地想要生活的城镇，不是非人的外力，而是我们这些人决定了那个城镇的外观和它的运转，我们还决定了如何给小花园建造栅栏，买什么小汽车，在地方选举中给那个城市发展方向投赞成票。有时，看上去像是不依人的意志为转移的力量，实际上，看上去不依人的意志为转移的力量常常就是我已经描述过的矢量，是我们各种决定一起产生的综合的结果，而不是一个决定单一产生的结果，我们的日常生活必然会调整这个矢量的角度或方向，调整它的影响，当然，这类调整是微妙的，未必能够被察觉到。

劳动经济、市场变动、交通规划，甚至自然灾害，都会比人的决定在很大程度上影响城市发展，当然，劳动经济、市场变动、交通规划同样是通过人来决定的。我们中的一些人担任公职，他们可能会在调整或影响城市形象的问题上考虑到他们自己的利益，如种植行道树，或保护历史性建筑。政治家和经济学家一般不去理会城市形象问题，他们把城市形象看成是表面的或昙花一现的。“调整”城市形象可以影响社会经济基础，政治家和经济学家的观念肯定与这种观念不一致。“形象”这个词所涉及的事物当然是在社会大背景下加以考虑的事物。篮球队或足球队的输赢，犯罪率的上升或下降，皇家或总统的到访，其他一些具有新闻价值的事件，市民是在这些背景下看城市的，当市民们谈到城市的形象时，他们所考虑的事物都是日常的，都过于“审美”了，因此，太肤浅，不值得一提。总而言之，城市形象似乎很少影响到市民的生活“质量”。尽管如此，市民和他或她生活其中的那个城市的实体形式之间的确存在一种不变的和紧密联系起来的辩证关系，当我们从市民那里收集任何一个有关城市形象问题的看法或仅仅一种思潮时，我们会发现，他们的看法体现了这种辩证关系。这种辩证关系可能与城市经济和城市政治生活一样影响着城市形象，并决定着城市的命运。只要想想毕尔巴鄂的古根海姆博物馆或悉尼歌剧院的影响，就能感受到市民和城市的实体形式之间那种辩证关系。当我们不在意有关城市实体形式和城市形象的讨论，把有关城市形式和形象之类的问题当成“装扮”城市，当成城市的“面子工程”时，我们要注意，我们其实都得到了我们应该得到的面子。我们的面了肯定影响我们的命运，因为命运和面子是一个联系在一起的连续的相互作用过程。

在我看来，把城市看成一个空间生产者似乎意味着另一种（非常微妙地）对城市结构的否定，即使“空间生产”最近成了人们关注的一个重要因素。空间并非实物，空间从来就不能工具化（有些批判所说的具体化），或者说，最多也就是刻意成形到曼哈顿的天际线而已。我们懂得，就像蜗牛藏在壳里一样，社会是藏在空间里的。如同一种风格，空间也融入到了社会里，社会生产了空间，所以，只有社会发生了根本性的变化，空间才会改变。我主要关注的是形式，所以，我必然担心，在城市论辩中那个一般“空间”的术语。

在我看来，把城市看成“有生命的”，一个“准自然”实体，同样是错误的。[5]各种各样的规划师、开发商、金融家，甚至建筑师，都在有意识地操纵着城市。城市结构的生长并非一帆风顺，正如生产空间的观念所隐含的那样。我认为，通过跳跃、间断而产生的发展是很不自然的，正如老话讲的那样，大自然不是跳跃式的发展的。[6]但是，我在奇异和复杂的世界里发现的恰恰是有意识的和无意识的活动引起的突变和不平衡，它们一起形成了这个奇异和复杂的世界。

历史上的确有些人厌恶和怀疑城市，那些厌恶和怀疑城市思想家的一些看法可能误导了他们的继承者，城市生活批判有时没有注意到这种影响。

杰斐逊（Thomas Jefferson）在他的“弗吉尼亚州笔记”中这样写道，“理论上的政府如同健壮人体身上的伤疤一样，大城市愤怒的人们对这种政府的容忍也就是那么多了。”城市损害了相对单纯的生活方式和精神，似乎威胁到了热爱土地的美国人，于是，农民宁愿跨过大西洋，把原材料运到欧洲去加工，制成产品后再运回来，而不让城市工业的腐败得逞。杰斐逊提出，“让我们的工厂留在欧洲”。随着时间的推移，杰斐逊认识到，城市对经济是必要的，甚至美国也必须有城市，当然，杰斐逊一开始会仅仅允许城市采用棋盘式布局，一块建筑与一片树林交替布置。[7]

城市曾经被看成是奢侈腐败的滋生地，如杰斐逊所认为的那样，城市寄生于乡下人高尚和富有成果的事业之上，城市也始终被赞誉为经济和思想发展的强大推动力。这种矛盾似乎一直都保证了城市的生机，城市通过它们的市场产生财富，财富体现了城市的强大，城市保证给弱者提供一个居所，于是，城市把人和物从周边乡村以及更遥远的地方吸引了过来。

一万年前，人们第一次营造了城市，如果那些地方还算不上我们今天所说的城市的话，至少可以说是一种叫作城市的聚居点。最初的那些聚居点究竟是如何从其他种类的栖息地聚集而来，至今仍然是个未解之谜。经济学家认为，那些地方是商品交易的交叉路口，当然，他们也不是很清楚那些道路的终点可能是什么样。第一批城市集中在大河流域，如尼罗河、底格里斯 - 幼发拉底河、印度河、黄河。这种说法是老生常谈了。但是，不无例外，中美洲和南美洲的古代城市并没有任何河流交通的支撑，那些中美洲城市周围环绕着处于低洼地带里的村庄。至今没有疑问的是，在非常久远的古代，人类就有了他们的交易场所，即市场。物品在那里交易可能会有某种形式的规范估价，许多证据显示，旧石器时代末，贝壳已经成为“国际贸易”的某种货币了。但是，在聚居点究竟如何固定下来的问题上，学者们至今还没有达成共识或形成共同接受的模式。

在旧大陆，城镇似乎是从近东地区开始的。土耳其南部的加泰土丘❶（Catal Huyuk）和巴勒斯坦的杰里科❷可能是考古学家迄今发现的最古老的定居点。这两个最早的城镇都有市场。市场交易需要计算，甚至需要记录，人们最初是通过头脑记忆来完成记录的。口头交流习惯，加上肢体语言和音乐，可能传递和保留复杂的观念，现代文盲就是一个很好的例子。但是，发展到一定阶段，市场交易需要某种形式的文字。印加帝国似乎没有文字，印加帝国的起源至今还是一个很有争议的问题。人们认为，5000 年前，中国、印度和近东地区分别出现了以音节形式存在的真正文字，也就是

❶ 位于土耳其安纳托利亚的一处城镇遗址，占地 30 英亩，大约建于公元前 6500 ~ 5650 年 ——译者注

❷ Jericho，古城遗址地处巴勒斯坦国约旦河西岸，耶路撒冷以北 ——译者注

在那个时期，有了关于城市的记录，开始了伴随城市发展的历史记录。记录城市从一开始就产生了一个相应的成果，劳动分工和权力划分，发展规模城市和文字需要劳动分工和权力划分。

随着那些城市的发展，城市吸引了陌生人，那些陌生人可能与当地的人操着不同的语言，具有不同的宗教信仰和民俗，甚至他们的肤色都是不同的。就发展和安全而言，一定程度的混杂是可以容忍的，但是，当经济状况发生变化时，这种混杂可能出现冲突的倾向，混杂可能还是痛苦的。陌生人很快成了替罪羊。“种族清洗”是20世纪后期的术语，用来表达延续了许多世纪，发生在许多国家和许多城市的一种政策，“种族清洗”有时相当严酷。《创世纪》上有这样一段话，

> 该隐——建起了一座城市；用他的儿子的名字，以诺（Enoch），来命名这座城市。（《创世纪》4：17）

17世纪英国共和派诗人马维尔（Andrew Marvell）评论了《创世纪》中这段话，“神创造了第一个花园，而该隐却营造了第一座城市。”实际上，希伯来《圣经》已经传达了关于城市的警告，主把该隐放逐到伊甸园以东一个名叫挪得❶（Nod）的地方，该隐在那里杀害了他的兄弟，建造了第一座城市，成了被赶出伊甸园的人的一个居所。定居下来，许多文明，中国、印度、非洲、欧洲、中美洲，都有这类结束迁徙、游动的传说。所有这些文明同样都认为居所不定有多么危险，坚持在建立每一个定居点之初，就要通过礼仪和祭祀来抚慰那个地方的神。遵循神圣的造物过程来做详尽安排，这样，人们按照他们对神的理解，让那些形体上被人所改变和适合于人使用的大自然，具有象征的形式。每一座城市都有它自己的神、它自己的宗教和行事时节，从它的根基上推算的时间。一旦城市建立起来，那里就有了时间。

很多诗歌和文学作品都记叙过从游牧部落居住点到永久性的、庙宇和市场导向的和具有防御功能的城邦的发展过程。一些诗歌和文学作品描绘了人们的失落感，围起来的土地，隔断了的绵延的自然景观，破坏了的自然事物之间的相互联系，于是，人们丢失了某种东西。当我们从考古学家和人类文化学家那里深入了解一个城邦的起源，我们可能会越来越清楚地认识到，那个城邦的抽象示意图可能包括了那个定居点的习俗、它的婚姻规定、它的礼仪，甚至它的总体规划，现代观察者可能难以在那些不能持久的城邦废墟中找到的所有的东西。[8]

---

❶ Nod，在希伯来语中，意指放逐——译者注

一些最古老的文献甚至记载过那种失落感和那种外部世界持续不断的威胁。至少从公元前1000年以来，《苏美尔人的吉尔伽美什史诗》一直都在近东地区很流行，除开苏美尔人的版本外，还有巴比伦人、亚述人和赫梯人的版本。《苏美尔人的吉尔伽美什史诗》讲述了这样一个故事：城邦君主，吉尔伽美什（Gilgamesh of Uruk）或瓦尔卡（Warka）和他的“对手”，野外的游牧人，恩奇都（Enkidu）之间的战斗以及他们以后建立起来的友谊。吉尔伽美什派遣一个妓女（卖淫是一种城市职业）去诱惑恩奇都，让他了解到了城邦里雍容华贵的生活方式，此后，恩奇都便丧失了他掌握植物和动物的力量。这类主题不限于史诗和传说，而且还通过追忆统治者的方式，把这类主题融入了城邦结构之中，实际上，那些古代的城市统治者最初的社会地位也是卑微的，与历史的长河相比，他们掌握权力的时间很短暂。古代城市常常在它们的中心保留着他们遥远的和乡村的起源。在美索不达米亚，城市统治者被认为是神的执行者，祭司时常让那些城市统治者蒙羞，只有通过在一个茅屋小屋里举行一种神圣的婚姻，城市统治者才能恢复他们的权威。在雅典，最高法院坐落在阿勒奥普格斯小丘上，最高法院的建筑使用的是茅草和黏土制成的屋顶。在罗马，古罗马的第一个国王和奠基人，罗穆卢斯（Romulus）的木制的茅草小屋始终矗立在帕拉蒂尼山上，紧挨着以后罗马皇帝用花岗石建造的巨大宫殿。

正像海希奥德（Hesiod）[1]在他的《劳作与时日》中所描述的那样，当埃及或美索不达米亚庙宇中的文人和修编年史的人有俸禄时，希腊的专职文人才开始可以养活他们自己。诗人海希奥德告诉他当农民的兄弟，世事如何从黄金时代衰落到他自己的时代：或是因为潘多拉用她那个盒子给人带来的有毒的礼物，或是因为传说中的第一批人已经死了，那是优秀的一代人，像神一样，有道德，而且还没有疾病。海希奥德坚持认为，首先是低级的人，然后是愚蠢的人，替代了他们，失去了金色，变成了银色，然后，变成了铜色，九斤老太，一代不如一代。直到第四个时期，英雄的、半神的时期，特殊的城市，特洛伊和底比斯出现了，在那些战争中，许多英雄相互残杀。最后，来到现代；海希奥德成他自己那一代人是铁色的，他提供了这个传说的最清晰的版本：

我指望我不是第五代，
最好我在第五代之前就死了。
或者在第五代之后出生：

[1] 公元前8世纪的希腊诗人——译者注

现在是铁的时代。
终日辛劳，
夜晚疼痛难耐。[9]

有关希腊黄金时代的传说还在另一个更加“历史性的”描述，这个“历史性的”描述谈到了神话中的理想城（或者说，希腊黄金时代的传说至少涉及了一种模式），在某种意义上讲，神话中的理想城是可以实现的。在遥远的过去，古希腊人把他们自己称之为“大地的子孙”，他们的城邦曾经分成三等，古希腊人有一个圆形的中央卫城，抵制那个称之为亚特兰蒂斯的强大和富足的城邦，亚特兰蒂斯城邦在直布罗陀海峡的赫拉克勒斯石柱之外的某个地方，它一直都有很大的帝国野心。两座城邦都在巨大的动荡中消失了。亚特兰蒂斯与雅典一样，是一个圆形的城邦，在形体上与柏拉图时代的大部分城邦不同。亚特兰蒂斯的内部空间按照雅典部落做了形体上的划分，这个划分是亚特兰蒂斯周边土地划分的微缩版。[10]

柏拉图把阿特兰蒂斯作为城市善与恶的一个例子，一些希腊文人对城市和城市方式不屑一顾。例如，阿里斯多芬尼斯（Aristophanes）在《鸟儿》和《妇女大会》嘲笑了城市规划师和立法者的主张。罗马的那些社会批判家，霍勒斯（Horace）、马提亚尔（Martial）、朱文诺尔（Juvenal），撰文表达了他们对罗马、拥挤的人群、肮脏的街道以及腐败的厌恶，相反，他们热爱乡村生活，奥维德（Ovid）在享受了大城市的愉悦之后，被放逐到达斯阶，即使日渐憔悴，他依然表达了对乡村的热爱。

阿特兰蒂斯的传说，雅典和亚历山德里亚的历史，都是古代人所认定的城市模式，希腊旅行家塞尼亚斯（Pausanias）在公元2世纪后期撰写了希腊世界的指南，他明确地描绘了城镇不是什么。当塞尼亚斯来到一个称之为帕诺佩司伊的成为废墟的古城，那里是从特尔斐到雅典的必经之路，塞尼亚斯写道，“一个没有市政厅、没有健身场地、没有剧场或市场、没有任何公共饮水池的地方，我们称它城镇。”塞尼亚斯不经意地使用了 *πOλσα*，这个希腊词的意思既是城市和城市的乡村腹地，以及城市居民；对塞尼亚斯来讲，*πOλσα* 不是房子和城墙，而是公共空间和那些让聚居点获得城市身份的社会机构。

虽然希腊的世界是以城邦为中心的世界，但是，希腊从来就没有一个首都，或者我们所说的所谓“大都市”。在整个地中海和黑海地区的许多希腊领地都是某个母城派遣的，这就是古希腊人当时所说的“大都市”（metro-polis）的真正意义。雅典确实具有大都市的功能，但是，雅典仅仅是爱奥尼亚人的大都市，而非希腊人的首都；在爱奥尼亚人的术语中，“大都市”的意义其实是模糊的。爱奥尼亚人有时称“大都市”

为 *αστη*（*asti*），城镇，而雅典本身，*polis* 仅仅是“大都市”（metro-polis）的 *ακρο* 部分，*ακρο* 部分即城堡，我们现在称这个城堡为卫城（acro-polis）。直到公元前 3 世纪下半叶，即亚历山大大帝及其继承人的时代，才有了一座城市成为希腊语世界政治、经济和文化核心的城市，即埃及的亚历山大尼亚，在此之前，亚历山大尼亚主要是经济和文化中心，而不是政治中心。

希腊化时期，希腊人讲的“那个城市”，通常指的就是亚历山大尼亚。讲拉丁语的人对于首都没有任何疑问。虽然拉丁语的 *urbs* 与开沟这个词相关（因为罗马人习惯围绕着新城的外围挖沟护城），但是，拉丁语的 *urbs* 真正指的是，建成的和围合的地方，类似爱奥尼亚人所说的 asti，城镇，而完全意义上的 *urbs*，即城市，可能就仅仅指罗马本身了。对于全部罗马人来讲，即古罗马帝国的臣民，以及现代意大利的公民，*Urbs* 具有“世界中心”的意思，如那句无人不知的谚语，条条大路通罗马，就是这个意思。

阿特兰蒂斯，像其他古代城市一样，是一个“封闭起来的”社区，因此，这座城市需要宗教和它的公民的政治忠诚，把其他种族控制在可以容忍的范围内。无须回避，城市生活必然存在冲突。无论在什么情况下，没有任何一个城市声称唯一历法或让城外所有臣民都来服从一个唯一的历法。正是罗马人引入了历法这个新的因素，罗马帝国在它的全部疆域内使用罗马自己的历法，这是罗马帝国成功的一大标志。

早期基督徒把罗马帝国的城市看成不可救药地腐败场所，而把柏拉图描绘的阿特兰蒂斯和最早期的雅典当成了他们辩论中的历史的或充满异域风情的乌托邦，他们当然期望用那些乌托邦描绘来与当时的状况相对比。总而言之，早期基督徒向往的理想最终是城市的理想，那个城市正是使徒圣约翰在《启示录》末尾描绘的那个新耶路撒冷。以后，还出现过许多其他的理想的或不能实现的城市模式，它们成为了布道的内容。圣约翰描绘的新耶路撒冷是方形的，共有四边，每一边开三扇门，而柏拉图描绘的阿特兰蒂斯是圆形的，新耶路撒冷是一个幸福的承诺，只有直接的神的保佑，才能把幸福带到人间。当然，在中世纪的文献中，还出现过更现实的、准历史的理想，如威尔士的卡米洛特或布列塔尼亚瑟王的传奇故事，

这类想象在斯福查城项目中得到了一次建筑表达，15 世纪末，米兰的斯福查王子的首席建筑师，埃维里（Antonio di Pietro Averlino）在重写一本对话形式的建筑手册时，设计了称之为斯福查城的理想城市。如同阿特兰蒂斯，斯福查城早就丢失了。

改革家们总是用城市术语来提出他们的社会范式。莫尔（Thomas More）借他的英雄，希适娄岱（Ralph Hythloday）之口，讲述了他的社会理想。老水手希适娄岱在乌托邦岛上找到了一个完美的城市，那里有容忍与和谐相对应的法律、服装、方式及其表现，都与现实中的城市混乱和暴力大相径庭。莫尔先用拉丁语发表了这本书，

以便它能产生国际影响，这样一来，他无意中建立了一种新的文学体裁——乌托邦。因为有了乌托邦这种文学题材，人们可以通过一些虚构的理想和遥远的城市或国家来讨论现实的社会问题，所以，乌托邦必然是对现实的城市实践活动的一种批判，是一个有关社会政策的讨论。

乌托邦（Utopia）是一种模糊的概念。当然，它是子虚乌有的地方，但是，乌托邦也可以理解为一种“好地方”这也许就是莫尔当初使用乌托邦的愿望。《乌托邦》的第一位英语翻译认为，“它是一种最佳状态”。如同莫尔的《乌托邦》，意大利南部的哲学家康帕内拉（Tommaso Campanella）在莫尔之后100年，写了《太阳城》，都设想了不同的城市结构。19世纪，这类涉及乌托邦的论文林林总总，英国规划师埃比尼泽·霍华德（Ebenezer Howard）描绘的集中的和离心的卫星城，它以后成为世界各地许多田园城市和新城镇的模型，西班牙工程师索尼亚（Arturo Soria Y Mata）“带状城市”，他想象建设一个横贯整个欧洲大陆的城市，从西班牙南部海港城市加的斯，延伸到俄罗斯的圣彼得堡或丹麦的哥本哈根，再到那不勒斯。

过去100年以来，相信连续的、线性经济增长的人都不断提出，城市，如我们所了解的城市，是没有前途的。30年或40年以前，未来学家断言，到2000年，城市，尤其是北美城市，会合并、扩展性地蔓延开来，东海岸，从波士顿蔓延到华盛顿，纽约当然卷入其中，中部是从芝加哥蔓延至皮茨堡，西海岸，从旧金山蔓延到圣迭戈。未来学家认为，信息技术的到来和随之而来的城市群交通和通讯的巨大发展，会产生一个低密度的人口扩散的状态，他们当时给这种低人口密度扩散产生的结果起了一个名字，叫做“全球村”。[12] 这些未来学家想象的“全球村”是一个村，而不是一个城镇或城市。计算机化的劳动者相互之间不需要面对面的接触，也不需要任何控制性的中央组织，劳动者能够在家里工作，而他们的家庭可以分布在乡村里。1967年，贝尔（Daniel Bell）引述了其他许多预测：

> 美国原子能委员会主席，希伯格（Glenn T. Seaborg）博士给妇女的未来做了一个承诺：“到2000年，家庭主妇——可能会有一个机器‘仆人’，形状像盒子，顶上安装一只大眼，若干臂和手，每一边都有用来移动的细爪。”阿西莫夫（isaac asimov）博士预言，到2000年，人类回去探索太阳系和生命基础的极限。——甚至美容业都走向了海外。“到2000年，真正的蝴蝶可能会围着时髦妇女的头顶上飞，因为她的头发上喷了一种特殊气味的化妆品。——她靠在一个电子躺椅上，就可以控制身体指标，——她会用硅树脂去填充皱眉纹和脸上因衰老而留下的皱纹。

尽管贝尔当时不信这些预言，但是，他还是十分正确地指出：

从小物件的角度考虑，2000 年的美国可能更像而不是不同于 1967 年的美国。

IT 技术会“革命性地重新设计”办公空间和工作条件,但是,IT 的影响是不可估量的，网络购物和家庭录像娱乐对城市的影响也是不可估量的。

然而，就在此刻，城市群还没有合并起来，30 年前的许多预测现在看来似乎很滑稽。是纽约，更具体地讲，是曼哈顿，成为了全球化经济的首都，而不是“波士顿—华盛顿”城市群。另一方面，世界上其他地区的发展已经令那些预言家们惊讶不已。没有任何一个人想到，墨西哥城竟然成为世界上最大的城市（现在预测墨西哥城 2000 年的人口会达到 2000 万，是丹麦全国人口的 3 倍），也没有想到开罗灾难性的膨胀。影响第三世界城市的第三次或第四次农业革命至今并未发生。

因为我不是去反对无序的，甚至混乱的城市，而是反对 19 世纪和 20 世纪成长起来的那种无个性特征的和异化的城市，一些批判那种城市的人使用反乌托邦来表达那种无个性特征的和异化的城市，这样，我的立足点不同于那些受到尊重的前辈们。我依然反对过去 20 年或 30 年发展起来的那种突显社会不公正的城市形象。

想想我们玩的那种城市游戏——“大富豪”，希腊人曾经也玩过类似的城市游戏。1935 年，这种“大富豪”游戏登记了版权，1985 年，这种“大富豪”游戏迎来了它的 50 周年庆典，出现了许多衍生产品如 T 恤等，甚至一个博物馆。“大富豪”最初使用的是蛇梯棋盘，以伦敦或纽约为背景，后来出现了多种语言和地方的版本。在波兰的童年时代里，我当然玩过“大富豪”，我敢大胆地说，我的大部分读者都玩过“大富豪”。棋盘上的城市常常使用房地产价值来表达，我们像开发商，只要负担得起，我们会在每个地方建造许多房子，最后建造酒店。与现实生活中的开发商类似，我们面临的危险和陷阱包括破产和入狱。现在，使用电脑玩的城市游戏，“模拟城市”，替代了纸质的城市游戏。在“模拟城市”游戏中，只有一个玩家，他在一个假想的土地上建造建筑物。那些建筑物都是独立的建筑物模块，玩家不能改动。不过，“模拟城市”依然是一种货币游戏。玩家必须在他的资金限度内做开发，要想赢，必须平衡预算，逐步获得盈余，不像“大富豪”，“模拟城市”没有设置惩罚。因为电脑游戏必须定量，所以，衡量成功与失败的指标很简单。

一些公民希望用与他们更一致的方式去塑造他们的栖息地，什么战略对他们开放呢，电脑游戏忽略了那些指标，而我恰恰希望考虑它们。预算约束了任何一个城市当局，但是，预算是可以控制的，电脑游戏可能做这类计算。平衡预算反映了开支方面的冲突，也反映了需求之间的冲突。我认为，任何值得使用的指标必须从这样一个假定开始，从来就不会有可以包医百病理想方案。例如，大部分城里人会说，他们的理想是有一个带私人花园的住房，当然，他可能还承认，除了最富的人之外，他们有可能拥有自己的住房外，他们只能生活在一座高密度的城市里。另一个例子，污染和拥挤。罗马的讽刺家详尽地抱怨了那个时代的交通问题。他们列举了大量的理由来批判城市和城市的缺点，其实，自有城市以来，对城市的批判就没有停止过。无论能源是什么，大城市出现污染是必然的，出现严重的交通拥堵问题也是必然的。城市污染当然可以保持在可以忍受的限度内，现在明显没有做到这一点。城市污染的限度可能是什么，如何实现把污染保持在可以忍受的限度内，这是现在的一个热点问题，常常为此发生激烈争论。19 世纪，到访伦敦的人发现交通拥堵极其讨厌。马粪和马尿让伦敦臭气熏天。100 年前，汽车似乎给城市污染提供了一剂猛药，这当然很可笑。

最近，人们对城市的批判，尤其是经济学家对城市的批判，已经变得更激进了。归根结底，城市真的推动了经济增长与社会发展，或者不过是市场经济的肿瘤，没有这些肿瘤，市场经济还会更繁荣吗？城市社会把激进的社会思想与宗教信仰混合了起来，它对社会规范和社会融合真是一个必要良方吗？没有城市，人类是否会更美好呢？激进的社会思想与宗教信仰是否值得拥有和维持下去？在“全球村”成为现实之前，我们是否应该找到从体制上摆脱激进的社会思想与宗教信仰的途径呢？

我们可以用另一种方式来提出相同的问题。城市没有结束它对世界福祉的通常贡献吗？不应该允许城市扩散、分裂或聚爆，或蒙受城市的分解过程，购物中心、娱乐园、公司总部和电脑模拟？无论世界首都发生了什么，我们可能并没与指望很快会出现这种城市蔓延。实际上，全球化已经给城市带来了新的城市密度和集聚形式。即使城市消散现象不乏其例，城市消散仍然还是新闻，还不是现实。

许多作家、讽刺专家、社会改革家和乌托邦者，一直都拿着哈哈镜来看城市生活，从而对城市做出了毁灭性的批判。我的目的与他们十分不同，所以，我为本书设定的目标是说明，城市是一种基本的人类成就、珍稀的人类成就和没有异化的人类成就。人类建设的许多城市是辉煌无比的，与其中展开的人类社会活动不能同日而语。因此，我想通过这本书提出指导城市建设博弈的一些规则。

第1章　进城

迄今为止，世界城市前后发生过两次争夺乡村人口的巨大浪潮，它们冲击了城市结构，让城市膨胀到了它的临界点。争夺乡村人口的第一次浪潮发生在18世纪末和19世纪初，这一次浪潮形成了我们了解的城市结构。争夺乡村人口的第二次浪潮发生在最近这个时期，这一次持续到20世纪中叶的争夺乡村人口的浪潮至今还没有消退，我们依然苦苦挣扎，我们还不能理解这次浪潮的种种模式，或者说，我们不能精确估计这次浪潮的影响。这次浪潮改变了开罗、莫斯科、孟买、吉隆坡、雅加达、圣保罗等城市，不过，这次争夺乡村人口的浪潮让墨西哥大部发生了变化。

对这两次浪潮的认识不能回避引起第一次浪潮的种种力量。我之所以谈到引起第一次浪潮的种种力量，并非因为我是复古主义者或历史主义者，过去的辉煌是有目共睹的。

50年前，睿智的奥地利经济学家熊彼得（Joseph Schumpeter）[1] 有关经济生活的见解同样也适合我们对城市结构的认识：

> 只有详尽的历史认识可以确切地回答大部分个别原因和机制问题。……过去25年里或50年里发生的当代事件或历史事件是不足以揭示出任何一种现象的本质历史性质，我们只能期待，通过对长期历史进程展开研究，来揭示出一种现象的本质历史性质。

争夺乡村人口的第一次浪潮首先冲击了英国，然后冲击了法国，波及整个欧洲乃至全世界。尽管争夺乡村人口的第一次浪潮冲击了英国和法国，发生了许多相同的事情，但是对结果却是大相径庭。18世纪末和19世纪初发生这场争夺乡村人口的浪潮之前，法国君主（尤其在路易十四时代）已经在200年的时间里，设法通过利诱和阴谋的方式集中了宫廷周围的土地贵族，这样，巴黎就成了法国政治、经济和文化的中心。伏尔泰把这些新的城市化的贵族看成巴黎的文明的酵母。其他一些具有影响力的思想家，如卢梭（Rousseau），他们讨厌城市，尤其是厌恶巴黎。当时，都灵是萨伏依公国的首都，地方不大，但整洁优美，青年卢梭从都灵来到巴黎，巴黎郊区的肮脏和贫困让卢梭从善的角度而反对大城市。如果真按卢梭在《忏悔录》所说的那样，如果不是为了养家糊口挣钱的话，他是不会去巴黎的从事专业写作的。[2]

在伏尔泰生命中最后那些年里，巴黎因为胜利而狂欢，尽管如此，伏尔泰对巴黎仍然不以为然，他发现，那些彬彬有礼的老贵族的价值观太让人压抑了。卢梭仰慕都灵，而伏尔泰这把伦敦尊为真正精英城市的范例。因为这个前汉诺威王室从来就没有成功地建设过一个强大的集中的朝廷，斯图尔特王朝试着做过，查尔斯一世则在尝试这样做的过程中掉了脑袋。在白厅和圣詹姆斯的那些败落的宫殿明显呈现了他们的错误，尽管伦敦大火之后，王室本计划扩大宫廷，但是，这个计划并没有成为现实。其实，那是欧洲王室建设宫殿的年代，一些很温和的君主们，如维尔茨堡的王子 - 主教，都给他们自己建造了宫殿，而大英帝国是不会这样做的，甚至到了 19 世纪，也不会这样做。另一方面，英国的工业巨头们则在给他们自己建造比国王的宫殿还要宏伟的城堡，如马尔伯勒公爵（the Duke of Marlborough）在布伦海姆，卡莱尔伯爵（the earl of Carlisle）在卡斯特·霍华德，或莱斯特伯爵（the earl of Leicester）在霍尔克汉，建造的那些城堡。17 世纪 70 年代，查理二世（Charles II）试图从法国借钱，在伦敦外的温彻斯特建造一座他自己的凡尔赛宫，但是，议会没有通过这个计划。

汉诺威王室的乔治 1715 年接管英格兰，成了英格兰的国王，他们在汉诺威保留着的宫殿相当宏伟，而伦敦的白厅宫殿则太简陋和吝啬了，以致对寻求身份的英国大亨们没有形成任何政治上的或文化上的威严，新的富裕的金融大亨正在购买头衔，通过联姻往上层社会爬，暴发户激怒了那些寻求身份的英国大亨们。这样，地主被扔回到他们经营不善的资源上，日趋减少的收入让他们愤愤不平，地主们当然试图改善这种状况，但是，通常成功不了，有时因为各种金融投机失败而陷入灾难，1720 ~ 1721 年的“南海泡沫”就是最著名的一例。一些比较聪明的地主认识到，管理好他们忽视了的庄园可能会让他们得到好得多的收入。这些人开始变成了热情的农民，投入智慧和资本来改善庄园的经营。当时，有两个贵族正在引导着改革者们：一个是汤森德勋爵（Charles Townshend），一个是科克（Thomas Coke）。汤森德勋爵（1674 ~ 1738 年）曾经担任过荷兰大使，与轮作改进相关，他从荷兰学到这种技能。当他辞退公职后，他全力投入种植业，开发根茎农作物，大头菜、甜菜根、萝卜（他甚至还有一个萝卜汤森德的外号），倡导牛的选育。

荷兰当时已经实施了家畜改良饲养技术，荷兰当时有欧洲最先进的农业，对农田有很大的需求，德国当时也实施了家畜改良饲养技术，不过，直到曼德尔（Gregor

Mendel）1865年的基因实验的结果公布之后，这项技术才成为一种制度。英国新的根茎农作物提供了牛的冬季最好饲料，苜蓿草也是冬季的好饲料（苜蓿草是汤森德农作物轮作的一部分），这样，农民就不需要在秋季大规模屠宰牲畜了。两代人之后，科克大规模改良了牛、羊和猪的品种；科克还对他的诺福克庄园的沙质土壤实施改良，使其产生小麦而不是黑麦，当地一直是种黑麦的。

图尔（Jethro Tull）是巴克夏的一个农民，他甚至采取了更大胆的改革，设计了第一架半机器的马拉播种机，他改进了锄头。人们逐渐接受了他的发明，这些发明随后传到了欧洲，并且得到了进一步的技术改进。伏尔泰的农庄在费尼，地处法国与瑞士的边界上，他曾经在他的农庄里使用过这些工具。西欧的许多制造商逐步开发了新型的犁耙，荷兰的犁耙当时是最先进的，约克郡采用的就是荷兰的犁耙，直到19世纪初开始生产具有革命意义的铁犁，这种优势才不存在了，荷兰形式的犁耙只需要一匹马或两匹马拉就够了，而不是用若干头牛来拉，过去人们需要用几头牛才能拉动的旧的方形犁耙。

耕作方式上的变化让畜牧业得到了革新，牛不再用来拉犁，而是饲养骨骼和头都比较小的肉用牲畜，更多地养殖肉用绵羊。在英国，进口羊毛超过本土羊毛，尤其是澳大利亚羊毛，占据了英国的国内市场，它最初从埃及和印度进口棉花，后来发展到从美国进口棉花。自中世纪以来，羊毛一直都是英国最重要的进口产品，随着棉花替代羊毛，出口贸易不可逆转地发生了转变。

其他一些因素导致了农业规模的变化，尤其在英国。那时，欧洲大部分土地采用的是条垄耕作制度，每个土地所有者耕种若干垄土地（有时垄与垄之间相隔甚远）。若干家拥有土地的农户或佃户分享公地，公地用作草场，采伐用作燃料的木材，以及共享打猎权。

1800年以后，一个苏格兰的农业专家和地主这样写道，“从安达卢西亚到西伯利亚，罗亚河上和莫斯科平原，在公地问题上，英国与此相同。”[3]英国首先出现了圈地运动，逐渐把开放的公地“私有化”，这些土地可能是废弃的或荒芜的，欧洲大陆后来也效法这种圈地运动。圈地剥夺了穷人捕鱼和狩猎的权利，不仅如此，圈地还剥夺了穷人采集烹饪用燃料的权利。“英国狩猎和夜晚偷猎”等法规进一步加剧了那些穷人的困扰，实际上，那些法规受到了古代“森林法”的影响，不过，那些法规进一步限制了穷人。同样的土地，产出增加了，而所需要的劳动力却减少了，不过，圈地需要议会颁布法律。1714 ~ 1730年期间，议会一年通过一个法律，像滚雪球式的迅速出台；1750 ~ 1760年的10年间，通过了156个相关法律；1770 ~ 1780年之间，通过了642个法律。以后稍有减少，1800 ~ 1810年，通过了906个法律，法律得到简化，通过法律的间隔加大。法国大革命前，发生了类似的进程。随着凡尔赛宫的路易十四王朝日益集中权力和增加实力，一些法国贵族先是锐气降低，然后日趋贫困，他们拿英国绅士（甚至大亨）农民为榜样。然而，直到 1764 年颁布皇家法律之后，才撤销了允许在公地上自由放牧的相关法令；随后，法国建立了圈地法律程序，如英国一样，让拥有大规模土地的地主获益。

圈地运动增加了产量，但是，圈地也让一些乡下人贫困化。一些经济学家认为，18 世纪下半叶，英国部分乡村人口的饮食降至面包加奶酪的水平。历史学家并非一贯同意圈地对生活水平的影响，当然，一些尖锐的批判揭示了圈地运动所带来的魔咒。英国保守党的宣传者科贝特（William Cobbett）坚持认为，新农业对乡村穷人以及景观具有消极影响。那个时代的许多作家都同意他的看法：

圈地发生了，所有的路都堵上了
大亨把他能找到的每一小块地都插上了他的标志。
谁现在跨过那片土地就属侵犯私人领地了
大亨说的就是公道——
圈地是对土地的诅咒，
而且蓄谋圈地的人是庸俗的——

或者更加愤慨：

圈地发生了
刻在劳动权的碑上
让穷人当奴隶。

这个北安普敦郡的农民诗人克莱尔（John Clare）自己就是农民，而且他就是科贝特的粉丝。[4]

另外一个经济学家和旅行家，杨格（Arthur Young）虽然是圈地运动坚定的倡导者，国王乔治三世看重了他，不过，他的观察实际上更为细微，他并不担心乡村人口的贫困化：

杨格写道，“除了白痴，所有的人都知道，最低阶层一定还会是贫穷的，他们绝不会辛勤劳动。”但是，1800 年以后，杨格也反对圈地运动了，他是当时为数不多的几个明确反对圈地运动的人之一。[5]

当时，对圈地运动的抵制是激烈的。清除公地新近圈起来边界是杀头罪，是当时英国适用死刑的许多经济“犯罪”之一。湖泊河流、树篱、方形的和宽阔的、开放的草场，加上星星点点的橡树、岑树和榆树，很快替代了原先用来划分地垄的草边和交叉出现的榛树和果树。乡村的外观正在逐步改变着，当然不是完全改变，在这样的土地上，英国达人猎狐发展起来。那时，王尔德（Oscar Wilde）借他笔下的一个人物表达了他对“一个英国绅士全力追捕一只不能食用的狐狸”的厌恶，嘲笑了当时一种司空见惯的现象。[6] 在3代或4代人中，这种圈地的英国，“绵延起伏的”自然景观被认为是“传统的”英国，19世纪头10年的农业萧条以及随着而来的动荡、蓄意纵火、牛羊失窃、破坏、为此而付出的绞刑和流放，基本上都被遗忘了。由此而产生的景观被认为是典型的如画般的风景。

法国地主要保守的多，他们缓慢地适应着农业改革，这就是为什么法国和南欧的发展过程更缓慢，而且相当不同的原因。无论如何，法国没有大规模养牛业，实际上，大规模养牛农场为英国农民提供了丰富的肥料。反复发生的饥荒恰恰是导致1789年事件的直接原因。法国大革命之后，对教堂的财产做了重新分配，让更多的土地成为耕地，当然，这次重新分配并没有给最贫困的农民带去什么好处。南欧农业改革启蒙者们曾经持续反对永久持有财产的相关法律（这类法律允许教会聚集土地，营造大庄园），这场斗争基本上取得了胜利，让自耕农阶层得到了好处，法国的自耕农与英国自耕农非常相似，圈地导致英国自耕农的贫困。

进入19世纪，整个欧洲大部分劳动力和资本依然用在粮食生产活动上。但是，在英国，农业就业明显下降了。到1850年，英国农业劳动力占用了英国全部劳动力的25%，到了1900年，这个比例下降到了10%，而到了1950年，英国农业劳动力仅占英国全部劳动力的比例下降到了5%。1900年，法国农业劳动力占法国全部劳动力的45%，到1950年，这个比例下降到了30%。1850 ~ 1900年，俄国农业劳动力从占俄国全部劳动力85%，下降到80%，到1950年，这个比例下降到了45%。大约是在1750年，戈德史密斯（Oliver Goldsmith）曾经做过这样的预测和警告，这些预测很快就应验了：

勇敢的农民是他们国家的骄傲，
一旦摧毁，就不能再得到。[7]

这种经济变化和相应的法律必然把农民与农民的权利和义务分割开来，让农民成为一个靠工资过活的人。这种经济变化和相应的法律不可避免地给农民带来了困难，常常是饥荒，怨恨不断，减少了从事农业生产活动的人数。到了 19 世纪中叶，务农已经变成了一种制造产业。

直到 20 世纪后期，我们才把“产业”（industry）用到非生产性的赚钱活动上，如服务业，广告、旅游，等。[8] 实际上，在拉丁语中，“产业”这个词其实具有勤奋、活力和使命的意思，勤奋是一种美德。18 世纪，“产业”这个词表示，一群人把他们自己投入到一种形式的生产中。亚当·斯密（Adam Smith）曾经讲“艺术、制造、商业都是城镇的产业，农业则是国家的产业。”[9] 到了 19 世纪中叶，“产业”这个词的意思再次改变，专指“工业”，表示机械化的制造业，如纺织业，把它用到我在本章中所说的这场革命上。“制造”这个术语也在 19 世纪中叶改变了意义。从最初与“手工”劳动相联系，变成了特指工厂的生产。

17 世纪期间，以及进入 18 世纪之后，大部分金融和生产性活动继续以特殊群体的经济为基础，以成为一个副产品或权力伴随物的财富为基础，而且与财富类似，大部分金融和生产性活动需要得到保护和护卫，所以，贸易有时被看成是一种战争。18 世纪中叶的经济思想家逐渐把自己的学科与政治学分开，1755 年，出现了真正经济学的第一把交椅（在那不勒斯）。18 世纪中叶的经济思想家认为，政治经济学的研究对象应该是自然规律的一部分，应该用与生物学或生埋学相同的方式来认识。那个时代的主要经济观念有时可以归纳为这样一个口号，自由放任，通行证，[10] 因为自由贸易是自然而然的途径，所以，自由贸易最好。税收一定不要束缚了贸易和工业，因为农业是财富的终端生产者，所以，财政收入一定仅仅来自土地租赁。重农主义者依靠回到农业价值来实现他们的政策。重农主义最有成果的一个弟子，是欧达男爵杜尔哥（Anne-Robert-Jacques Turgot），1761 年至 1774 年，他非常有效地管理过利穆赞省，让重农主义的一些观点变成了具体的政策。[11] 杜尔哥一就任法国的总审计长，就向国王提出了“没有破产、不增加税赋，不借钱”的政策，试图通过财政举措来让法国摆脱困境，他成功地退回了那些招来的劳工（让他们回去务农），扶持公共工程，尤其是道路建设，用公共财政去偿付承包商。让承包商去修建道路，明显改善了道路网和路面质量。

在杜尔哥居于上风的最后一年里，斯密发表了他的《国富论》。斯密在法国生活过几年，他基本上处在重农主义的圈圈里，与内穆尔（Pierre Samuel du Pont de Nemours）交了朋友，而内穆尔通过他的朋友，杰斐逊（Thomas Jefferson），在建立美国制度上发挥了非常重要的作用。《国富论》至今依然是对市场性质和劳动分工的一个精辟分析，《国富论》的经济观比重农主义者所阐述的任何观念都要复杂得多和清晰得多，与重农主义者类似，斯密断定农业在生产过程中的地位是不可或缺的。[12]

尽管重视土地，但是，如同英国一样，法国的技术进步更多地还是放在了自动机器和制造方向上，而不是农业机器上。沃康松（Jacques Vaucanson，1709-1782 年）全身心地致力于发明自动机器，如著名的机器鼓手和长笛手，尤其是编织机。不过，丝绸编织者协会之类的组织阻挠了沃康松的试验。他的机器只能是他自己的收藏品，工艺美术学院在他死后最终收藏他的那些机器。1805 年，另一位名叫雅卡尔（Joseph Marie Jacquard）的发明家改善了沃康松的编织机，并以他自己的名字命名了这种编织机。雅卡尔编织机一直都是 19 世纪和 20 世纪所有编织机的基础，计算机真正取代它。[13]

1733 年，英格兰的约翰·凯（John Kay）设计了飞梭，他比沃康松还要年长。飞梭由许多普通的和人们熟悉的设备组成，一个工人可以使用这种组合设备生产很宽的布匹，速度也是前所未有的。这项发明很快受到东英吉利地方编织者的抵制，虽然制造商们拒绝承认凯的发明权，但是，他们逐步采用了这一技术，随后接踵而来的法律诉讼，最终摧毁了凯。在随后的 30 年里，飞梭成为织布机的标准部件，而且很需要纺纱工。1748 年，凯破产了。5 年之后，纺纱机获得了专利，之后在 20 年的时间里，哈格里夫斯（James Hargreaves）不断革新纺纱机，但是，即使这样，哈格里夫斯与凯的命运一样。尽管有了沃康松和凯的发明，织布技术总体上还是落后于其他纺织行业，1785 年，第一台机械织布机才真正出现。贪婪的制造商一直都在侵犯发明家的专利，而法国的行会让瓦坎森陷入困境。

人们知道法国的技术革新，可是，法国的技术革新并没有在英国公开。英国纺织行业是仅次于农业就业人数的第二大就业行业。由于纺织业是农民的第二职业，尤其是羊毛纺织和梳理，所以，很难估计这个行业的就业人数。如同纺织业，农业也一样，18 世纪的机器并没有涉及任何重大的新材料或设备。那些机器是用木头、皮革和铜材料制成的；水和动物提供动力。美国劳动力稀缺，所以，在水力开发上，美国远胜于欧洲，也没有强大的劳工组织来反对使用水力。18 世纪 80 年代，宾夕法尼亚一家磨坊的工程师，埃文斯（Oliver Evans）在他的磨坊里设计了第一个完整的生产线，使用重力，斗轮、传送带和阿基米德螺旋装置，由水提供动力，生产面粉。许多美国磨坊很快就复制了他的发明，但是，埃文斯本人，甚至在他去世之后，他的遗孀，都没有从他的发明专利中获利。人们认为，埃文斯不过是把大家都知道的设备组合到了一起。埃文斯以后采用了蒸汽作为他的生产线的动力，当然，人类利用水来做动力的历史源远流长。中世纪早期出现的最大技术革新就是利用风作磨坊的动力，然而，风变化无常，所以，是一种不稳定的能源。当时，风和水所提供的能源不足农业所需能源的 1/10，但是，早期工厂是依赖水动力驱动机器做旋转运动，所以，早期工厂称之为磨坊。[14]

尽管沃康松、凯、哈格里夫斯、埃文斯这些发明家都是现代工业的真正创造者，但是，似乎都没有在他们所处的时代产生重大革新，甚至也没有对杰斐逊那样对技术很在行的人有多么大的影响，埃文斯与他们一样都没有逃脱 18 世纪许多发明家的共同命运（宾夕法尼亚的磨坊主们拒绝埃文斯遗孀对她丈夫专利的保护，1813 年，国会听取过他们的意见）。究竟什么成为工业革命的基本工具，面对这样的问题，甚至那些最知情的和最有远见的人也只能看到各种熟悉部件的组合，而不是全新的生产过程或组织。这就是为什么工业革命让那些最知情的和最有远见的人也措手不及。

人们一般认为，蒸汽机的发明和冶炼技术的改变是 18 世纪工业革命的基本引擎，而这场工业革命把新近逐出的农业人口吸收到了城市，把他们变成了城市无产阶级。但是，事实并非如此。18 世纪的工业革命其实与煤与蒸汽没有多大关系，但是，18 世纪的工业革命之后所发生的所有事情都与新的农业（农业进步给工厂提供了人力）和纺织的机械化相关。重工业、冶炼和采矿的就业条件比农业或纺织业要糟糕一些，很落后。

采矿和冶炼产生的变化是由燃料短缺引起的变化，很明显，更尖锐，当然，采矿和冶炼产生的变化没有那么具有革命性。16 世纪，欧洲随着人口的增加，森林消失了，更多的土地变成了农田。许多国家的造船业需要木材，它们推动了种树。虽然西班牙不缺乏用于开采和建造战船的木材，但是，如同那些低地国家，英格兰都铎王朝时代已经出现了严重的木材问题，那些低地国家浸泡在水中和展开高强度农业，所以，没有大规模林地。所以，荷兰会去斯堪的纳维亚会购买整个森林，为 17 世纪发生的英荷战争做准备，建造战舰。[15] 英国也成为从东欧，贯穿整个巴尔干地区，进口木材的主要国家。在拿破仑战争期间，造船木材再次发生严重短缺，这个问题一直持续到 19 世纪中叶才因为使用金属材料替代木材造船而得到解决。[16]

随着森林砍伐，煤和以后的焦炭成为替代燃料。16 世纪至 17 世纪期间，英国的露天煤矿曾经是最丰富矿源，但是，1650 年以后，英国的露天矿逐渐开采殆尽，所以，不许从地下采掘煤炭。那些坑道常常被洪水淹没，那种用马来拉水的传统办法解决不了这个问题。需要新的和更有力量的机器来解决这个问题。

水与火结合产生蒸汽动力机械装置的可能性，古代的工程师甚至都知道。但是，只是到了 17 世纪，蒸汽才在工业上得到使用，当时，军队的工程师，塞维利（Thomas Savery），设计了一台原始的蒸汽抽水机，给矿井抽水，这项发明在 1698 年获得专利。当时制造了许多这类蒸汽机，而且做了很多改进。虽然这种机器使用蒸汽动力，但是，它们依然使用木架、铜锅和铜汽缸，它们当时的全部应用就是控制矿井里的水。

木材的短缺影响了所有的金属生产，尤其影响了铁的生产，因为冶炼必须使用焦炭做燃料，使用煤来炼铁没有成功。所以，在 1650 年以后发生的燃料危机中，英国必须大量进口铁。约克郡的发明者达比（Abraham Darby）设计了使用焦炭制铁的工艺，较高的温度大大改善了整个英国的铸铁。增加焦炭使用和通过建设高烟囱冶炼炉来改善通风，肮脏的冶炼厂，加上开采露天煤矿留下的凋敝的场地，成为当时英国北部最显著的工业景观特征之一。

铁矿紧靠英格兰北部兰开夏郡和约克郡的煤矿。到了 1750 年，铸铁生产量已经具有了相当规模，但是，锻造还是手工。1800 年以后，铸铁成为许多工业应用的主要原材料，如铁轨、建筑结构，桥梁。就在科尔布鲁克戴尔本身，在桑德兰德的维尔之上，建成了一座铸铁肋拱桥。虽然人们并不了解铁的分子结构，但是，有一点是清楚的，锻造可以产生抗拉力的材料，铸造仅仅产生坚硬但容易破碎的耐压金属。18 世纪 80 年代，出现了气锤，气锤替代了手握的锤，于是，更具有决定意义的变化产生了，成为机器向循环往复运动方向缓慢转变的一部分。

18 世纪，完全不同的燃料危机决定性地改变了制造业的条件，使得制造业倾向于更大程度的集中。早期工业依赖风能和动物能，尤其是依赖水能，这些可再生能源决定了工厂的空间位置。那些可再生能源可能或多或少是免费的，但是，不可再生的煤却是有成本的。蒸汽机不仅价格昂贵，而且运行和维护成本都很高，需要不停地燃烧，工作条件发生巨大变化，旧的工人组合完全不能适应新的工作条件。

伯明翰的金属产品制造商和大规模生产的先锋博尔顿（Matthew Boulton），苏格兰的工程师瓦特（James Watt），一起生产了第一批“旋转式矿井抽水机”，这种机器有可能使用蒸汽来做动力。但是，瓦特早就认识到了蒸汽的潜力，1786 年，瓦特的第一台旋转双引擎蒸汽机推动了伦敦一家面粉厂的全部机器。这种蒸汽机最开始很笨重，不过，比较小的、更精致的蒸汽机生产出来了，在博尔顿和瓦特注册专利之后的 25 年间，那些更新的蒸汽机足以替代马力了。博尔顿和瓦特在注册专利上比同一时代的纺织业要幸运很多。大约在 1800 年，有 300 台铁制的蒸汽机在工作，它们很快就不能满足迅速增长的生产需要了。因为伟大的生产方式变革是思想上的和管理的，而不是技术的或科学上的，所以，甚至就在工业革命完全展开的时候，蒸汽机对英国工业的影响还是轻微的。

两个系统的设计要素一个具有组织天才的人，兰开夏普雷斯顿的理发师阿克莱特（Richard Arkwright），与英国的埃文斯差不多是同时代的人，创造了现在还在沿用的工厂体系。与凯、哈格里夫斯、沃康松一样，阿克莱特同样被专利困扰，因为他的“发明”更明显是对现存设备的重新安排，但是，他的经营智慧堪称第一批工厂大师之一。他的主要企业，棉纱作坊，是靠马推动的，当他建设第二家作坊时，他改用水力，依然把他的企业称之为作坊。就在他 1792 年去世前，他使用了蒸汽机。

工业的快速增长要求迅速扩大交通，而且是更有效的交通。15 世纪中叶，[17] 意大利船闸的发明使船只可以在山丘上下承担水上运输。1487 年，环绕米兰的纳维格利欧渠与纳维格利欧运河连接在一起了，流向帕维亚的提契诺，进入波河。达·芬奇（Leonardo da Vinci）显然青睐这个设施。[18] 运河既用来做运输，也用于灌溉周围农田。1680 年完成的米迪运河有 119 个船闸，成为当时欧洲的伟大成就。3000 英里长的运河加到了法国的水路网络中，极大地影响了法国的贸易以及工业规模。

英国道路的状况被认为严重妨碍了英国的发展，从英国的富裕和文明程度上讲，它的道路可能比期望值相差甚远。一些因为圈地运动而被抛向市场的劳动力进入了道路建设大军，18 世纪下半叶，英国的道路得到了迅速改变。17 世纪，意大利、西班牙和法国比较好的道路都遵循的是罗马人的传统。古罗马帝国的东部和北部边界以及英国，中世纪期间，就采用了石子路，比罗马人的筑路方式要便宜，不过，罗马人使用多边形石块修筑的道路路面更为经久。这些新的道路不适合货运车辆，而且，英国一直不重视的水上运输。

17 世纪末，装上玻璃窗的皮质车厢使长途旅行比较舒服。商业和外交都需要铺装好的道路。这也与迅速发展的邮政服务相一致，那时的邮政既有邮件，也包括人的长途旅行。遍及整个欧洲，当然还有英格兰，定期的马匹接力和住宿把邮局、火车站和旅馆结合起来。大约在 1780 年，法国政府能够公布一个全欧洲年度的旅行费用和旅行时刻表。[19] 这就意味着必须持续不断地维护和改善道路。塞提米亚塞维拉斯（Septimus Severus）曾经在公元 193 年，由他的军队护送，从他在维也纳附近潘诺尼亚行省的官邸出发，前往罗马，去当皇帝，整个行程仅有 800 英里，他们却走了 40 天，当吉本（Edward Gibbon）在写《罗马帝国兴衰史》的时候，他羡慕塞提米亚塞维拉斯的行军，因为那时英国的道路还不如罗马人呢。[20]

自 16 世纪以来，人们已经在车上支起木架，帮助向英格兰和斯堪的纳维亚地区运送煤和铁。1750 年，建筑和邮政承包人艾伦（Ralph Allen）建设了一条缆拉的车，使用推力和重力，从库姆把石头运送到正在迅速成长的巴斯市，他正在帮助融资，甚至通过埃文河出口。18 世纪 60 年代后期，轨道是铁制的，第一次使用了蒸汽机拉动的车厢，既用于拉矿，也用于货运。从 1825 年，第一次有了客车，从斯托克顿到英格兰北部的达令敦。值得注意的是，斯托克顿—达令敦最初计划使用的是木轨，第一节客运车厢是一个分离的马拉车厢，在同一个轨道上运行，只是到了最后，才和这个“火车”挂在一起。[21] 19 世纪 60 年代至 70 年代，已经出现了隔间的和走廊连接起来的火车车厢，在此之前，标准欧洲铁路车厢都使用了装有弹簧的底盘，在此之上安装若干座椅。在北美，没有装弹簧的篷车以后被改造成了长长的、无顶的铁路车厢。

1830年，在曼彻斯特和利物浦之间开通了第一列定期的蒸汽火车客运服务，并且很快获得商业成功。史蒂文森（George and Robert Stephenson）的"火箭"（Rocker）成为以后所有铁路机车的模型。在几年时间之内，法国和奥地利都有了火车线，随后的10年里，德国、低地国家、俄国和意大利都有了铁路线。19世纪40年代，瑞士和斯堪的纳维亚也相继有了它们的第一条铁路线，西班牙在1848年，葡萄牙在1853年，也相继有了铁路线。19世纪60年代，希腊和土耳其才有了铁路，当时，在西欧开始考虑全球铁路网，实际上，直到1905年，跨越西伯利亚的铁路才完成。蒸汽机变得越来越轻，于是，人们提出了蒸汽驱动的飞行器的设想，但是，当时人们还没有想到所谓飞机。[22]

修筑铁路要求非常复杂的法规，与圈地相似，与此同时，修建铁路需要巨大的投资。英国议会授权成倍增加铁路投资，从1842 ~ 1843年间的450万英镑，1844年的1775万英镑，1845年的6000万英镑，到1846年的1.32亿英镑，这个数目还仅仅是需要投资总量的一个部分。当时人们对铁路投资热情高涨，投机铁路股票，这样，几乎直接导致了1847年的金融危机。19世纪40年代和50年代是铁路大发展的20年，铁路线里程大约以一年以50%的速度增加。

蒸汽机使制造业和交通发生了革命性的变革，如同其他生产过程一样，农业生产正在走向机械化，尽管这样，农业却在抵制蒸汽动力。19世纪40年代，圈地已经达到峰值，加上高强度的施肥，工业化的收获和采伐。可以控制的氮和钾复合肥替代了有机肥料，对土壤有损害，这就产生了第二次农业革命，需要更复杂和有效的机械。1783年，"艺术协会"，很快变成了"皇家艺术协会"，给一种收割机颁发了奖励，实际上，这台机器直到1811年才登记了专利。康涅狄格的农民麦考密克（Cyrus McCormick）于1834年设计了一个成功的组合机器，在此之前，投资者一直都在抵制收割机。麦考密克搬到了芝加哥，在那里不断改良机器，许多年里中西部草场一直都是使用他设计的收割机。1851年，他在伦敦水晶宫展示了他的那些机器。欧洲人认为那种机器太过笨重，不过，欧洲和北美很快就接受了他的机器，当然不包括南美或亚洲。19世纪80年代，完整的联合收割机制造出来了。

直到19世纪末，所有这些农业机器都是马拉动的，蒸汽机没有有效地在这些农业机器上得到应用。当时，内燃机还在一个遥远的未来，实际上，内燃机会把农业机械推向另一个发展阶段。1890年以后，不使用马做动力的联合收割机开始出现，当时，戴姆勒（Gottlieb Daimler）和他的协会生产了第一台内燃机，即汽油推动的车辆。

所有这个发展都发生在农业收入日益低迷的状态下。因为圈地而产生出来的廉价劳动力都被吸收到了新的大规模农场里，不过，更多的廉价劳动力进入了新的工业中心。当时出现的机械化的纺纱厂最初是建在河边，后来建在靠近煤矿和铁矿的地方，以便可以得到比较廉价的动力，那些工厂之所以那样选址的另外一个原因是，如诺威克、布里斯托尔、约克、林肯这样一些老城镇的劳动力是社团的和保护主义者的，与新的工人相敌对，坚持最低工资。编织业有组织的对抗意味着，编织业一直都没有朝机械化的方向发展，与纺纱业不同，这种情况直到 19 世纪才有所改观，尽管所有现存的工厂实际上都是水动力驱动的“磨坊”，恰恰是在那个时间，布莱克（William Blake）写下了他的那篇有关“黑暗的撒旦磨坊”的短诗。

另外一些诗也对工业“改善”提供了评论：

来自贫穷小村的胚芽，
这里迅速蔓延成一个巨大的城镇，
原先那里没有人的踪迹
现在人们的居所四处散落开来——
在清晨的阳光下
一圈一圈的烟雾
挂在水汽上
挥之不去——

这是华兹华斯（Wordsworth）《远足》（The Excursion）中的一段，他对经济现实并没有任何幻想，因为在早晨的阳光下，经济现实都呈现在了水汽里。“这个巨变的阴暗面”在他的思维中得到了非常强烈的反应，在同一首诗里，他描绘了他在傍晚交班时所看到的情景，

这会儿从大幕里走出来的是当班神父；
大人、少女、年轻人，
母亲和很小的孩子，男孩和女孩
正在挤出大门，
另一帮与他们一样的人，
大人、少女、年轻人，

母亲和很小的孩子，男孩和女孩
正在挤进大门，
他们在那里擦肩而过，
他们每一个人都在这座庙里继续他们熟悉的工作
得到那份据说天堂里才有的
永远吃不完的圣餐——[23]

这种大作坊、第一批工厂，厂房采用的是砖木结构，加上木质的机器，火灾是司空见惯的。当蒸汽机取代水能之后，火灾增加了，19 世纪 20 年代出台的建筑法规有了更严格的限制，要求用铁制建筑结构替代木质建筑结构。但是，1800 年以前，“工厂”这个词还很新颖的，1795 年的一个保护提案澄清了“工厂”这个词的含义：“近来，若干商人转变成了纺织品制造商，而且建起了非常大的建筑，这些建筑称之为工厂，这类大建筑能够比较好地支撑起这类工厂……”[24]

这些多层的建筑物需要强有力的支撑；木材不仅会引起火灾，而且也支撑不起新的机器设备。铁是一个选项，实际上，也正是博尔顿和瓦特首先认识到了铁的潜力。1801 年[25]，博尔顿和瓦特计划建造一座 7 层楼的工厂建筑，采用铸铁做建筑的内柱，虽然铁柱直径不大，却能够支撑大跨度铸铁构造。这个计划最终没有实施，但是，与之类似的和更详细的建筑规划得到了实施。这样，6 ~ 7 层的建筑可能容纳蒸汽机推动的机器。当时，燃煤而产生的烟尘污染被当作工业生产条件而被接受下来。直到 20 世纪 40 年代后期，随着无烟燃料的发明，伦敦那种淡黄色的烟雾才最终消失，当时，工厂燃煤产生动力，家庭燃煤做饭取暖，让伦敦终年被淡黄色的烟雾所包围，人们当时认为这是一种自然现象。

铸铁首先出现，在此后的几十年里，逐步出现了与铸铁结合在一起另一种新材料——平板玻璃，有可能建设玻璃温室，如伦敦郊区克佑的“棕榈炉”，在温室里模拟大规模的外部气候条件。1851 年，那个时代最著名的园艺师，帕克斯顿（Joseph Paxton），使用温室最早期的国际贸易和工业产品交易会。当时，这个玻璃建筑让人们惊讶不已，很快被命名为“水晶宫”。[26] 在这些交易会上，金属和玻璃唱主角，这种交易会逐步成为介绍新型建筑的一年两次的事件，特别是在巴黎举办的这类交易会，随后我会进一步讨论此类事件。

19 世纪 50 年代末，贝塞麦（Henry Bessemer）设计了钢铁冶炼工艺，这样，金属建筑跃上了新台阶。当然，在此之前，第一批笨重的铸铁结构的建筑出现了，这类建筑中最著名的是地处巴黎郊外马奈河畔的奈斯耶巧克力工厂，堪称世界上第一座完全由铸铁构件制成的建筑，它的设计师是建筑师 - 工程师，索尔尼尔（Jules Saulnier），1871 ~ 1872 年建成。这幢 4 层楼的厂房采用了交叉的支撑铸铁结构，涂上土红色，也许它还是第一个幕墙建筑。主体厂房跨越马奈河上的三个石墩，当时，马奈河水依然是这家工厂使用的主要能源。

索尔尼尔的铸铁建筑结构和幕墙对欧洲没有产生什么影响，而在美国，不那么精致的铸铁建筑结构，实际上比索尔尼尔的铸铁建筑结构早 20 多年，而且，更精致和优美的钢结构会替代这种铸铁结构。同时，奥蒂斯（Elisha Graves Otis）设计了一种安全的客运电梯，这种电梯成为以后所有电梯的原型。19 世纪 50 年代，贝塞麦和奥蒂斯提供了两个有可能建设高层建筑的基本要素，而高层建筑在几十年以后改变了城市景观。

使用蒸汽驱动的工厂倍增，城市人口也随之大幅上升，这种工厂常常有巨大的厂房，给工人提供条件极其恶劣的住房，而没有战争和传染病发生也是工业发展的一个原因。法国当时是欧洲人口最多的国家，1750 年左右，估计法国的人口为 2200 万，而到了法国大革命时期，法国的人口可能达到 2600 万。那时，巴黎的人口可能已经达到百万，当然是欧洲的最大城市。法国，一定程度上的意大利，自从中世纪以来，都被看成是拥有“上百城市的土地”，比英国的城市化程度高，1750 年，英国只有诺维克和布里斯托尔的人口超出 1 万人。在随后的 50 年里，曼彻斯特、利物浦、纽卡斯特、利兹、谢菲尔德和诺丁汉的人口超过了诺维克和布里斯托尔的人口。那个时期，英国人口迅速增长。1760 年，英国的人口约为 650 万，而在 1801 年的人口普查中，英国的人口达到 900 万，1831 年，英国的人口达到 1400 万。实际上，并非移民影响了英国人口的改变，人口的移进和移出或多或少是平衡的。英国的人口状况似乎显示出高出生率和低寿命的平衡。另外，大约在 19 世纪 20 年代，机器已经发展到只需要熟练工人的程度。工厂老板实际上不信任技术工人，不去雇用他们。工厂老板认为技术工人自以为是，对熟练工人构成威胁。对于工人来讲，这一点似乎既是威胁，也是令人愤怒的。在 19 世纪头 10 年和 20 年代期间，出现了一系列破坏机器的行动，其中最著名的是传说中由神秘的“鲁德船长”（Captain Ludd）领导的那些破坏行动，与此同时，罗宾汉（Robin Hood）复活，还有出现了破坏乡村财产的活动。英国当时为此执行了很多死刑，以结束发生在城乡的破坏活动。建立工会的努力最终演变成大量的绞刑，许多人被送到澳大利亚。担心法国大革命在英国重演，于是英国在半组织起来的工人中建立了特务组织，形成国民军。1819 年 8 月 16 日，在曼彻斯特外的“圣彼特场”发生了著名的“彼特卢”（与滑铁卢谐音）大屠杀，当时大约有 6 万 ~ 10 万手无寸铁的民众集中在圣彼特场，即现在的“圣彼特广场”，武装的国民军对他们大开杀戒。那一次，许多工人举着他们老的行会的牌子游行。“彼特卢”实际上改变了英国工人阶级反抗的性质，当然，此次事件之间还留下不解之谜，为什么它没有演变成一场武装暴动或革命。对此人们有很多争论，但是，一直没有结论。在法国，在旧制度下，自由经济理论家反对任何贸易保护主义的行会和同业公会，所以，法国的共和派废除了贸易保护主义的行会和同业公会。组成基层劳工工会，或控制资产阶级获取超额利润，都会以共同利益的名义，受到压制，被送上断头台。在1834年罢工之前，法国工会一直都没有获得真正的权力。

人口大规模向城镇迁徙与人的平均寿命提高同时发生。当时，政府强制关闭了卖杜松子酒的商店，以减少街头暴力，1800年以后，预防接种范围的逐步扩大，的确最终消灭了天花。[27] 虽然经济学家感到困惑，但是，他们不得不承认提高人的平均寿命与这样一些因素有关，增加了肉食和蔬菜的消费，小麦替代了其他谷物，改善和建设了大规模排水设施，使用棉布内裤和肥皂，进而改善了个人卫生，一般医学的长足进步，等等。涉及公共卫生问题的几个因素当然影响了中产阶级，当人们离开乡村，进入城市，他们便沦为了新的城市无产阶级，在1830 ~ 1860年期间，他们遭遇了3次大霍乱。低收入者居住的城市住房是使用砖头建成的，石板屋顶，而不是他们乡村住房所使用的木材的或草的屋顶，这样，使他们不易受到各种寄生虫的伤害。这些住房还可以抵御当时工业产生的灰尘，但是，这些房子不能缓解基本公共卫生条件的恶化。对于乡村地区来讲，公共卫生的影响微乎其微，人们把垃圾和人的粪便送到田间，可是，垃圾和粪便处理这类基本公共卫生问题却严重影响了拥挤的城镇。在拥挤的城镇里，住房背对背地簇拥在一起，下水在拥挤的街巷里缓缓流动着，那些街巷实际上既不通风，也不清洁，所以，那里成了传染病滋生的地方。

燃煤工业造成的重度空气污染替代了产生扬尘的纺纱车和织布机。虽然肺结核病紧随伤寒和霍乱爆发，但是，患肺结核病的人数却在灾难性地增加，威胁到所有阶层，最终把公共舆论调动了起来。与这些传染病发生的同时，1832年，英格兰颁布了《改革法》，扩大了议会的特许权，允许议会去倾听一些改革的声音，当然，一开始，那些声音微乎其微，不伤大雅。

推动这些革命性和不可逆转的变革的并非科学家和他们的发明，甚至他们所作的技术革新，而首先是由聪明的工匠，具有管理和组织才能的制造商，对旧的典籍，有时对古代控制起来的机械，进行开发而推动的。这一点现在是清楚的，但是，对早期历史学家来讲，这一点并不清楚。在工业发展之前就有过工厂和铁路结合起来的现象，利用蒸汽，大规模制造铸铁都很重要，但是，它们都是以后变革的催化剂。对技术和新材料的需要总是难以跟上对管理者和建设者的要求。

那些变革的积极的，甚至可圈可点的事实没有引起“雅”文化的注意。工业成就提供的常常是陌生的、令人神魂颠倒的和奇特的景象，所以，19 世纪最好的艺术家似乎没有从工业成就中得到多少启迪。但是，景观已经成为主要的绘画类型。新类型“如画般的”景观绘画艺术的理论家吉尔平（William Gilpin）发现，格温特郡威瓦伊河上的炼铁炉，比起相邻的廷特恩修道院废墟，更能激发起创作灵感，那些炼铁炉周围环绕着简陋的住房，生活着他蔑视的穷困潦倒的人：

> 人们一直都把那个乡村的景象描绘为孤独的、宁静的，但是，与那个乡村相邻的那些环境则是破烂不堪的。不过相距 0.5 英里，那里正在炼铁，噪声和喧哗打破了那些地方的宁静。
> 山林围绕这些炼铁炉，从河边延伸出去，延续了与廷特恩修道院周边相同的景观，完全与之相等。[28]

20 年以后，华兹华斯造访了廷特恩修道院废墟，他只看到美丽的景观，以后，工业并没有吉尔平曾经看到的那样温和慈悲了。

我在谈到圈地时曾经提到过阿瑟·扬（Arthur Young），他发现“虽然壮观，但是，燃煤的炼铁炉和石灰窑都喷出了熊熊火苗。”卢泰尔堡（Philippe de Loutherbourg）是一个法国—瑞士的画家，他曾经作为加里克（David Garrick）的一个剧场设计师，到过伦敦，卢泰尔堡还是一个催眠术士和卡里奥斯特（Cagliostro）的合伙人，卢泰尔堡创作了夜晚布鲁克戴尔炼铁的壮观场面。[29] 卢泰尔堡还画下了一些锻造和铸造车间。德比（Joseph Wright of Derby）非常有兴趣表达科学实验的奇怪效果，也有兴趣把他的作品转换到瓷片上，1780 年，德比画过阿克莱特工厂的夜晚，10 年以后，德比再次画了阿克莱特工厂的白天。除了一两个例外，几乎没有几个画家对工业感兴趣。康斯特布尔（John Constable）仅仅对半工业题材感兴趣，如“布莱顿的锁链码头”或“斯杜尔河上的船闸”。特纳（J.M.W.Turner），最明显地受到华兹华斯“在清晨的阳光下，一圈一圈的烟雾挂在水汽上，挥之不去”这句诗的影响，华兹华斯的这首诗描绘的是纽卡斯特的景象，而特纳的绘画描绘的是烟雾中挤满了高桅杆船的景象。

其他一些艺术家对工业发展产生的后果深感不安，马丁（John Martin）最著名的作品是为米尔顿（John Milton）的《失乐园》（Paradise Lose）所做的铜版雕刻插图，他并非一个卢德分子（Luddite），反而是工程师们的朋友，积极参与了工业和城市开发，如泰晤士河的筑堤和改善下水道等活动。但是，在访问了英格兰北部之后，马丁告诉他的儿子，“他不能想象还有比黑乡（Black Country）更令人恐惧的地方了，甚至超过永恒惩罚之地”。黑乡在英格兰北部米德兰兹地区，那里当时是高度工业化的区域。从那里回来，马丁以他的经历为基础，创作了“启示录（Apocalypse）”。[30]

华兹华斯在《远足》中谴责了新的人类痛苦，除开极少数例外，没有与此相当的绘画作品，但是，以自传的方式去颂扬过去的旧秩序可能是一种非常悲哀的描绘。特纳的“被拖去解体的战舰无畏号”（The Fighting Téméraire）描绘了这只骄傲的老帆船，它曾经参加特拉法尔加海战，高大和威武，夕阳下，一只比这艘帆船小得多的黑色蒸汽拖船，把拉到它在特德福特的最后的码头。特纳肯定看到过这个场面，并且很依恋这个画面，他称这个作品为“亲爱的”，他拒绝出卖这个作品，甚至拒绝借给人家办展览。当时，人们发现，“被拖去解体的战舰无畏号”有某种不祥的兆头，当然，罗斯金（John Ruskin）认为，“被拖去解体的战舰无畏号”是特纳最后一幅完全完成的杰作。另一方面，特纳的传记作家们把“被拖去解体的战舰无畏号”或看成机器时代就要来临时，特纳对旧世界的感叹，或把它看成特纳对自己没有得到奖赏的事业的一个寓言式的描写。特纳一如既往地对任何印象派的说法保持沉默。若干年以后，1845 年，他展示了另一幅画，描绘了工业发展创造的新环境：“雨、蒸汽和速度 – 大西部铁路”。一列火车从一座宏伟的铁路桥疾驰而来，车头冒着黑烟，金黄色的背景，雨和蒸汽交织成起来，河岸上依稀可见几个女孩，农民正在远处的山丘上耕地。人们一直都认为，这幅画是特纳对他的时代的缅怀。高速运动对感觉产生了真正革命性的影响，这幅画恰恰是一个重要的证据，一位重要的艺术家第一次揭示了这种影响。对特纳的这幅作品持反对意见的人认为，“世界上并无此类情景”。罗斯金是特纳最热情的粉丝，谈起特纳便口若悬河，不过，在谈到这幅画时，他还是谨小慎微的，他曾经这样讲，特纳想用这幅画告诉人们，“他可以画丑陋的题材”。

尽管工业题材极其壮观，19 世纪大部分“高端”艺术家都是回避创作工业题材的作品。至于他们涉及工业题材，那也是以象征和暗示的方式出现的。所以，我们要注意例外，因为例外寥寥无几。1857 年，受阿尔伯特王子的委托，为纪念他对曼彻斯特的访问，举办一个英国艺术展览，于是，怀尔德（William Wyld）创作了一幅水彩画，描绘了曼彻斯特那些冒着烟的烟囱，这样反映工业发展几乎是独一无二的。19 世纪的建筑师同样无视与工业发展相关的建筑问题，他们对工厂设计没有什么兴趣，或者，他们对穷人的房子没有什么兴趣。

但是，为了庆祝英国的工业成就，还是需要去描绘工业。当时有大量的普通绘画、木刻、铜版画，还有一些适合于大规模生产的反映工业题材的装饰品，如钢版画，木雕、石版画、陶瓷画。以后，还出现了照片，不过，这些都被认为是一种视觉新闻，昙花一现的，而不是那种在画廊里和学院里展示的艺术品。

当 19 世纪的印象派艺术家观察铁路时，他们看到的是蒸汽和玻璃的闪光，而不是透明或速度的效果。例如，马奈（Edouard Manet）的“铁路”，以及“圣拉扎尔火车站”,都是一种双重雕像,以火车作为背景。莫奈（Claude Monet）“圣拉扎尔火车站”系列展示了停下来的火车和通过玻璃车顶的光线的效果。他还画了一座火车站外边跨越铁路线的桥，“欧洲大桥”，使他着迷的闪闪发光的蒸汽:蒸汽机车似乎停了下来，或者正在缓慢移动。卡勒波特（Gustave Caillebotte）的另外一些“欧洲大桥”描绘了瞥见的火车，火车喷出的阵阵烟雾，但视线落在过路人的身上。甚至 19 世纪的现实主义的画家，库尔贝（Gustave Courbet）、杜米埃（Honoré Daumier）、米勒（Jean-Francois Millet），描绘了悲惨的乡村劳动者，庆祝社会抵抗的时刻，但是，他们似乎没有涉及工业化景观的宏伟或肮脏。杜雷（Gustave Dore）是那个多产世纪最多产的画家，可是，他对新的工业化的景观没有兴趣。毕沙罗（Camille Pissarro）认为他自己是一个无政府主义者，描绘了从伦敦诺伍德火车站驶出的火车，锡德纳姆的水晶宫，描绘了巴黎附近蓬图瓦茨的工厂，然而，这些画面都是乡村或半乡村景观中的偶然事件，在他的早期作品中，工厂的烟囱就像白杨树一样，而水晶宫不过是为了点缀环境效果。直到 19 世纪的最后 25 年，画家们才与正在发展的工业邂逅。也就是到了那个时期，工业真正史诗般的形象和成就才出现，而当未来主义者把目光转向 20 世纪以后，人们才真正去赞颂工业成就。

那时，人类可以调动的能源已经让工业不可避免地和不可逆转地影响了自然景观和城镇，为了替代动物和人力，人们首先利用风能、水力，然后利用蒸汽能，使用石油和天然气，1900 以后，开始部分使用电能。在那个时代，英国通过圈地运动，加速了人口向城市的转移，人口向城市转移逐步成为欧洲现象。在法国、德国和欧洲中部诸国，斯堪的纳维亚，其他拉丁语系国家（意大利北部和加泰卢西亚），新的工业机器和火车正在运行，新的无产阶级队伍日益发展起来，正在让城市大厦坍塌。相伴而生的城市拥挤和城市贫困达到了前所未有的程度。但是，随着机器而出现的文化转型没有解决机器对国家体制的影响。文化没有完全吸收工业发展所带来的震荡。

第2章　急救

那些看中圈地运动经济收益的人们不断面临支付圈地运动带来的巨大社会成本。尽管工业化的社会代价从来就是显而易见的，就是痛苦的，但是，人们当时还是认为，工业化显然是具有长期收益的，而且，这种长期收益有可能惠及每一个人，所以，工业化的社会代价似乎不是不可以接受的。

19世纪初，工业劳动已经变得痛苦不堪，拥挤、被工业污染了的和肮脏的城市居住条件已经达到了不能接受的程度，不过，对第一个资本主义—工业社会和它的不平等展开最严厉批判的那些思想家们，圣西蒙（Comte de Saint-Simon）（1760 ~ 1825年）或欧文（Robert Owen）、傅立叶（Charles Fourier）、普鲁东（Pierre-Joseph Proudhon）、克鲁普特金（Peter Kropotkin）（1842-1921年），或马克思和恩格斯，甚至都没有考虑另外一个选择，实际上，我们是可以或应该去阻止工业化的。如同许多其他的社会思想家，他们认为，激进的经济改革或社会革命真的可以适当地治愈那个由私利而非公共利益目标所主导的种种社会邪恶势力。他们也没有认识到，机器可能意味着文化交往的失败。

当时，不乏对工业化本身的批判，在这种批判中，罗斯金的声音也许最大，虽然大众都知道他，他是一个非常受欢迎的讲演者，阅读了大量他认为那个时代最有销路的书籍，但是，他的谴责更多的是文学上的，而不是社会行动上的。除开社会观察家，普鲁士的主要建筑师申克尔（Karl Friedrich Schinkel），既看到了新工业社会极其丰富的能源，也看到了源于这个极其丰富的能源的肮脏的城市。[1] 1835年，同样才华横溢的法国社会观察家托克维尔（Alexis de Tocqueville）看到了令他震惊不已的曼彻斯特：

> 浓密的和黑色的雾霾覆盖了曼彻斯特——30万条生命生活在那样的天穹下。从那个暗淡的、潮湿的迷宫里发出永无休止的各种噪音，那种噪音不同于我们在其他大城市里常常听到的声音。人们匆匆的脚步声，咯吱咯吱摇摇晃晃的车轮声，相互交织在一起，锅炉里发出的水蒸气的嘶鸣声，织布机枯燥单调的敲打声，

运货的车子发出的沉重的叹息声。我们不会听到喜乐的呼唤或高兴的声音，也听不到随便那里节日里都会有的乐器的声音。我们看不到有谁会到周围乡村去休闲，得到他们简单的愉悦。——但是，除开臭气熏天的下水道，这个最强大的人类工业大河让整个世界都生长起来。从肮脏的下水道净化出滚滚黄金来。[2]

就在托克维尔到曼彻斯特旅行之后一年，已经到了痴迷状态的英国建筑师普金（Augustus Pugin）发表了一本名为《对比》的书，这本书谴责了工业城市，把工业化的城市与宗教改革前的浪漫化的城市进行了对比。托克维尔和申克尔都没有开出治疗方案，但是，普金却开了一个处方，全盘返回到信仰时代的信仰和实践，对他而言，返回信仰时代的信仰和实践意味着返回公元 1450 年前后那个时间点 – 回到拥有土地的贵族控制的社会（商业的和工业的中产阶级会“明白他们的位置”），那个“自给自足的”或“封闭的”的社会,普金的这个处方当然不及他的建筑和装饰那样知名。另一方面，普金相信，回到 15 世纪的建筑形体环境，回到宗教改革前夕的那个时期，似乎是更可以接受的，垂直的哥特式建筑是那个时期的一般标志。不同的建筑是否会产生社会变化，或者说，这种社会变化是否必然更新建筑环境，从普金的作品中，我们看不清这一点。普金也没有清晰地倡导社会革命或回到工匠的手法和行会制度，在这一点上，普金非常不同于他那个时代的一些法国人和英国人。罗斯金和他影响力最大的弟子，莫里斯（William Morris），都看不起和诋毁普金，认为他是一个微不足道的建筑师。然而，普金努力在教堂建筑细部上发展了一种始终如一的方式，他个人参与了那些教堂的建设，如汉普郡的拉姆齐修道院（他本人就埋葬在那里），更著名的是英国国会大厦，西敏宫，他设计和完成了西敏宫的内外建筑表面。

法国大革命的余波决定了普金（1812 ~ 1852 年）、罗斯金（1819 ~ 1900 年）以及罗斯金的导师卡莱尔（Thomas Carlyle，1795 ~ 1881 年）的宣传者们倡导抵制那个时代社会的邪恶思想，展开相应的反对社会邪恶的活动。法国大革命对英国年轻人的影响不亚于对欧洲其他国家年轻人的影响，这不仅仅是因为“彼特卢”大屠杀，还因为旧制度的坍塌和新的资产阶级的兴起而引起的混乱，除开经济权力外，新兴的资产阶级正在争取真正的政治权力。通过市场力量来主导新兴的工业，意味着正在出现一个全新的社会形态，有关这个社会形态，恩格斯 1877 年曾经引述过卡莱尔的指责，这个全新的社会形态已经让“现金支付日益成为人与人之间唯一的关系。”[3]

一些人看到了革命后的社会秩序中依然保留着旧社会的不平等。一些人认为，摧毁法国的等级社会，解除行会制度所具有的联系，世界末日般的混乱一定会波及其他国家，于是，那些人展开了针对种种社会邪恶的抗议和方案。许多“保守的”

和“反叛的”政治思潮进一步扩展了那些看法。19 世纪上半叶，越来越多的反抗组织发展起来，它们对经济 - 工业现状发起挑战，试图改变那些寻求或多或少理想状况的社会群体。并非因为北欧那些通过教会思想而形成的统一不复存在了，事实上，宗教改革以后，已经有了许多改变社会群体状况的方案，那些方案延续着建设人间天堂的承诺。在法国大革命以后的欧洲，改变社会群体状况的思潮不断扩散，这种扩散似乎反映了打破旧的社会秩序所引起了忧虑，甚至焦虑。因为越来越多的城市人口和劳动力，尤其是儿童，生活在比西印度群岛和南美平原上的奴隶还糟糕的条件下，所以，这类忧虑不仅仅是一个社会忧虑问题，实际上，新出现的社会邪恶似乎比旧制度下的不平等更明显和更具有威胁。

所以，我们对城镇的认识必须以历史上存在的城市动荡为基础。当时，规划师可以提出若干不同的模式。为了抵御 1500 年以后产生的火炮的力量和精准度，增加必要的土石方工程已经影响了城市增长；城市轮廓线呈现或多或少多边形的形状，为加农炮提供炮位。多边形的城墙意味着选择网格式的布局方式:这种网格有一个中心，多边形城墙的每一边都有城门，于是，从网格中心到城门形成放射性的街道。这种规划常常绘制出来，而且公布于世，然而，它们很少真正成为现实。16 世纪末，威尼斯人建设了帕尔马洛城（Palmanova），城墙有 9 个边，道路呈放射状，作为一个堡垒。在此之前若干年，法国人在弗莱芒边界上建起了菲利普维尔城（Philippeville）和罗克努瓦城（Rocroi）。汉堡以南易北河上的格吕克城（Glückstadt）建于 17 世纪早期，呈 2 个放射性的半六边形。王公和工程师都赞扬和参观过这些城，但是，这些城在数目上，凤毛麟角，在规模上，不过弹丸。网格意味着对土地做人为的划分，当时，网格依然主导城市规划，但是，防御要求精致的多边形。这种网格式布局规划可以回溯到最古老的人类定居点，至今依然是大部分城镇的基本布局模式，这种布局模式不仅仅预示着秩序和精准，而且希望实现财富分布上的均等。

那时，对住房工匠而言的一个明显先例是，为清教徒逃避迫害而建设的避难城镇，或为欢迎外国工匠而营造的城镇。最著名的可能是符腾堡的弗雷德里克公爵的避难所，建于 1600 年的弗罗伊登施塔特城（Freudenstadt）。有所不同，但明显是精心设计的城镇，如叙拉古以南，诺托的西西里城镇，或六边形的格拉姆米凯莱城（Grammichele），都是 17 世纪为地震难民建设的城镇。所有这些规划在当时的意义是，在规划上建立起来的秩序会以某种不那么明显的方式在居民之间倡导一种合理的社会运行。

这种想法一直是 16 世纪后期和 17 世纪早期的许多王公和建设者的目的，因此，产生了许多或多或少规划控制的方案，城镇采取相互垂直的和放射的多边形布局，建有防御工事。它们向往的次序井然本身就是一种乌托邦，用来反对他们当时生活的那种混乱和拥挤的城镇。培根（Francis Bacon）描绘的《新大西岛》，康帕内拉（Campanella）写的《太阳城》，都是 17 世纪和 18 世纪带有异国风情的乌托邦，与此不同，16 世纪后期和 17 世纪早期的那些想法不仅仅具有激发作用，实际上，许多设想真的变成了现实。法国人曾经在 1689 年把地处内卡河和莱茵河交汇处的曼海姆夷为平地，以后，德国人在早期建成的椭圆形城墙的基础上，采用了棋盘式的布局方式安排曼海姆（Mannheim）城内用地。曼海姆的北边是巨大的宫殿，宫殿以南的每一排街区都用字母表示，而东西向的每一排街区都用数字命名。在美国，街道曾经用数字表示，而道路不用数字表示。200 多年里，用这种方式规划的城镇还有，意大利托斯卡纳地区的利沃诺（Livorno）、法国的维特里 - 勒弗朗索瓦（Vitry-le-Francois）、瑞典的哥德堡（Goteborg）、波兰的扎莫希奇（Zamosc）、马耳他的瓦莱塔（Valletta）、印度的本地治里（Pondicherry），印尼爪哇的巴塔维亚（Batavia，即现在的雅加达）。因为石头的或砖头的旧城墙不能抵御新武器，火药和铁子弹而不是弓箭石头，所以，许多老城镇无论如何都是经过改造的。

路易十四和他的财政大臣，柯尔贝尔（Jean-Baptiste Colbert），竭力在法国的边境上建立星状的要塞城镇，为此，他们有了沃邦（Sebastien Le Prestre de Vauban）这样天才的军事工程师。沃邦设计建设了新布里萨克（Neuf-Brisach），蒙多樊（Mont-Dauphin）、科尔玛（Colmar）、隆维（Longwy）、萨尔路易斯（Saarlouis），都是在多边形城镇轮廓范围内采用棋盘式布局的范例。沃邦只在沙勒罗瓦（Charleroi）采用了放射状的布局。路易十四和柯尔贝尔对要塞的防御能力做出了承诺，他们认识到，巴黎的旧城墙防御不了现代战争，而他们不信任的巴黎人并没有把加强巴黎的防御放在优先地位。在 1670 年和 1676 年发生的两次骚乱中，巴黎的若干段城墙被拆除了，种上行道树的大道替代了城墙。围绕巴黎的这条路后来称之为林荫大道。沃邦曾经想过要用更坚固的城墙来替代旧巴黎城墙，但是，在差不多过去 150 年之后的 19 世纪 40 年代，在资产阶级国王路易 . 菲利浦（Louis Philippe）的统治下，沃邦的这个想法才得到实施。

巴黎人改造的巴黎的林荫大道逐渐成为世界现代城市的一个重要元素，林荫大道出现在许多语言中，意味着宽阔的、绿树成荫的街道。一些城镇的土城墙当时并没有拆除，它们成为和平时期的散步场所。整个欧洲都效仿了巴黎，尤其是维也纳，1830 年以后，维也纳的环形林荫大道成为这座城市最重要的特征。议会、大学和市政厅，歌剧院和剧院、宫殿、博物馆、法院，许多其他公共建筑，都沿着维也纳的这个环形林荫大道布置，每一栋建筑都有自己的开放空间。

在西班牙的新大陆，科尔特斯（Hernan Cortes）重建的墨西哥 - 特诺奇蒂特兰（Tenochtitlan）古城是第一个城市规划，科尔特斯已经在1521年占领并摧毁了那座古城。几个月之后，以阿兹特克人（Aztec）的网格布局方式重现建造了那座古城，网格布局依然是现在这座城市的基础。1531年，皮萨罗（Francisco Pizarro）写道，当他未曾预料地发现秘鲁圣米格尔（San Miguel）时，他看到，"这座城市按照网格布局，城镇中心有一个广场。"16世纪侵占墨西哥和秘鲁的其他西班牙征服者们发现，比较早期的土著人聚居点，如库斯科（Cuzco），或原始状态地区，如布宜诺斯艾利斯（Buenos Aires）、利马（Lima）、危地马拉城（Guatemala）、圣地亚哥（Santiago），几乎都是以正交方式布局的。西班牙国王菲利普二世（King Philip II）颁布了"印度法"，基于古罗马测量实践，这些皇家法令把网格式布局规定为任何新定居点的标准布局。甚至在这类法律颁布之前，许多西班牙的城镇通常都把重要的公共建筑，如主要教堂、法庭、市长或总督的官邸，公开执行死刑的地方，围绕一个中心广场布置。法国人在新奥尔良和圣路易斯都遵循了类似的布局方式。耶稣会士建立的传教区规划反映了这些法规，耶稣会士在巴拉圭和玻利维亚的合作村庄里建立集体住房，那些不能忍受贪婪、霸道的西班牙裔地主的压迫、教会和国家压迫的印第安人可以住进这样的传教区。1772年，在西班牙王国驱赶耶稣会士的时候，传教区被迫解散，但是，他们留下了房屋，直到今天，在阿根廷、智利、秘鲁、玻利维亚，许多传教区留下的房屋依然有人居住。

北美讲英语的定居点既没有像法国人或西班牙人那样让定居点历史化，也没有按照礼仪的要求去装饰定居点。拉丁美洲的城市不仅仅是规划过的，而且受到政府和教会的严格管理，政府和教会在城镇里打上了它们的烙印，带来了学习制度。1550 ~ 1600年期间，利马、墨西哥、波哥大（Bogota）、科尔多瓦（Cordoba）都建立了大学。墨西哥大学教那瓦特语、奥托米语，图书馆里收藏了上万册书，超过那个时期欧洲大学图书馆的藏书量。17世纪，到达新英格兰的清教徒，定居在弗吉尼亚的保皇党人都对建设或规划或制度知之甚少。然而，与中美洲和南美洲的土著人不同，北美印第安人不仅建设了拥有正交道路体系的定居点，而且还有大规模的集体的（城堡式的）护堤，北美印第安人的这些护堤散落在大湖以南的广大地域里。护堤长数千英尺，而且具有非常不同的布局，有些是矩形的或圆形的，有些采用了鸟或走兽或蛇的形状。那些护堤似乎在欧洲人到达的时候已经被抛弃了。欧洲定居者遇到的平原地区的印第安人大部分是游牧的，欧洲定居者们对这些护堤毫无兴趣，所以，也没有去想接管那些护堤。

虽然讲英语的定居者们作为一种反抗而离开了他们的祖国，但是，他们不可避免地会受到他们祖国的影响。在大欧洲化中，伦敦是一个明显的例外。1666 年的伦敦大火烧掉了大部分伦敦，于是，著名规划师设计了若干套城市重建方案，大部分方案是直线型的。雷恩（Christopher Wren）是最著名的著名规划师之一，他提出了一个重建伦敦的方案，在他的布局方案中，斜角的放射形式的大道打破了垂直正交网格的传统。法国人在尚蒂伊城堡（Chantilly）和凡尔赛宫（Versailles）之类公园的背景下也选择了放射形道路。市民们牢牢地控制着他们的房地产权，所以，任何“合理化”的规划方案都不可能通过，所以，雷恩之类的规划方案最终还是被放弃了。这样，伦敦的城市形态依然保持着中世纪大杂院的形态。

教皇西克斯图斯五世（Pope Sixtus V）在他短暂的执政期间（1585 ~ 1590 年），以前所未有的速度重新规划了罗马。在宏伟的和广为人知的更新的罗马规划之后，旧街道采用直角网格布局，而大道与这样的直角道路网格辐射斜交，成为一种标准城市布局方案，所有的城市布局无论如何都以此为模式。教皇西克斯图斯五世把罗马的主要标志性建筑用宽阔、笔直的道路连接起来，交叉点建有标志性建筑，大部分是立柱和方尖碑，如罗马人民广场（Piazza del Popolo）中间的那个方尖碑，这类标志性建筑安排在关键位置上，产生空间聚焦点，让朝圣的人容易找到方向，关键位置当然不一定等于开放空间的中间。教皇西克斯图斯五世指望这些标志性建筑可以组织朝圣者的流动，尤其是在罗马 7 个最重要的大教堂之间流动。但是，他的道路还必须是漫步的街道，教皇西克斯图斯五世的政策是倾向建筑商的，在税收上给那些建新商店和手工作坊的建筑商以优惠。

城市以及规则式花园的规划师日益采纳了教皇西克斯图斯五世的思维模式，把倾斜的景观大道与相互垂直的道路网格结合在一起。在雷恩生活的那些年里，凡尔赛宫和马尔利（Marly）以及整个欧洲对它们的模仿出现了，但是，把倾斜的景观大道与相互垂直的道路网格结合起来的城市布局真正推广开来还是 18 世纪中叶的事情，时间大约过去了 100 年。18 世纪中叶，最有影响和最著名的建筑理论家洛吉耶（Abbe Laugier）说，“要想知道如何给公园布局，无论谁都会毫不犹豫地按照建设城镇的方式去安排公园的规划。……公园的规划需要有规则，有丰富的想象力，关联和对立，引入变化的随机事件，细节上十分有序，整体上呈现无序、冲突和骚动。”[4] 洛吉耶之所以可以这样写是因为他知道，他的读者完全知道他在谈论什么样的公园。30 年以后，把倾斜的大道与相互垂直的道路网格结合起来成为朗方（Pierre-Charles L'Enfant）华盛顿规划的基础。以后，这种把倾斜的大道与相互垂直的道路网格结合起来的道路布局方式，成为一个现代城市规划的共同元素。

法国大革命以后建立的巴黎综合理工学院培养了一批工程师和建筑师，给危机时期的法国提供技术人才，直到现在，法国的许多技术官僚还是来自这所学院。当时，巴黎综合理工学院培养的工程师和建筑师给这种宽松的城市规划方式当头一棒。这所学院起初仅仅培养专门工程师，然而，这所学院很快成为世界上最有实力的和很有教学经验的教育机构之一，当时还有一所大学——巴黎高等师范学院，这所与巴黎综合理工学院同时期建设起来的学校讲授人文和社会科学。它们成为法国思想精英的核心，而且自那时起，它们一直都具有这样的地位。

在大约 30 年的时间里，一位名叫迪朗（Jean-Nicolas-Louis Durand）的建筑师一直在巴黎综合理工学院把工业建筑当成工程课程来讲。他的学生都是国家资助的、统一着装的、非委任的官员，迪朗的授课方式是清晰和非常图示化的，他认为，所有的建筑形式都可以归纳到三类建筑形式中，这种看法成为他的基础。最低的一类建筑形式是由“材料的性质”和制造过程决定的。最高的一类建筑形式是几何的建筑形式，立方形和球形是最完美的。在最高一类建筑形式和最低一类建筑形式之间的是一个过渡，那一类建筑形式源于历史，包括所有的装饰。中国的、阿拉伯的、印度人的以及哥特式都同样有效，当然，希腊 - 罗马古典建筑更受推崇。迪朗始终告诉他的学生，除了满足居住需要，所有这些建筑形式，中国的、阿拉伯的、印度人的以及哥特式都没有任何价值，对建筑而言，它们起源于历史，或者说，它们的意义都是一样的，我们把它们当作完美的几何形状和物质的偶然性之间缝隙上的一张纸。这种独立的、抽象的装饰观与商业上可行的铸造、各种各样的石材，石膏 - 陶瓷的大规模生产尝试不谋而合。

迪朗讲授有关如何做设计的思想可能对未来的城市形式具有重要影响。设计是一种清晰的方法，归结为 4 个简要步骤：

1）首先，考察和分析客户的需要；

2）然后，绘制规划的主要交叉轴线和分析过的任何项目；

3）把分析过的元素布置到以轴线导向的网格中；

4）完成这些之后，在网格线上，首先布置柱子，然后布置墙。

迪朗的伙伴方丹（Pierre Fontaine）和拿破仑的宫廷建筑师查尔斯·柏西埃（Charles Percier）在巴黎美术学院讲授建筑课程，这个步骤也成为他们建筑课程的基础，而且一直延续下来，成为旧大陆和新大陆建筑学院的课程模式。

1793 ~ 1797 年期间（贯穿整个恐怖时代，1793-1794）的一个委员会，编制了一个称之为“艺术家的规划”的革命性巴黎改造方案，事实上，迪朗的这种以城市轴线为导向的规划方式已经隐含其中了。“艺术家的规划”方案提出，打通许多大道，在这些大道上建设若干交通转盘：巴士底就是至今依然保留下来的一个转盘，那个转盘的中心是一个铜铸的纪念柱，周围建起了一座新歌剧院，另一个交通转盘就是凯旋门。最大的一个转盘在巴黎的南面，巴黎的子午线通过当地的天文台。两条大道跨过那个最大的转盘。建设这个转盘旨在让巴黎成为世界的地理中心。虽然这个规划先于迪朗在巴黎综合理工学院开设的建筑课程，但是，“艺术家的规划”需要的建筑恰恰是迪朗要求他的学生去设计的那种建筑。

整个巴黎综合理工学院对外宣布的目的就是通过技术来实现对社会的改良，迪朗开设的建筑课程旨在让城市规划合理化，从而让整个城市建设过程成为社会工程的工具。在这个意义上讲，规划本身就是一种理想事务。迪朗传授给学生的都是十分清楚、简单、几乎不证自明的方法，其中包含了许多规划师和建筑师默认的和公认的假设。人们并非普遍接受迪朗的观念，而且存在不同于他的看法，尤其是历史学家的不同意见，尽管如此，迪朗的观念至今仍然隐含在城市规划和城市设计中。现在，人们不再熟悉迪朗的名字，遗忘了沿用到今天的一些观念与他的联系，然而，他的影响依然尚存，我们现在从整体上低估了迪朗的思想影响。

痴迷于按照轴线来展开城市空间规划影响了城市广场的布局传统。从历史上看，许多开放的聚集场所——广场和其他公共场所，都会布置一个装饰起来的场所中心。拿破仑把巴黎皇家广场，改名为孚日广场，如果时间真能倒流，孚日广场一定会有一尊路易十三的雕塑，而不会按照亨利四世的想法，把那个广场贬低成为商业活动场所。实际上，圆形的胜利广场中间是路易十四骑马的雕塑，而他的重孙子，路易十五的适度大小的雕像最终在 18 世纪成为协和广场的焦点，恐怖时代，人们用断头台替换了路易十五的雕像。在路易·菲利浦统治时期，埃及的方尖碑和喷泉再次替换了断头台。

把宽阔的主干道变成仅仅用于通行的交通大动脉（这个解剖学术语在 19 世纪用到了交通上），让建筑物沿着这些主干道向上和成排地展开，成为令人生畏的和孤立的物体，与城市模式或城市肌理格格不入。迪朗设想的开放空间并非如此。除此之外，这些建筑的立柱产生了迪朗要求的那种装饰立面。使用传统装饰来装饰建筑物是 19 世纪建筑的重要特征（有时，这种传统装饰达到了压倒一切的程度），实际上，19 世纪也是产生新型建筑的伟大时代，19 世纪的新型建筑有厂房、铁路火车站、百货公司、酒店、办公室、摩天大楼。正如迪朗所说，装饰常常掩盖了创新，对于迪朗来讲，创新只能满足使用者的需要，而且还要考虑到使用者的习惯。

按照轴线来展开城市空间的规划具有理想的一面，只要一座城市想要展示出它的宏伟壮观，即使这个城市并非处处都符合按轴线做规划的要求，人们还是可以通过轴线规划来实现让城市感觉起来比较宏大的愿望。伦敦本来痴迷于房地产，但是，可笑的是，在伦敦大火发生前150年，莫尔把乌托邦当作一种类型的文学，在莫尔那个时代和工业革命的时代之间，效仿这种文学的作品不计其数。在这些有关宗教和伦理容忍、纯洁和安全的作品中，人们把很大的注意力放在了社会的严格组织上。但是，人们并非常常很注意理想城市的结构，那些城市的形状几乎总是规则的。在莫尔的笔下，叫作亚马乌罗提城（Amaurote）的乌托邦首都"几乎是正方形的"空间形状。康帕内拉笔下太阳城的空间形状呈圆形；安德里亚（Valentin Andreae）基督城（Christinanopolis）的空间形状又回到了方形。培根（Francies Bacon）新大西岛（New Atlantis）没有一个确定的空间形状，将注意力放在了单体建筑上，甚至关注了居民的服饰；但是，拉伯雷（Francois Rabelais）在巨人传中提到的理想社会是"德兼美修道院"（Abbey of Theleme）。德福维尼（Gabriel de Foigny）笔下的"南方之地"（Terra Australis）有方形的城市，[5] 18世纪同样出现了更为鲜明的乌托邦，它们分别地处非洲、澳洲、太平洋，甚至属于年代不详的未来。不过，这些书并非真正有为未来定居点提供的具体规划，也没有让殖民地效仿的具体规划。

这些理想主义者主要关注的是返回大自然，他们常常把他们想象的理想社会放在人迹罕至的地方。"自然状态"意味着独立于社会传统、繁重的劳作，常常避免禁欲，甚至特许滥交。这些理想主义者很少考虑，在一个实验性的居民点实际应用他们的观念；他们的社会已经在某种理想的和特别的地方存在着，毋庸置疑，南太平洋已经有他们想象的社会，每一棵树上都长满了最可口的水果，那里有最美丽的姑娘。这些理想主义者认为，交媾会生出孩子来，没有家庭生活束缚下的社会技能教育是他们关注的基本事务之一。社会技能教育让他们对自然和培育之间的不同做出反应。

有些改革家不希望去模仿任何一种乌托邦，他们认为，大海的阻隔真会提供建立一个有秩序的、合理的和善的聚居地，最终真有可能建立起完全改良的社会。北美的土地似乎是没有限制的，而旧大陆缺少的那种宗教容忍可能对张开双臂的新大陆有好处。紧随第一批清教徒，如同许多世俗的定居者一样，许多或多或少的宗教群体也来到了新大陆。新建立起来的城镇需要某种形式的规则，虽然这类规则几乎很少规定它们的城镇形状，但是，这类规则集中在单体建筑和街巷之间的空间距离问题。有些新城当然也在约束教派去建立它们自己无法容忍的规则，如马萨诸塞的萨勒姆。

英国政治家和慈善家佩恩（William Penn）1682年建立了费城，在希腊语中，"费拉德尔菲亚"的意思是"手足之情"，他希望建立一块飞地，在那里实行宗教宽容，与印第安人和平共处。佩恩和他的调查员，霍姆（Thomas Holme），把整个新城规划成为长方形网格，地处特拉华河和斯古吉尔河之间。如果当时毗邻河流而建，这座城市的边缘从一开始就会是确定的，它的构造可能会向内生长。当时把市政厅安排在横跨两条主街的中心广场上。每一个街区的中心都有公园绿地。这个规划没有提供每一个网格的具体安排，但是，许多街区用来建设规模不等的独立住房，在它们之间安排花园。正如规划设想的那样，费城从东部开始生长，第一个市政厅建立在靠近特拉华河的地方。虽然佩恩和霍姆希望在特拉华河的一边展开建设，但是，随着城市发展，1871 年，市政厅占用了整个中心广场。在那个时代的美国，城市生活还不要求大型公共空间。另一方面，佩恩和霍姆当时采用了合理的土地政策来保证繁荣，这个土地政策包括把城市周围地区划分成块，每一个街区的中间用来种植，特拉华河河口的港口就是这样安排的。“费拉德尔菲亚”这个名字把许多准独立的宗教或民族群体吸引到了这座城市和周边地区，1800 年左右，在讲英语的地区中，费城当时的人口仅次于伦敦的人口，成为排在伦敦之后的第二大城市。

对比而言，向南，在卡罗莱纳，英国的蒙哥马利（Robert Montgomery）得到了巨大的土地，1717 ~ 1718 年被任命为卡罗莱纳的总督。他规划了一个边长 20 英里（400 平方英里）的正方形聚居区，称之为阿扎利亚领地（Margravate of Azilia），农田包围着整个城镇，住宅低密度分布。聚居区的中心是总督的官邸，伸展出四条对角大街。这是一个精心雕琢和雄心勃勃的方案，但是，蒙哥马利最终没有得到这片土地。1733 年，受乔治二世国王的派遣，约翰逊（Samuel Johnson）的朋友奥格尔索普（James Oglethorpe）上校奉命为英国欠债的人和乞丐在佐治亚找到一个避难之地，当然，建立这个避难所也是为了抵御西班牙人和印第安人以及以后法国人的进攻。奥格尔索普计划，在萨凡纳，每一个街区都建设两行花园住宅，在这两行花园住房之间，建设一个公共的带状的绿地花园和一个广场。这是是一个长期开发计划，估计会延续 100 年。直到今天，萨凡纳依然是一个范例。几乎是一个巧合，奥格尔索普带着卫斯理兄弟（Wesley，约翰和查尔斯，查尔斯是奥格尔索普的秘书）一同到了佐治亚。可是，卫斯理兄弟发现他们与奥格尔索普怎么都合不来，所以，几年以后，卫斯理兄弟回英国去了，不过，这次旅行让他们结识了莫拉维亚弟兄会（Moravian Brethren）的一些人，卫斯理兄弟回到英国后，建立了卫理公会，而莫拉维亚弟兄会对卫理公会的发展是必不可少的。

莫拉维亚弟兄会，从莫拉维亚搬到萨克森，是圣公会新教徒的一派，受到帝国当局的压迫。木匠大卫（Christian David）领导他们，成了赫仁护特（Herrnhut）的一个循规蹈矩的建筑师，当时，地方上的地主，亲岑多夫（Count Nicolaus Ludwig von Zinzendorf，1700-1760）欢迎圣公会新教徒的这一派。亲岑多夫容忍圣公会新教徒与他不同的信仰，向他们解释他自己的信仰，所以，亲岑多夫被认为是莫拉维亚弟兄会的新的奠基人。因为他们认为是他们是传教士，对其他教会传教，对没有宗教信仰或异教徒传教，而不是一个派别，所以，他们人数不多不能反映他们的影响。1741 年，他们来到了美国，在宾夕法尼亚、新英格兰和卡罗莱纳大部定居下来。他们也在中西部地区定居，在那里主要是向印第安人传教，他们还在墨西哥、阿拉斯加、格陵兰、苏里南等地定居。

整个 18 世纪，许多其他或多或少有些极端的宗教团体都渴望在新大陆得到开阔的开放空间。莫拉维亚弟兄会定居点被效仿。无论那些宗教团体的宗教或政治信仰是什么，他们都做了一件共同的事，他们希望他们的城镇和村庄是可持续下去的，这就产生了许多农业的和园艺的定居者，他们认为，他们正在创造人间天堂，创造伊甸园，他们变成了勤劳的果实守护者。这一点很不同于有些投机的农民，那些农民正在缓慢地向西迁徙，采取刀耕火种的方式，依靠出卖他们耗尽地力的土地获得收益，改善从农业生产中可能获得的任何收入。

这个时期出现了许多教派，最著名的教派之一就是，1774 年，跟随曼彻斯特的 Mother Ann（Lee），到纽约，靠近阿尔巴尼的黎巴嫩山定居。这些震教徒（Shakers），又称为震教教友会教徒（Shaking Quakers），主张对罪恶的公共忏悔，致力于建设善的社区，男女分开居住在宿舍里，完全禁欲。他们如痴如醉的祈祷包括精力充沛的舞蹈（因此得到震教徒的名称）和集会，到 19 世纪初，他们的成员达到 6000 人，分散在纽约州、马萨诸塞州和肯塔基州分散的定居点里。到了 20 世纪，他们的成员人数下降，到了 20 世纪 70 年代，最后的信仰荡涤殆尽，尽管这样，闲置的建筑以及同样闲置但制作精良的家具和家庭用具，证明了它 150 年富有成效的活动。每个信徒都是一个“活生生的建筑”，他们从事这“社会建筑”的事业，这是他们的信念，这种信念显示，他们把他们正式的设计技能看成宗教活动的一部分。许多派别同样都具有的野心是，改造耶路撒冷的圣殿，例如，摩门教尝试过两次，或者，按照圣约翰在《启示录》中所说，建设一座“新耶路撒冷”，《启示录》提出了一个理由，解释为什么许多社区都很喜欢网格规划的理由。

许多具有各种精神的其他宗教群体迁徙到了新大陆，德国的再浸礼教徒（Anabaptists）的定居点（或宾夕法尼亚“Dutch” – 与荷兰没有关系，“Dutch”仅仅是“Deutsch”的传讹），一些人称自己为门诺派教徒（Mennonites），另一些人称他们自己为阿曼门诺派（Amish）。再浸礼教徒一直保持他们的语言和服饰，老的农耕技术，拒绝 19 世纪的所有技术（尤其是拒绝农业机械），拒绝人工肥料，虽然一些教徒接受了电力，但是，他们会排斥蒸汽机和内燃机。再浸礼教徒对礼拜、宿命论，对生活和信条的纯洁性都有极端的看法，所以，惩罚是他们社会生活的一个重要特征；有些派别避免与外部世界发生任何接触，而另外一些派别则按照他们自己的条件与其他人混合起来，给其他人提供一种联系和窗口。20 世纪最后 20 年，“有机”食品的品位日益成长起来，所以，他们的生产一直都有市场需求，他们的商业成功引起了相邻农场的羡慕。贯穿整个 19 世纪，许多其他群体到达北美，建立他们的定居点。如住在俄亥俄的琐珥派教徒（Zoarites），1870 年以后住在南达科他的哈特派（Hutterites, ），住在俄亥俄的灵感论者（Inspirationists），他们都建立了一系列直线形式的村庄。许多灵感论者以及和谐论者等生活在上纽约州。1895 年，上千和平主义的杜霍波尔派（Doukhobors）迁徙到加拿大，在萨斯喀彻温定居下来，他们祖祖辈辈在俄国受到欺压。许多这类定居点是为其他人树立榜样的，是布道，当然，他们并非常常生成已经完全实现了自己的愿望，甚至也没有清晰地概括出他们的乌托邦。

然而，工业时代世俗理想主义者们发表了许多论文或“科学幻想”，通过那些作品，那些世俗理想主义者告诉人们如何实现他们的方案。他们乐观策划的基础是这样一种观念，一旦建立起新的社会秩序的中心，虽然这类中心的规模有限，但是，它们就像酵母那样推动着整个社会的发展，解决许多问题。这些世俗理想主义者常常使用了传教术士的那种诱惑，他们模仿一些宗教定居点的某种特征，那些宗教定居点倾向于建立起一种持续的和安定的生活。那些世俗理想主义者建立的社区寻找一种避难所，让它的居民摆脱社会限制，摆脱市场经济的压力。虽然他们没有 18 世纪“自然主义者”的异国情调，可是，对于许多这类理想主义者来讲，为了获得成功，必须把定居点建立在处女地上，避免失去平衡的社会强加给他们的桎梏和限制。

问题之巨大和复杂，让一些改良主义者望而却步，所以，他们把注意力放在解决最明显的城市问题上。例如，在城市规划中，兼顾合理的社会秩序，似乎是一种解决社会混乱的常规办法。1848 年，旅行家、议员和禁酒倡导者柏金汉（James Silk Buckingham）规划了一个正方形城镇，最外层每边边长为一英里，用方形街道进行分区，有些街道可能是装饰起来的拱廊街：有权势的和富裕的人住在城镇的中心，这样，阶层和收入依次向外衰减，直至最外圈。最便宜的和社会最低阶层圈会包括作坊，向乡村开放，“乡村有利于他们的健康，紧靠他们的作坊，还有利于他们的时间和劳动。”这个清晰和有序的安排会取缔杜松子酒店、啤酒厅、妓院，限制，也许消除，社会紧张关系。[6]

比较现实的改良者更为关注条件恶劣的住房，引起结核病以及其他传染病，因此，他们认为健康的环境更为重要。富有创造性的建筑师、规划师和景观设计师帕普奥斯（John Buonarotti Papworth）在 1827 年就提出了在来自辛辛那提的俄亥俄河的另一边建设一个居住城镇的设想，称之为海吉尔（Hygeia），即希腊的健康女神。但是，这个设想没有成为现实。50 年以后，麻醉、人道屠宰、火化先锋、公共卫生先锋，理查森（Benjamin ward Richardson）提出了建设一个 10 万居民的城市的设想，也称之为海吉尔，禁止抽烟和喝酒。人口密度约为每英亩 25 人，卫生设施和绿化非常完善。室内禁止满铺地毯和过分装饰，引进土耳其式澡盆，用瓷砖铺装浴室；这个设想是在一次会议上提出来的，然而，向大众介绍这个方案则采用了宣传小册子，而且引起了很大的争论。田园城市（garden city）思潮之父霍华德（Ebenezer Howard）的确在描绘田园城市时受到过理查森的启发。

改造整个社会经济制度，使整个社会经济制度容易面对新工业力量的影响，这类建议让这些相当天真的住房改革观念相形见绌。19 世纪下半叶的革命思想家仔细阅读过这类设想，与它们想法一致。马克思和恩格斯特别提到了欧文和另外两个法国“空想社会主义者”，圣西蒙和傅立叶。虽然欧文、圣西蒙和和傅立叶所倡导的方案非常不同，但是，这些人实际上都是最著名的原始社会主义者。他们都致力于社会转变，他们的观念与培育与此相关的因素相联系，而马克思和恩格斯关注的是工人阶级掌握政权。也许并不奇怪，无政府主义思潮创始人之一的克鲁泡特金王子，像马克思和恩格斯一样，把他自己那个时代不同工人运动创始人看成三重奏：圣西蒙的社会民主主义，欧文的工会运动，傅立叶的无政府主义。

圣西蒙的社会民主主义、欧文的工会运动和傅立叶的无政府主义这三大乌托邦思潮首先提出重新组织社会以及工业生产。1771 年，罗伯特·欧文出生在一个威尔士自营工匠的家里，以后成长为一个具有管理天赋的神童。19 岁时，他负责靠近曼彻斯特的大作坊，他改善了工人的工作条件，也改善了纺纱工艺，他号称生产着英格兰最好的棉纱。在对苏格兰做工作访问期间，欧文遇到了他后来的妻子，银行家大卫·戴尔的女儿，他与戴尔小姐于 1799 年结婚，这个银行家与阿克莱特于 1784 年就在克莱德的新兰纳克建立了一家作坊。欧文买下了这家作坊，当时，这家作坊使用的是水动力，欧文把他的管理观念用到这家作坊里。他限制工作时间，改善住宅，开了一家非营利的公司商店，致力于建立起一种合作的劳动来获得商业上的成功。然而，当他试图减少投资回报时，他的股东抵制他的做法，这就鼓动他买回公司的股份，与功利主义思想家边沁（Jeremy Bentham）和贵格会教徒，物理学家、政治家艾伦（william Allen）一道组建一家新公司。这些早期的实验让他在商业上取得了成功，新兰纳克很快接待了许多访客，政治家、社会改革家，甚至后来的沙皇尼古拉一世（Iron Czar Nicholas I）。欧文常常就经济举措和法规提出意见，国王和大臣们，美国总统，甚至放逐到厄尔巴岛上的拿破仑，都阅读他的小册子。

尽管英国政府得到了各种警告，但是，英国及其政府还是没有准备好应对 1815

年拿破仑历次战争之后出现的经济危机。必须使用重复征税的办法解决巨大的国家赤字，从战场上下来的战士面对一个失业大军，农民、纺纱工和织布工。当时，欧文对这个问题提出了一个解决办法，以他在新兰纳克的经验为基础，制定了一个建立模范公司镇的计划。欧文设计了一个包括1200人的公司镇，用地约在500英亩-1000英亩之间，基本上是农业用地，让居民可以利用这些土地实现自给自足。每一个家庭会有一幢有4间屋子的房子，因为吃食堂，所以，家里没有厨房。整个院落三边是住房，一边是儿童宿舍、医院和客房，中间形成广场。还有专门提供给教师、医生、其他官员的住房以及一间集体仓库。一个长形的中心建筑出现在这个广场里，这幢建筑用于行政管理、厨房和餐厅;这个广场的左边有一个学龄前儿童的幼儿园（年龄3岁以后的孩子虽说可以回家，但是，还是在集体里长大的），包括一间教室，楼上有一间小教堂。这个广场右边有一个供学龄后少年儿童读书的学校，还有会议室、社区公共房屋和一个图书馆。广场内部作为一个公园，种上树木。通过树木把广场与厂房、屠宰间、马房等隔离开来。

起初，欧文的目标是消除贫困，不久，他提倡把这种方式用来作为解决现代城市问题的一般方法。他认为，如何培育儿童会对整个大自然产生影响，在这个问题上，他采取了极端的立场，环境总在影响着“个性的形成”，所以，他的组织特别关注学校教育，他自己成为英国幼儿园运动的奠基人。与他的热情的追随者一道，他很快把这个模式变成了实现，他的追随者在他的支持下，首先在格拉斯哥附近的奥比斯顿建立了第一个模范公司镇，而后，欧文在美国的印第安纳州南部沃巴什河岸边，从拉普（George Rapp）领导的小清教徒派，“和谐主义者”，手中买下他们已经建设起来的名叫“和谐”的小镇，包括3万英亩土地、农业设备和牛群，建立了他的“新和谐村”。不过，欧文有更大的雄心壮志，他雇用了一个年轻的建筑师，惠特韦尔（Thomas Stedman Whitwell），来建设一个新的中心四边形建筑。我们现在对惠特韦尔的了解仅剩这样的记录，他曾经在伦敦白教堂的布伦斯威克建设了一个铁屋顶剧场，建筑物完工后三天就坍塌了，导致几个人的死亡，惠特韦尔1840年去世。欧文希望把这个名叫“和谐”的小镇改造成为一个自给自足的世俗社区，包括工厂、花园、体育馆和教育设施。在33英亩规划区内，惠特韦尔设计了一个占地22英亩的封闭城镇，采取四边形的规整规划布局。欧文自己有一个他寻求的城镇形体外观的示意图，惠特韦尔的设计与欧文的详细描绘不是十分吻合，相比之下，惠特韦尔的设计比欧文的示意图更有力地说明了欧文的愿望。

“新和谐村”旨在解放妇女和奴隶，改善工作条件，所有的孩子享有同等的教育。在这个社区发展的顶峰，人口达到1000人。不过，很多居民实际上是科学家、文学家和教育家，而不是工匠和农民。各种讨论，甚至纷争接踵而来；有些定居者退出这个社区，建立自己的领地，2 年以后，欧文必须承认破产（他为此投入了大量资本）和失败；欧文返回了伦敦，即使这样，欧文的三个儿子还是留在了美国，他的一个儿子，罗伯特（Robert Dale Owen），成了国会议员，负责制定法律。

以后，哈福德郡的社区、戈尔维的社区以及美国的 30 多个社区的好景都不长，尽管如此，欧文的实验吸引了一群政治和文学精英。在 1835 年以前，这个圈圈里有时出现了"社会主义"这个术语，把它作为"欧文主义"的同义词；这个词汇在 1832 ~ 1833 年出现在法语和英语中。当欧文在美国期间，他在南开夏郡的追随者开始在罗奇代尔建立合作社，罗奇代尔合作社通常被看成合作社思潮的起源，有时把合作社称之为工人阶级的股份制公司，当然，这种合作社很快丧失了它的任何革命色彩，成为一种商业企业。欧文当时的社会影响主要在教育和工厂法规上；合作思想则是欧文的长期成就。

马克思和恩格斯提到的第二个空想社会主义者是圣西蒙，圣西蒙家族一个具有公爵头衔的亲戚一个世纪之前就在凡尔赛宫非常尖刻地批判过当时的法国社会。圣西蒙 19 岁时参加了美国独立战争（后来他说，美国独立战争旨在保护工业解放），圣西蒙不同于大部分法国贵族，虽然他的贵族家庭被摧毁了，但是，圣西蒙不仅仅欢迎革命，而且在恐怖时代结束时，圣西蒙从监狱里被释放了出来，实际上，圣西蒙通机购买教会的土地而发了横财，从而让他过上了奢侈的生活，支持科学研究和支撑他自己短命的社会改革方案。圣西蒙虽然认为自己的家族是查理大帝的后裔，他特别适合于致力于欧洲的统一，但是，他几乎并不眷恋往昔。社会阶级的概念其实首先是在他的小圈圈里形成的，圣西蒙期待制造商、银行家、科学家和工程师来主导新的工业社会。圣西蒙认为，律师和"玄学家"已经做了他们的破坏性的工作，律师和"玄学家"通过忽视金融和工业，空谈自由，而摧毁了 1789 年的革命。科学家和工程技术人员组成新的力量会形成一种不同的知识阶层，政治会"还原"成为一种拥有自己特定方法的科学。两大工业巨人，英国和法国，不是去战斗，而是联合起来，随着时间的推移，通过欧洲议会的控制，与统一的德国而结合起来。圣西蒙的慷慨和他的实验让他陷入贫困，以致在他老年时，一贫如洗；一次未遂的自杀行动让他失去了一只眼睛（老年圣西蒙依靠门徒给他提供生活费用）。实际上，圣西蒙后来转向了准宗教的信仰，他在他的最后一部著作《新基督教》中阐述了他有关人类同情的性质的那些信仰，1825 年，《新基督教》出版，圣西蒙也就是那一年去世的。圣西蒙坚持认为，《新基督教》是所有人类联合起来的唯一可能的基础。虽然圣西蒙有时认为他自己是一个宗教领袖，但是，追随他的那些人不过是他的门徒，他们首先在巴黎中心，以后又在梅里蒙当，建立了由昂方坦（Barthelemy Prosper Enfantin）领导的半修道院似的社区，昂方坦与另一个门徒巴扎尔（Saint-Amand Bazard）一样，都设想在圣西蒙去世后得到"父亲"的头衔。这个正在到来的科学时代是一部神圣的启示，会给人类带来无数的祝福；仅仅保护知识阶层的利益就可以导致仁慈的社会变革。这些门徒把圣西蒙的思想转变成了有着奇怪赘疣的接神论，像一个正在降临的女性救世主，实际上，这些门徒开始推行意识形态上的居民点，大部分在德国。

圣西蒙与他同时代的黑格尔一样，杜撰了一个历史制度，始终坚持相信社会会逐步走向完善。马克思把圣西蒙的思想体系归结为"空想社会主义"，而圣西蒙的确最精确地预测了工业时代的政治与经济。在圣西蒙的制度中，蕴涵了世界范围的合理的领土规划，圣西蒙的门徒们，尤其是他的秘书昂方坦，竭力倡导这种世界范围的合理的领土规划。当时，围绕圣西蒙思想的有两个群体，一个是巴黎综合理工大学的毕业生，如昂方坦和巴扎尔。另一群人是一个由犹太银行家组成的小圈圈，他们把圣西蒙的理论用到 19 世纪中叶的金融政策上，当时正值拿破仑第三的第二帝国时期。没有这些银行家运作信贷，奥斯曼（Baron Georges-Eugene Haussmann）是不能改造巴黎的。圣西蒙的这些门徒们保持对圣西蒙的信仰，支付出版了圣西蒙全集，维护着圣西蒙的坟墓。

昂方坦在旅行中结识了法国驻埃及的外交官雷赛布（Ferdinand de Lesseps），他十分熟悉圣西蒙的观念。昂方坦和雷赛布讨论了一个计划，开凿一个运河，经过开罗和亚历山大里亚，把红海和地中海连接起来，雷赛布一直试图说服埃及的统治者，赛义德（Said Pasha），实际上，在第一个埃及总督伊斯梅尔执政期间，这个计划就完成了。雷赛布是一个很精明的外交官，在土耳其政府和其他圣西蒙派金融家的支持下，缩短了运河的设计长度。雷赛布以后参与了圣西蒙提议建设的另一条运河，把大西洋和太平洋连接起来。从 16 世纪起，人们就在讨论把大西洋和太平洋连接起来的方案，但是，法国企业推动了在巴拿马修筑这条运河；1915 年，巴拿马运河建成，并且把巴拿马运河的所有权让给了美国。

圣西蒙的许多计划都实现了，例如，他提出的把大西洋和太平洋用运河连接起来的计划成为现实。他的许多预言已经或多或少成为现实，圣西蒙预计到了我们现在生活的社会，这是一个由精英治理的、管理的、自由市场的社会。因为圣西蒙的所有预言并没有用给我们的社会带来和谐和普遍繁荣，所以，我们在描绘和解释圣西蒙的乌托邦时，圣西蒙的乌托邦实际上给我们留下了一个真正的问题。

孔德（Auguste Comte）是圣西蒙门徒中最有影响的一位，他多年来担任圣西蒙的秘书，他也是学理工技术的。孔德非常接近圣西蒙，仅仅在圣西蒙去世前才与圣西蒙分裂，随之而来的是，整整一代人在孔德和圣西蒙之间有关影响甚至剽窃的问题展开争论，实际上，孔德和圣西蒙肯定有许多共同的看法，如他们都认为人类历史可以划分成为三个阶段，万物有灵论阶段、目的论阶段和科学阶段。孔德的思想比起圣西蒙的思想更系统一些，人们常常认为孔德是社会学的开山鼻祖，“科学的”研究社会。社会学是一种新型科学，不同于其他物质的科学。生物学当时是一门新科学，不像以往旧的分析科学，分析科学是通过把事物从它所在系统中分离开来的方式来加以研究的。孔德的新科学会是综合的：它承认，植物、动物或社会可以分割开来，但是，没有重大改变是不可能分割开来的，我们对有机体的观察一定是完整的。

像圣西蒙一样，孔德也认为，精神必须控制和升华工业的力量和金融的力量。这种观念引导他建立了一种有神父和服务“大宇宙”教会，这种“大宇宙”教会在英国、俄国、拉丁美洲，尤其是巴西都获得了成功。孔德相信，在社会里行使权力是不可避免的，一定要通过鼓励利他主义的动力来支撑这些信仰，社会和平发展的关键依赖于全体人民接受一种水平的社会经济，每一个人都在其中有自己的位置，赫胥黎（Huxley）称这种从孔德的信仰中生长出来的宗教为“没有基督精神的天主教”。

尽管孔德建立了一种哲学和一种教会，但是，他没有建立任何一个居民点。与他同时代的傅立叶，是马克思和恩格斯提到的第三个空想社会主义者，傅立叶对社会的关注非常不同于孔德，从一般意义上讲，他的关注源于他对混乱和野蛮时代的蔑视，从特定意义上讲，他所关注的问题源于法国资产阶级社会。傅立叶觉得，在他所处的文明中，有两个最令人讨厌的东西，一是自由市场，二是婚姻制度。

傅立叶的基本改革分成两个领域：政治改革（带着责任去做）和内部事务改革（带着愉悦去做）。傅立叶的整个乌托邦都以快乐为基础，恰恰因为快乐是建设任何一个道德制度的唯一保障，快乐不是理性的，这种特征十分关键。傅立叶称快乐为“积极的幸福”，基本上有两种快乐：饮食的快乐和性欲的快乐，然而，因为饮食的快乐和性欲的快乐分享一部分快乐，所以，饮食的快乐和性欲的快乐总是社会的。傅立叶把人的情感定义为寻求快乐，这样，他第一次把人的感情划分为 5 个标准属性，这些标准属性分别对应不同的感觉，傅立叶还把快乐划分成为 4 个简单的快乐效应，抱负、友谊、爱、父母情感。另外，还有 3 种分配情感，他分别称这 3 种分配情感为，秘法的，混合的和变更的，社会组织是这些分配情感的基础。秘法情感是秘密的和竞争的；混合或相互联系的情感是一种得到满足的愿望；秘法的和混合的都是感觉的，也是精神的，而变更的则是一种期盼变革和创新的情感。经过适当计算，我们可以找出 810 个子类，傅立叶认为这是一个理想的相互联系的数字。

稍早的多产作家和理想主义者布雷东（Nicolas Restif de la Bretonne）提出了类似的看法，人们认为他是“街头罗素”。布雷东在《南方的发现》中，想象他自己飞到18世纪的异域。[7] 如同傅立叶，布雷东也喜欢分类和编撰新词，另外一个准理想主义者，臭名昭著的萨德（Marquis de Sade）也主张，必须对所有的物质做分类，带着博物学家那种彻底性来编目。例如，把失败的商务再细分为36种破产，把失败的婚姻再划分成49种私通。

傅立叶认为，人除非组织成为具有竞争性的群体（秘法的感觉），每个劳动班次不长（变更的感觉），否则，人不能承担那些使他们厌倦的工作，所以，所有这种分类都是必要的。傅立叶用如何收集垃圾为例，说明了最令人不快的工作在一个他设想的社会里如何可以令人快乐地管理起来。傅立叶提出，孩子们喜欢各种各样的泥巴，他们当然是社会培育的和教育的。所以，在这个新社会里，孩子们可能被组织成为他所说的“小群体”，他们身着统一的服装，手里拿着横笛和乐鼓，牵着小马驹，把收集垃圾变成了一种复杂的游戏。孩子们的教育会是各式各样的；人们会在厨房里，尤其是糕点厨房，传授烹饪技术，而通过整个艺术作品的表演，如歌剧，来传授社会美德。

未来的社会会组织起来满足所有的欲望和情感，包括那些性“变态”，所以，不需要压抑任何一个人。那个社会的基础是分门别类的多样性活动之间的相互作用，这样，那个社会不是平均主义的。因为参与者中包括了很大比例的工匠和农民，少量的艺术家、科学家、金融家，所以，那个社会无论如何都会存在各种收入和社会身份。正如本雅明（Walter Benjamin）曾经指出的那样，这种承载所有可能位置和欲望的工作会需要像机器一样精确运转。[8]

傅立叶的历史观也是极端精确的，他把覆盖了8万年的历史分解成为32个清晰的历史时代，分别贴上标签。傅立叶认为，他所生活的时期是上升时代的结束，处于第五时代和第六时代之间，第五时代是一个野蛮竞争和冲突的时期，第六时代开启了一个社会完全和谐的时代，即所谓保障主义时代。在这个时代，人会发展超出常规的体能，身高达到2.13米，年龄通常达到144岁；他们还会发展一个额外的肢体，最终成为第三只眼的尾巴。正如傅立叶所写的那样，从社会混乱走向社会和谐的途径会在把人类的福祉引向3.5万年。此后，世界会通过对称序列下降到初始的混沌和神秘状态。那时，和谐会产生令人惊讶的生态后果。随着令人惊叹的科学乐观主义，傅立叶预测，农业生产的扩大会让全球变暖，引起北极光的扩大。北极光会改变海水的化学成分，沉淀起来。马克思赞扬了傅立叶的组织架构，但是，没有时间让巨大的宇宙体系转变成他的理想必须适应的宇宙体系。

傅立叶有关历史过程和这个过程的环境后果的看法是准确的，同样，他对新社会自然环境所开的处方也是准确的和肯定的。所以，他的设想所依赖的城市都是在细节上都是具体的。傅立叶是唯一一个把他的改革与城市规划和详细的建筑设计联系起来的“世俗”的理想主义者，在他看来，未来社会组织与社会住宅的供应相联系。傅立叶的童年是在法国东部的贝桑松度过的，法国 18 世纪后期最伟大的建筑师勒杜（Claude Nicolas Ledoux）在那里十分活跃，1778 ~ 1784 年期间，勒杜曾经在贝桑松设计建造了一个剧场，当时，傅立叶仅 6 岁，而在那个剧场建成时，他已经 12 岁了，这样。傅立叶的远景设想与他童年的经历不无联系。在此之前，勒杜作为皇家盐场的建筑师，曾经在阿尔凯特瑟南斯（Arc-et-Senans）建设过一个模范工厂，其中半圈是工人的住房，阿尔凯特瑟南斯在贝桑松以南 10 英里的地方，第一次建成了一个圆形的理想城镇。以后一些年，傅立叶常常带着卷尺，丈量他感兴趣的每一幢建筑，在巴黎撰文赞美勒杜的这些建筑。所以，毫不奇怪，这座城市建在从文明通往保障主义的路径上，计划以三个圆环表示刚刚开始的那个周期：中心，包括公共建筑，第二圈是大住房单元圈，远郊区有农场。这些圈可以用绿带划分开来，建筑的高度和街道的宽度，建筑与建筑之间的距离都有精确规定，由专门的市政议会议员控制，他们被授予仿古的头衔，“议员”。在保障主义的初始阶段，可以把旧庙宇或宫殿用作比较小的居住地，但是，大宫殿或庙宇，如凡尔赛宫或埃斯科里亚尔建筑群不仅足以容纳真正的法伦斯泰尔（phalanstery）[1]，而且每一个法伦斯泰尔成员的公共住所需要容纳 1500 人以及他们的作坊和办公室。每一幢法伦斯泰尔成员的公共住所都像凡尔赛宫，建筑主体部分凹进去，两翼突出。整个建筑 5 层楼高，710 米长，是凡尔赛宫长度的两倍，半闭包的建筑形成一个庭院。如此之长的建筑立面通过与建筑高度一致的立柱间隔开来。底层用于车辆交通和作坊；半地下半地面的夹层用于托儿所和养老院，夹层之上的一层为公共用房，最高两层用于居住。所有的公寓的进深为两间房，面向公园般的庭院，而在这幢建筑之外，高于夹层的是热闹的公共街道，一种达到 4 层楼高的廊道，在完全和谐时期，这个廊道的宽度可以达到 10.9 米。有噪音的作坊、练功的音乐家和儿童活动安排在这个建筑的一翼，而把客栈和其他管理机构安排在这个建筑的另一翼。建筑主体部分包括“富人”区、各种“官吏”区，交流的地方，不是股票或债券的交流，而是活动和情感的交流。剧场和教堂都有各自独立的位置。在这个法伦斯泰尔成员的公共住所面前是一个大型庭院，这个庭院的另一侧是若干辅助建筑，马厩、店铺、作坊、鸡舍和其他设施，通过地下通道与

[1] 法伦斯泰尔是法国空想社会主义者傅立叶幻想的社会主义基层组织—译者注

这个建筑相连。如果这个公布出来的版画是可信的话，尽管它的安排引人入胜，傅立叶设想的这种建筑也不会是一个建筑展品。

法伦斯泰尔的经济基础是农业，主要是供应市场的园艺蔬菜产品，其次才是工业，在这一点上，傅立叶不同于与他同时代的理想主义者。傅立叶坚持认为，在法伦斯泰尔里的每一个工作都是快乐的、自愿的，所以，法伦斯泰尔的基本目标不是生产和经济。社会的全部安排都是为了快乐，这是一种社会观，这种社会观也许有些荒谬，但是，恰恰是傅立叶的这种社会观，像他的睿智一样，博得了恩格斯的青睐。恩格斯认为，如果傅立叶不是世界文学中最伟大的讽刺作家，至少是最伟大的讽刺作家之一，恩格斯尤其欣赏傅立叶用来覆盖所有人类情感和关系新意义的变幻不定的单词。傅立叶的语言游戏几乎一直都被人遗忘了，“法伦斯泰尔”是法语和意大利语中唯一尚存的傅立叶的用语之一，令人啼笑皆非的是，“法伦斯泰尔”已经变成了意味着一个巨大和军营式的建筑的代名词，而并非傅立叶所设想的那种非常令人愉快的乐园。

傅立叶的第一批法伦斯泰尔成员的公共住所计划由选择逃出传统社会的志愿者们自己来建设，所以，建设工程会是昂贵的。如果傅立叶的追随者们打算购买者土地，建设起这类建筑，使建筑可以自我维持下去的话，傅立叶的追随者们可能需要贡献 4000 万法郎（大约相当于 1650 万英镑，远远超出欧文当时使用的 9.6 万英镑的开支）。傅立叶不像比较适度的欧文，他寻求那个时代的大人物的支持：德文郡和诺森伯兰的公爵们，或者银行家，如巴林和霍普；欧洲的王子们，如恰尔托雷斯基、埃斯特哈齐、麦蒂那 - 西里等，不幸的是，在资金到来之前，傅立叶去世了。

傅立叶看不起圣西蒙之流，他认为，圣西蒙之流执行的是没有快乐可言的管理主义。尽管傅立叶从未与圣西蒙谋面，但是，傅立叶与圣西蒙的信徒有过一到两次的交往，他很快了解到，他们不打算按他的方式行事。有关欧文的实验，傅立叶也是从出版物上了解到的，并且很快与罗伯特 · 欧文建立了联系，当然，直到 1837 年，仅仅与欧文在一个官方的招待会上有一个短暂的接触，而傅立叶就在那一年去世了。傅立叶与欧文的设想的确有相似的地方，居民点的规模，收入来源，土地使用规划布局；欧文比傅立叶年长 1 岁，当傅立叶最初看到欧文的工作时，他把欧文的工作看成他自己工作的先驱。但是，傅立叶很快丢掉了对欧文的幻觉，因为欧文的计划太修道院式，而且太平均主义了。欧文居民点无差异的方块规划有可能产生混乱和单调乏味，而这正是傅立叶自己尽力去避免的问题。他斥责欧文是一个江湖郎中。

傅立叶的许多信徒继续致力于实现傅立叶的理想。有关这个主题得到了广泛的讨论，傅立叶主义的同情者，非常流行的小说家欧仁 · 苏，把自己的一部小说的主题定位在一个法伦斯泰尔上。傅立叶去世后，孔西代朗（Victor Considerant）离开了军队工程服务岗位，成为傅立叶主义的领军人物，他也是一位“理工人士”。制铁商戈丁（Jean Baptiste Godin）在比利时南部的皮卡索有一个铸造厂，1859年，一个名叫“家”的经过修正的法伦斯泰尔公共住所举行了奠基仪式。正如“家”这个名字的含义一样，这个法伦斯泰尔公共住所并不追求各式各样的傅立叶的性激情，而仅限于让工人家庭有地方居住。按照傅立叶的模式，“家”由三个部分组成，中心部分依然保留，但是，一个比较适度的内部广场替代了非常长的内部街道和类似公园的庭院。这个公寓的每一个家庭都有了自己的厨房，当然，浴室、厕所还是公共的。戈丁去世后，他把这幢建筑和工厂都留给了工人合作社，工厂生产供热设备，直到今天，它依然尚存。尽管工厂已经扩大了，但是，旧建筑还是保留了下来。

如同新拉纳克（New Lanark），“家”吸引了朝圣者和有好奇心的人，也引来了模仿。傅立叶在美国有着相当数量的信徒。布里斯本（Alfred Brisbane）在旅行中遇到了巴黎的傅立叶主义者，回到美国后，在《纽约论坛报》上撰文提出了傅立叶主义的原因。作为他对傅立叶主义传播的结果，1843年，“北美法郎吉”在新泽西的红岸奠基。因为仅由成员出资，而没有外部工业巨头的支持，所以，火灾和资金一直困扰着它，这个法郎吉仅延续了12年。在威斯康星的南港，“威斯康星法郎吉”甚至更加短命。按照傅立叶思想建设的法郎吉合计约有30多个，它们积累了成功或失败的各种经验教训。

美国本地人也建设了许多“乌托邦”的居民点。纽约州的奥奈达人既有政治倾向，也有宗教倾向，因为爱莫生和霍桑而出名。奥奈达人称他自己为神圣的共产主义者，主张“群婚”和共产，有规律地展开“相互批评”。他们的农产品占据了市场，一个成员发明的新的捕获动物的方式让他们有了一个非常成功的产品。奥奈达雇人以及自己的成员，虽然它一直给雇佣者偿付较高的工资，给他们提供比别的地方要好的待遇，但是，它不允许那些被雇佣的人组织工会。奥奈达在经济上大获成功。1879年，“考虑到公众的情感”，奥耐达放弃了群婚制度，1881年，奥耐达变成了一个联合股份公司。

这些居民点都是最著名的和成功的，不过，在美国、拉丁美洲和欧洲，大约还有40个按照傅立叶思想建设的居民点；那些按照傅立叶思想建设的居民点，原始的法伦斯泰尔，一直延续到了20世纪。在1910～1920年间，在法国萨瓦省的尤劲，欧洲第一个电钢厂建成，这家工厂以合作方式为工人建设了宿舍。虽然这个工人宿舍称之为“法伦斯泰尔”，包括了住房和很大的公共空间和集体企业，当然，它的管理原则并没有深刻反映傅立叶的思想。

对于理想主义者们，马克思和恩格斯最为宽容相待的是埃蒂耶纳·卡贝（Etienne Cabet），他们认为，卡贝是一个原始共产主义者，而其他人不过是社会主义者。卡贝在1840年出版的《伊加利亚旅行记》中，描述了他的共产主义乌托邦，他的计划包括完全控制土地，主张平均主义的社会观。卡贝小说的影响类似傅立叶的作品。卡贝的乌托邦社会坐落在一个叫作伊卡利亚的环形城市里，一条河流横穿这座城市，河上有一个很像巴黎的中心岛；不同于巴黎，伊加利亚环形城市的布局规则，由标准的住房单元组成，这种标准住房包含了大规模生产的诸种要素，也是对预制效率的早期诉求。伊加利亚的经济在义务制的基础上组织起来，标准工资，统一服装，对那些希望从事非服役性质工作的人，如记者、绘画和医药等人，采用一种综合的信用制度。1830年七月革命之后，卡贝支持法国的敌对势力，于是，他逃到了英格兰，在那里，他与欧文邂逅，尽管欧文自己从美国撤了回来，但还是鼓励卡贝去美国。卡贝与德克萨斯州协商了优惠的条件，1847年，大约有1500伊卡利亚人在德克萨斯州北部的红河定居下来。1848年，法国发生了革命，加上德克萨斯州北部地区的恶劣自然条件，许多人很快从那里返回了法国。卡贝并未因此而气馁，1849年，他自己领导了另一群人去美国定居。摩门教创始人史密斯（Joseph Smith）被谋杀之后，摩门教徒搬出了他们在伊利诺斯纳府受到攻击的居民点，那个地方在密西西比河靠近麦迪逊堡的地方，那里已经有了方格式布局规划和许多公共建筑，包括第一座摩门庙宇，伊卡利亚人住进了那些摩门教徒留下的建筑里；但是，这个计划也没有比德克萨斯的计划成功多少。卡贝本人搬到了圣路易斯，1856年，他在那里逝世。伊卡利亚人继续建设更多的居民点，爱达荷州有三个，加利福尼亚有一个：爱达荷州最后一个伊卡利亚人居民点在1896年关闭。

那时，这种"协和式"理想主义者已经在法国接近权力的中心了。在1848年路易-菲利普（Louis-Philippe）下台之后，孔西代朗、许多圣西蒙的信徒以及其他一些社会主义的领导人士被遴选担任副职，在最朝气蓬勃的改革家们，勃朗（Louis Blanc）的领导下，采取了许多办法，如建立国有化的作坊，雇用几十万工人。1851年路易·波拿巴政变后，路易·拿破仑，未来的拿破仑第三，自诩为"工人的朋友"，真正关注工人的住房。布里斯本邀请不了已经丧失议会席位的康西得朗，在戈丁的鼓励下，到德克萨斯去建立另一个法伦斯泰尔，达拉斯城外的留尼汪，不过，它持续的时间非常短。

19世纪，建设乌托邦是一件很盛行的事情，尤其是在美国。1840年，就在爱默生（Ralph Waldo Emerson）进入布鲁克农场之前[9]，卡莱尔（Thomas Carlyle）写了一封信，信中这样写道：

我们都有些着魔地展开无数的社会改革项目。并非纸上谈兵。我慢慢地让自己着了魔，我决定清醒地生活。

当时有记录的模仿社区大约有 200 个，直接涉及 10 万人。还有许多这类社区没有记录下来，一般都是从社会改革的角度展开的。

在第二帝国 1871 年“巴黎公社”失败之后，围绕社会问题而撰写的乌托邦方案出现了相当不同的转变。“巴黎公社”是那些社会思潮的顶峰，在 1830 年它们激发了公众意识，让欧洲和美国的国家领导人不安。以暴力方式解决工业社会的矛盾和不平等的认识退缩了。19 世纪下半叶，出现了政治的和科学的乌托邦，出现了一些重要作家。巴特勒（Samuel Butler）思考了一种社会，用药物去治疗犯罪，惩罚疾病，把音乐而不是货币存在银行里。凡尔纳（Jules Verne）写了许多实现人性的科学幻想。这些预言都没有成为建设新居民点的模式。

19 世纪 80 年代，美国作家贝拉米（Edward Bellamy）使用 18 世纪的叙事方式来唤醒当代评论家考虑公元 2000 年那个遥远未来的社会。他的小说《回首》(1888）讲述了他那个时代一个波士顿人的梦想，这个波士顿人熟睡了 100 年以后醒过来，发现自己在这样一个社会里，这个社会科学技术发达，但是，道德和政治没有活力。贝拉米预计，美国会成为一个拥有土地和所有生产资料的公司，所有的工作都以一种招募制度为基础，所有的支付都有标准，用荣誉和地位来奖励成绩。在一个总司令的指挥下，这个社会像一个训练有素的军队。不容忍背叛；那些选择“逃走”的人会发现他们自己单靠面包和水过活，直到他们“重新”融入社会，这种孤独的禁闭状态才能得到改变。因为技术已经让妇女从家务劳动中解放出来，所以，性别是平等的；所有的烹饪都是集中的，然后送到各家，而清洁工作则由合同工来完成。还有其他一些技术革新：音乐用管道直接送到家里，没有货币了，所有的交换都使用信用卡。人们争先恐后地阅读贝拉米的作品，社会甚至致力于实现他的愿景。在所有贝拉米的读者里，最重要的读者毫无疑问是莫里斯（William Morris），他把罗斯金的工作观，更具体的讲，手工劳动，与马克思的经济学说，结合起来。在《回首》这本书出现在美国的最初几个月内，莫尔斯在《公共福利》上相当消极地评论了贝拉米的这本书，当时，莫尔斯与马克思的女婿埃夫林（Edward Aveling）一起编辑这份社会主义同盟机关报。莫尔斯讨厌这种军事比拟、征用、非凡的技术，莫尔斯的《乌有之乡的消息》(News From Nowhere）就是他对《回首》的反应，1890 年，莫尔斯撰写了“乌有之乡的消息”系列文章，然后，他在 1891 年把那些文章编辑成为一本书。《乌有之乡的消息》谈的是一种未来，不过，故事发生在当时的英格兰。那时，莫尔斯生活在伦敦的哈默 - 史密斯，所以,《乌有之乡的消息》中的那个幻想家是来自伦敦哈默 - 史密斯的一位年轻的 19 世纪的社会主义者，他看到了 20 世纪的结束。他仅仅模糊地记得 1952 年的革命，英格兰是一个经过暴力和鲜血转变了的英格兰（贝拉米的革命是渐进的、非暴力的和漫长的）。资本主义和议会政府已经被推翻了（议会已经变成了一个粪堆），而选择了基于地方民主的松散联邦制，以及莫尔斯称之为共产主义的全部要素，自由交换的市场，土地和生产资料的公有制。通过大幅度减少劳动时间的办法，解决生产过剩问题和随生产过剩而来的市场波动。所有这些结合起来产生一个美好的幸福世界，或者无论如何在英格兰产生一个美好的幸福世界，一个富裕和健康的艺术家 - 工匠的世界。莫尔斯的书可能还没有预测那样准确，虽然贝拉米的《回首》在他那个时代的确是一本最畅销的书，但是,《乌有之乡的消息》不仅当时，而且一直以来都比贝拉米的《回首》更流行，有过若干个版本。

莫尔斯本人是一名伟大的艺术家 - 工匠，尽管并非总是成功，莫尔斯还是一个富裕的实业家。莫尔斯是一个坚定的马克思主义者，他与恩格斯合作，熟悉过去的乌托邦文献。莫尔斯敬仰欧文和新兰纳克，工人在那里重新获得了他们的与生俱来的尊严，新兰纳克对他而言似乎预示了他在《乌有之乡的消息》中描绘的社会。尽管莫尔斯从罗斯金和卡莱尔那里了解到，全部劳动在共产主义社会都成了游戏的原理，不过，他与傅立叶共享这个原理，他从马克思那里懂得了阶级斗争的观念和马克思的价值理论。莫尔斯还阅读了乔治（Henry George），法国重农主义的美国弟子。莫尔斯把这些理论结合在一起，形成了一种版本的社会，比起社会主义，这个社会更加激进，当劳动成了游戏，必然导致一个美丽的环境，劝阻孩子们不要过早去学习写作，

> 因为过早学习写作，会让他们养成一种不佳写作的习惯。——我们知道我们喜欢优美的写作，许多人会写他们的书。——我是说那种只需要不多印数的那种书 – 诗集之类的书。[10]

莫尔斯没有建设一个居民点，当然，组织过工作团队和商店来出售他的产品。莫尔斯创造了许多副产品，如由阿什比（Robert Ashbee）领导的，建立在格罗斯特郡奇平坎普登那个延续相对长时间的“简单生活”手工艺社团，又如在形成社会主义政治运动上所做的工作，当然，这个政治思潮从未成为工人运动的主流。

另一方面，最后真正乐观的空想主义者赫茨卡（Theodo Hertzka）提出按照他的原则建立居民点。赫茨卡 1891 年发表了《自由国度：社会预测》(Free lard：A Social

Anticipation）一书，那时，他已经是一个独特的高级奥匈经济学家。这本著作描绘了一座城市和基于自由经济的国家，而对于贝拉米来讲，土地和生产资料是国家所有的。赫茨卡的设想激起了人们的疯狂的热情，现在，人们主要记得的是他的一些儿童航海小说，而不是他的俄国冒险和他与列宁的友谊。那时，许多城镇建立了自由土地协会，开始传播赫茨卡的想法。在赤道肯尼亚，"拿出"土地建设居民点，以实践他的经济政策；那块土地属游牧的马萨伊人，所以，没有涉及任何一种征用。最后，这个居民点根本就没有"从地里长出来"。答应给土地的计划撤销了。然而，许多犹太复国主义的领导人直接关注了在非洲建立犹太居民点的可能性，即所谓"乌干达模式"。在赫茨尔（Theodor Herzl）自己的乌托邦的小册子《特拉维夫》中可以看出，赫茨尔阅读过赫茨卡的著作，《特拉维夫》给集体农场（以色列的共同生活、工作、决策和分配收入的合作农场或工厂）思潮提供了间接的启迪。

孔特（August Comte）从相对新的生物科学中已经发展出来他的社会学观念，实际上，直到 1802 年，生物学这个词汇才创造出来，相对新的生物科学把另一种新观念传播到了乌托邦的思考中：通过选育，产生完美的人类，产生理想的或至少协调的和无冲突的社会，19 世纪 80 年代，高尔顿（Sir Francis Galton）创造了一个学科，优生学。育种早就在动物身上实施了，高尔顿认为，优生学同样可以用于人类，优生学的方式恰恰与欧文的方式和 19 世纪许多改革家的信念相对立，他们认为环境主导遗传。斯宾塞（Herbert Spencer）创造了"适者生存"的公式，优生学更多地源于斯宾塞悲观版的进化，而相对少的源于达尔文自身。许多作家，如李顿（Edward Bulwer-Lytton），这个当时作品最流行的作家在他的最后一部小说《新的种族》（1871）中，接受了淡化了的和庸俗化的达尔文主义的影响。魏尔士（H.G.Well）在许多书中都研究了李顿唯一暗示的究竟是什么。仅在《乌有之乡的消息》和《自由国度》出版 4 年之后，魏尔士的《时间机器》（1895）出版了。因为采用优生学方式意味着，选育可以向下和向上展开，于是，魏尔士描绘了划分成两个种族的人类。

这些书中讨论的每一种政治和经济变化都是通过生物工程和选育人类而产生的；社会改革无关紧要。20 世纪 20 年代和 30 年代的种族主义、政治意识形态的影响确实让优生学声名狼藉。奥尔德斯·赫胥黎（Aldous Huxley）在《美丽新世界》（1932）中最忧郁地提到了优生学。由于可以预见的未来正在变成地狱般的世界，或者，其他人会说的绝望的世界，所以，乌托邦不再可信了。对于赫胥黎来讲，培育一个低等级的奴性的半人的人种不过是一场噩梦，纳粹会把它当作一个严肃的计划来实施。这个 19 世纪下半叶的乌托邦曾经吸引过大西洋两岸的许多思想家，尽管如此，到了赫胥黎的时代，这个 19 世纪下半叶的乌托邦背离了那些思想家计划所依据的观念。

最终的反乌托邦是政治的，而不是生物的：奥威尔（George Orwell）的《1984》描绘了一个时间和空间几近极权的社会。

《沃顿第二》（1948）是最近一部广为流传的有关乌托邦的书，史金纳（B.F. Skinner）描绘了一个通过形成奖励与惩罚制度的比较好的社会，而不是一个政治的或优生的修修补补的社会。史金纳发展了生物学家巴普洛夫的早期工作，通过刺激与动物反应关系，系统考虑人的行为。《沃顿第二》描写了一个和谐的社区，生活着一群完全受制的群体。《沃顿第二》一直都没有引导出任何一种实验。

乌托邦理想模型对社会思想和城市规划产生了巨大的影响，我们需要对乌托邦理想模型有所认识。确认乌托邦理想模型的影响可能是令人愉快的，消除对亚当的诅咒也同样如此，在许多这类计划中都暗含了这种想法。傅立叶、罗斯金和马克思怀旧式地分享了乌托邦理想模型。乌托邦理想模型似乎与后工业城市相距遥远，风马牛不相及。尽管许多乌托邦的居民点颇有争议，频频破产，昙花一现，然而，许多乌托邦作品的影响一直都经久不衰，之所以如此的原因是，修正这类乌托邦理想模型的愿望有可能提高每一个城市规划专家的能力。马克思和恩格斯否定的所有乌托邦成为巨大的对抗现存社会制度的思潮，成为两次世界大战之后推进社会改良的酵母。

19 世纪的城市混乱不堪的、拥挤的、不卫生的和危险的，这一观点是不言而喻的。货币自由浮动的价值，最终的仁爱、工业发展的“自然”进程，这类自由主义观念不断阻碍着纠正这些瑕疵的行动。这种状态至今也没有改变

第3章 居家

19世纪的城市是混乱的，而且城市状况常常十分恶劣，以致于理想主义者的情感和能力不断受到挑战，当然，他们的改革热情和乐观主义精神一直都在影响着当权者的政策。即便如此，事实证明，理想主义者们和一些仁慈的工业家们用来解决最迫切的社会问题的办法是不充分的。理想主义者们希望，理想的和组织起来的社区可以成为一个榜样，对城市大众产生影响，然而，这种理想不断化为泡影。工业化世界的城市实际上每况愈下，日益失去控制，工业化世界的问题不可避免地日益增加。

还是拿人口数字来说话。如果他们不总是考虑到各种边界移动，人口数字会显示人口是如何计算的。19世纪初，巴黎是西方世界最大的城市，1801年，巴黎的人口为58.1万人，1841年，巴黎的人口增加到93.5万人。1870年，当第二帝国陷落时，巴黎的人口已经达到185.2万人；1900年，巴黎的人口达到271.4万人。黎塞留（Cardinal Richelieu）和路易十三不顾一切地推动人口聚集，用贵族的财富来巩固君主制，使巴黎成为班雅明所说的“19世纪的首都”[1]不顾一切地聚集也使这个辉煌和引领潮流的城市政治上不稳定，所以，1815年，1830年，1848年，1852年，1870年，1871年，巴黎的政府不断更迭。另一方面，先于19世纪两个世纪（1642年、1660年、1682年），伦敦的城市革命就展开了，比起其他英国城市，伦敦的人口增长要缓慢得多；但是，在整个18世纪里，伦敦的城市人口一直都在稳定增长。到了19世纪，1801年，伦敦县的人口增加到了86.4万人，逐渐在居住人口和经济实力两个方面超过了巴黎。伦敦人口不仅比巴黎人口多，也比那个时代的任何一个城市如伊斯坦布尔、北京或江户的人口多；1841年，大伦敦的人口约为250万，1871年，大伦敦的人口上升至389万，1901年，大伦敦的人口达到658.6万人。伦敦不仅是世界上最大的城市，而且在金融上最有实力，吸收新居民非常快，以致在第一次世界大战开始时，英格兰和威尔士1/5的人口都集中在伦敦。然而，伦敦依然是一个在水平方向上蔓延开来的城市，而欧洲城市已经开始向上垂直发展了。

住房需求难以得到满足和不能满足。过去，建筑师们或多或少地把建住房当作他们分内的事，他们凭借经验建造住房。在围起来的城市里，住房建在墙和社会机构这两个公共要素之间。从古代到 18 世纪，工匠有自己的作坊，商人，甚至钱庄老板，在自己的住房里设有仓库和柜台。罗马帝国后期，已经出现了高达 10 层楼高的公寓式住房，然而，随着罗马帝国的衰落和古代城市人口的衰减，那些住房逐步消失了。但是，托斯卡纳或威尼斯三层楼和四层楼的家族住所是一种众所周知的住房类型，生活空间和工作空间在那里结合在一起。14 世纪以后，甚至最大的意大利家族也会划分他们的城镇住宅，把商店或仓库放在第一层和半层，如古罗马人居住的公寓因司拉（insulae）;第二层和第三层最好;其他房间留给远亲、留宿的，甚至房客。

文艺复兴时期的建筑师们所面临的问题不仅仅是寻找作为居住使用的因司拉（我们对古代的“因司拉”知之甚少），而且还要寻找宫殿。因为没有足够多的著名宫殿遗存下来，为建筑改造提供基础，所以，废墟对文艺复兴时期的建筑师们所面临的问题帮助甚微。罗马建筑师维特鲁威（Vitruvius）为古代遗存的建筑撰写了论文，可是，他没有说明他自己所处时代实际尚存的宫殿，当然，他描绘了剧场的永久性背景。悲剧总是涉及英雄、国王和王子的命运；所以，悲剧舞台的背景是神话里的国王所使用的宫殿。文艺复兴时期的建筑师们把维特鲁威对剧场的描绘作为他们的模型，遗存下来的剧场可以检验维特鲁威的描绘，如法国南部奥兰治的一个古罗马剧场。17 世纪中叶，人们注意到了如英国乡村住宅或法国的私人住宅。但是，对那些比较差的住房，通常对那些雇主拥有的，给雇工提供的窝棚，没有什么兴趣，当然，不乏例外;例如，奥古斯堡实力强大的金融家们，富格尔家族（Fugger），在 16 世纪中叶，开发了奥古斯堡的一部分，建设窝棚，给雇工们居住。[2]

与盎格鲁 - 撒克逊的城镇相比，巴黎的城市布局非常紧凑。自从 17 世纪以来，巴黎有目的地建设了供中等收入家庭居住的公寓建筑。公馆里的公寓，甚至在皇家宫殿里的公寓，都可以作为私人住房，供有权势的人、富人以及低等级的社会和政治人物居住。德国、奥地利和西班牙的情况与法国的情况相似。像许多欧洲城市，建在郊区的小工厂、仓库和围绕它们的非常低标准的住房包围着巴黎，那些小工厂和仓库遏制了居住郊区的扩散，例如 1840 年前后对巴黎的改造。巴黎比伦敦在空间布局上要聚集得多，而且，巴黎还是社会垂直分层的。一个公寓建筑可能包括设在底层的商店和作坊，在此之上，业主自己高室内空间的公寓布置在第二层。随着建筑向上攀升，建设成本下降。各种各样的穷人居住在屋顶里，或居住在以 17 世纪的建筑师芒萨尔（Francois Mansart）命名的芒萨尔屋顶里;芒萨尔是复斜屋顶的推进者，这种屋顶主导了法国大部和许多其他欧洲城市的屋顶轮廓线。

当时，伦敦的人口正在从两层楼的富裕的城市中心向外扩散。另一方面，巴黎的郊区既是由成片的简陋木屋组成，或由成片的“水平的”公寓组成。比起有凉台的伦敦住宅区，水平分层的住宅区社会混合更复杂。1880 年，曼海姆安装了第一台安全升降机。安全升降机的发明改变了按照高度划分的公寓的社会和租赁等级，当然，第二次世界大战之后，巴黎中档公寓建筑才安装了电梯，这样，严格的分层最终得到了改变。[3]

1816 年，柏林的人口为 19.7 万，19 世纪下半叶，柏林逐步从一个王府城（Residenzstadt），或勃兰登堡选区的首都，发展成为欧洲第三个最具实力的工业首府。1841 年，柏林的人口达到 43.1 万，随后的 30 年里，与英格兰很相像，德国的容客通过圈地，以自耕农为代价，让柏林的人口翻了一番，不过，时间比英格兰晚了近 100 年。在战胜了拿破仑第三之后，1871 年，柏林作为新帝国的首都，人口达到 82.6 万，德国的其他城市，汉堡、慕尼黑，以及维也纳的人口都比柏林少。1900 年，柏林的人口达到 190 万，几乎与巴黎的人口一样多。与中欧和东欧其他城市的住房一样，柏林的住房也是不妙的。柏林、莱茵兰地区、维也纳、以后的汉堡和慕尼黑的租赁房（Mietskasernen）都是街区规模的建筑，常常有 5 ～ 7 层楼高，包括若干内部庭院，用来作为采光天井，实际上，那些天井通常是狭窄的，所以，不能采集多少日光。大部分这类建筑建设在旧城区的边缘上，面朝街道的较低的楼层实际上比较好，比较昂贵。尽管如此，几乎没有任何真正的社会多样性。即使它们的外表常常用灰粉刷过，或多或少美化了城市街道，实际上，如同它们的名字所指的那样，建设那些租赁房的目标不外乎让房租最大化。

腓特烈一世、三世和四世基本上控制了 18 世纪的柏林，所以，柏林是按规划发展的；腓特烈二世建设了柏林的一些著名建筑。法国风格的林荫大道成为了柏林的轴线；道路两旁的广场和花园延伸到了“巴黎广场”，穿过勃兰登堡门，再到蒂尔加藤公园。蒂尔加藤公园曾经是一个狩猎场（而不是动物园），腓特烈一世下令让那里转变成了法国风格的公园，不仅如此，腓特烈一世还在柏林规划上推行不同几何形状的开放空间，柏林的开放空间不仅有矩形的，还有椭圆形的和八边形的；柏林最大的开放空间是圆形的“罗戴尔”，以后的“佳盟”和现在的“梅林广场”。尽管柏林的人口迅速增加，很快塞满了柏林，但是，不同几何形状的开放空间使城市成为一个整体，给其他城市构成了设计上的挑战。申克尔当时管理着普鲁士的规划和保护，直到 1841 年他去世为止，他参与了纪念性建筑的建设（有着巨大门廊的博物馆，弗里德里希 - 韦尔德教堂，波茨坦大教堂以及若干广场、建筑学院和纪念建筑），当不是从规划空间上扩展柏林，这样，柏林逐步转变成了世界上人口最聚集的城市。1808 年，柏林旧城的独立行政管理和边界已经成为法定的城市边界；但是，房地产业主利用这种开发限制，提高建筑高度，使用街道宽度与建筑高度确定下来的消防通道规则让建筑高度进一步提高。当时，这个规则把建筑高度限制在25米（82英尺），而这项规则的基础是，消防车梯子的高度为22米（72英尺）；许多欧洲城市都沿用了这个消防规则。柏林当局当时要求城市规划着重关注城市路面和排水，结果显示，把高密度住房集中到了1877年完成的新铁路圈里，让城市排水问题进一步恶化。战争和1871年的胜利推动了柏林最大规模的膨胀。虽然持续不断地号召分散化，但是，柏林的规划方针保持不变，为几个社会主义住宅聚落（Siedlungen）或规划的郊区所制定的集聚规划导致了一系列的城市问题。农业用地和公园用地，斯普雷河和哈弗尔河，莫格尔湖和太格尔湖以及连接它们的渠道，形成了围绕城市的绿带，仅仅这个绿带减缓了柏林的集聚。

比起其他地方，英国最早出现因为乡村穷人挤进城市而引起的住房问题，而且，英国的这个问题最为严重。新的城市百姓几乎不会介意头顶上的瓦片究竟是什么样的。19世纪中叶，英国的城镇已经吸收了英国50%的人口，而这种城镇化程度当时是前所未有的和举世无双的。工人们围绕新的作坊和工厂拥挤地居住在一起，随着工业增长，大部分制造商依赖于地方房地产主或者建筑商为他们的工人建设住房。虽然贫困难忍，而且似乎无法改变，但是，赤贫的人仍然为了支付得起房租而挤在一起。几十年间，因为残酷的自由市场思潮的掌控，国家或地方都对改善或管理住房条件一筹莫展。

恩格斯详细地描绘了曼彻斯特工人阶级的状况，恩格斯的描述表明，曼彻斯特这类旧城镇中心，那些政府不加管理的和破旧的住房处于超负荷运行状态，拥挤不堪，似乎比起10年前震撼托克维尔（de Tocqueville）的生活状况更糟糕，[4]房地产主们在城市的边缘地带，城镇中心之外，围绕作坊和工厂，盖起了新的住房，那些住房避开了市政府的每一项管理，在继续产生租赁收益的前提下，他们给住房提供了最起码的卫生设施。那些窝棚式的住房绵延数平方公里，通常用砖和瓦或石板瓦盖成，随着提高了标准的法规和强制措施有效实施，那些住房的排水和居住空间逐渐和轻微地在发生量变。但是，工人阶级的住房状况总体上还是每况愈下，伦敦中心区的棚户区被人们称之为“贫民窟”。过分拥挤的问题一直都是建筑商关注的问题，政府同样如此。流行病和事故产生了令人担忧的反应；当时把向外迁徙看成一种解决住房问题的首选方案，一些主要针对流浪者和孤儿住房的方案一直都在或多或少秘密地进行着。

那时，城镇状况正在恶化。18世纪，偶然出现的工厂大师傅会发现，他们必须做一件事，那就是如果真要吸引工人，他们必须在那些地处闭塞地区的作坊或矿山建一些住房。制造商既从自身利益出发，也从行善的角度出发，开始认为，体面的住房能够给许多社会和卫生问题提供一种解决办法。大部分早期工业家并不关心他们给雇工们建设什么住房，不过，烧陶师韦奇伍德（Josiah Wedgwood）1769 ~ 1770 年，在斯塔福德郡伯斯勒姆伊特努里亚给自己建了一幢房子，把提供给工人的住宅建在他自己的房子周围。而另外一些作坊的老板，如阿克莱特（Richard Arkwright）在德比郡的克鲁姆福德为工人修建了宿舍。这是早期的两个例外。18 世纪中叶，在威尔士最大城镇莫色提维的格莱摩根，格斯特家族在他们自己的铁工厂附近，投资建设了带阳台的工人宿舍，类似于欧文在新拉纳克建设的工人宿舍，当然，单位住房规模要小很多，而且也没有任何改良计划。很不幸，由于附近矿山和铁工厂产生的污染，在大约 10 年的光景中，这个工人宿舍就被抛弃了，而且，提供“模范”住房的任何实质性进展必须要等到 19 世纪了。与英国到处都有的巨大的贫民窟相比，那些建工人宿舍的举动不过是杯水车薪。

工人阶级的住房困境现在似乎是显而易见的，但是，19 世纪改善住房条件的那些行动则是难以想象的缓慢。工程师和建筑师一直没有对大众产生兴趣。19 世纪上半叶，贫民窟的房地产主们，既不考虑规划，也不按照设计行事，他们只是要求建筑商们尽可能简单建设住宅，建设简化版的乔治砖块连排住房。教堂或学校之类的公共建筑不是大众住房“开发”的一个部分。在私人捐赠或社会机构介入的情况，可能建设教堂或学校之类的公共建筑。

1848 年，在查德威克（Edwin Chadwick）施加压力的情况下，用来管理排水和供水的第一部《英国公共卫生法》出台。由于政府部门对这个法律的执行十分懈怠，所以，在这个法律真正产生效果之前，需要议会和地方政府几十年的行动。房地产主的利润会因为执行这项法律而减少，所以，他们反对这个法律，这个法律的执行困难重重。不仅如此，自由经济学家也极力反对这个法律。在那个时期的“经济学人”杂志上，政治家和工业家勉强明确提出：

> 痛苦和邪恶都是自然的忠告：不能完全不去理会它们，急于通过法律把痛苦和邪恶赶出这个世界，结果事与愿违，通过法律把痛苦和邪恶赶出这个世界的举动说产生的恶总是比善要多。[5]

当时的查德威克，谢福斯白瑞的第七伯爵（the Seventh Earl of Shaftesbury），主张建设一个“模范宿舍协会”，1846 ~ 1847 年，查德威克资助了一些这类宿舍，这些宿舍的居民不那么容易染上霍乱，所以，1851 年，通过了控制这种居住方式的法律。

但是，如同当时亲历者所抱怨的那样，习惯势力让

> 这个新法律一直都是一纸空文。我们大城镇的市政当局几乎不知道这个法律，或者，它们对最低社会阶层的生活状况漠不关心。[6]

谢福斯白瑞有一个亲王，阿尔伯特（Albert）伯爵，维多利亚女王的丈夫，他违背政府意愿，亲自参与了改善工人住房和工作条件的行动。他在皇家土地上为工人修建宿舍，在世界博览会上展示了建在靠近伦敦水晶宫附近的两个工人“模范宿舍”，尽管在建筑上并非独特，但是，防火和完整的排水系统确实很有特色的。直到现在，我们还可以在伦敦以南的肯宁顿一个工人“模范宿舍”。工人工人“模范宿舍”的设计者是建筑师罗伯茨（Henry Roberts），他担任了“改善劳工阶级条件协会”的调查员，这个协会是当时若干功能相似的协会中的第一个，这个协会在克拉肯威尔建设了一处工人宿舍，贝德福德公爵以低于市场的价格，把这块地出售给“改善劳工阶级条件协会”。罗伯茨与谢福斯白瑞的市长一道，赢得了竞争。罗伯茨富裕和虔诚，他把关注点放在低收入者的住房上，在布卢姆茨伯里和伦敦的格雷学院路设计了几处住宅区，他的工作和他的第一部著作，《劳工阶级的住房》（1850），倡导把多层公寓作为低收入者住宅的唯一适当形式。整个欧洲都在读这本书，但是，1856年，罗伯茨因为健康原因退休，在意大利居住。美国慈善家皮博迪（George Peabody）当时在伦敦居住，建立了一个类似的建设工人阶级住房的协会，当然，他雇用的建筑师达比希尔（Henry Darbishire）没有罗伯茨那么著名，他还为另一名慈善家科茨伯戴特男爵夫人（Baroness Burdett-Coutts）工作，她的兴趣在于改善工人阶级住房。[7]罗伯茨和达比希尔都是第一批把工人阶级住房作为中心职业问题的建筑师。

1855年，在查德威克 - 谢福斯白瑞动荡严重的时刻，议会实际上已经建立了“都市工程委员会”，作为内城建筑管理政府部门。虽然这个部门任命了一个建筑师，允许他设置一个办公室，1853年，这个办公室雇用了法国出生的工程师巴泽尔杰特（Joseph Bazalgette），他成为这个机构的重要人物，负责建设比巴黎更高级的下水系统，建设泰晤士河的堤岸。1666年大火后建设起来的永久性污水管把污水都排放到大街上。装有卫生设施的厕所倍增，开发商随便布置的下水道已经让泰晤士河散发出难耐的恶臭。1848年和1849年，伦敦爆发了另一场霍乱。但是，改革进展缓慢，建设新的下水道的资金姗姗来迟。1858年，伦敦的夏季非常炎热，一场危机悄然而至，当时，泰晤士河散发着恶臭，臭味一直飘进了议会大厦，必须使用漂白水来去除空气中的臭味，然而，没有什么实际效果。那是最后的行动了。

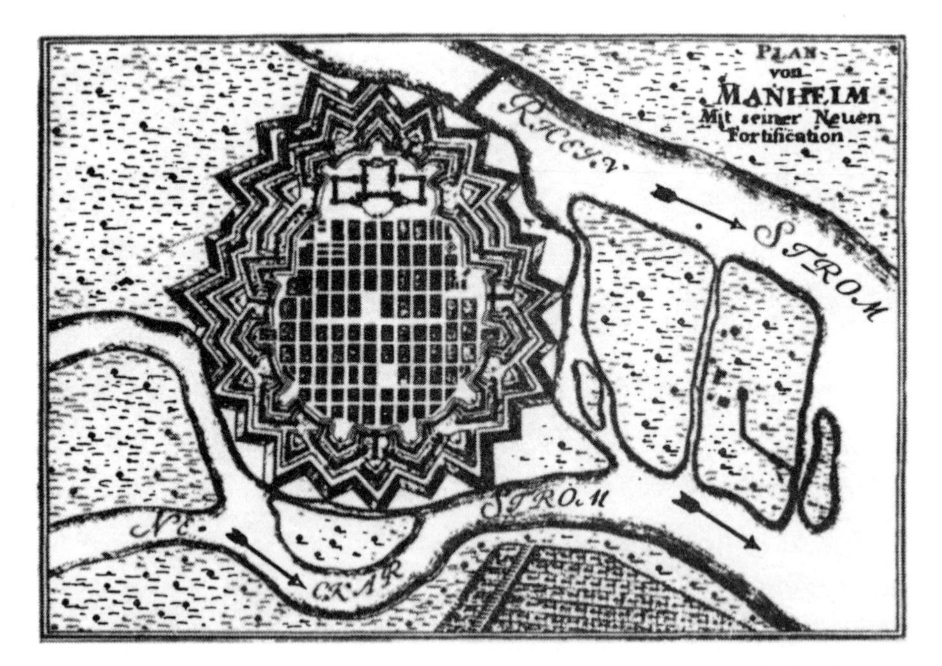

图 3.1 地处内卡河和莱茵河交汇处的曼海姆。1689 年，路易十四把曼海姆夷为平地，1695 年，曼海姆重新得到规划，采用棋盘式的布局方式安排的曼海姆，宫殿以南的每一排街区都用字母表示，而东西向的每一排街区都用数字命名。这张图的具名不详。

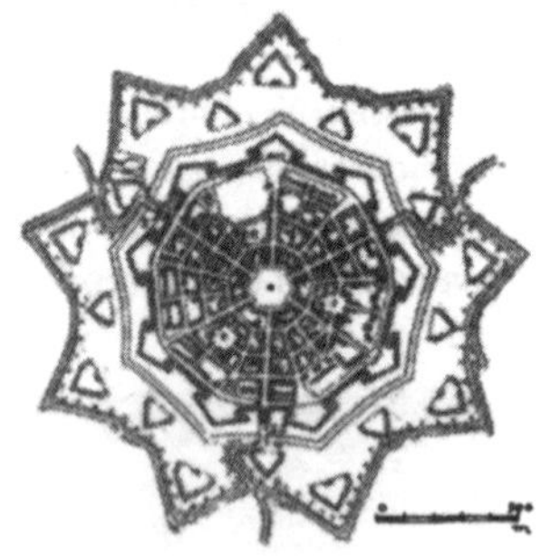

图 3.2 意大利的帕尔马诺瓦城是一个九边形的堡垒，建于 1593 年，这个城镇有一个六边形的中央开放空间，以一个旗杆和蓄水池为焦点。

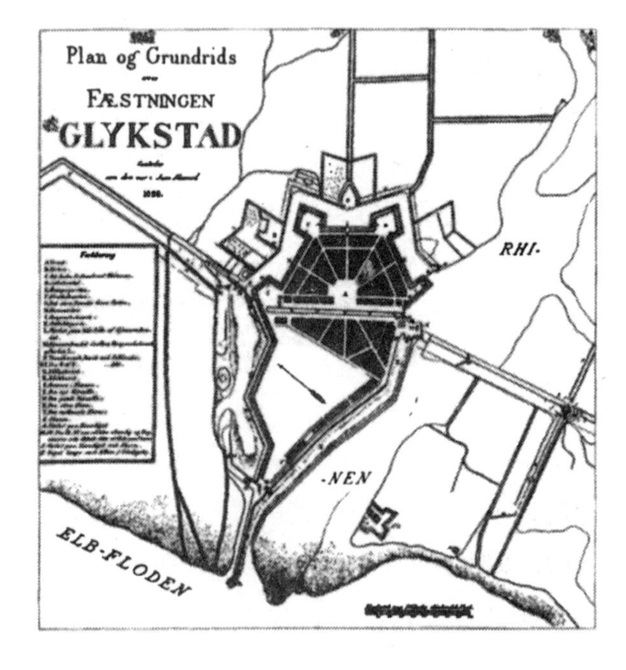

图 3.3 伊克斯塔德靠近易北河的出海口，汉堡以北，1616 年，由帕赫瓦尔（Francois Pacherval）设计，伊克斯塔德城堡是半六边形的，街道从主广场向外辐射，通过类似但不完整的半六边形，辐射到运河对岸；克斯塔德城堡是欧洲不多几个不采用棋盘状街道而采用放射状街道的城堡之一。

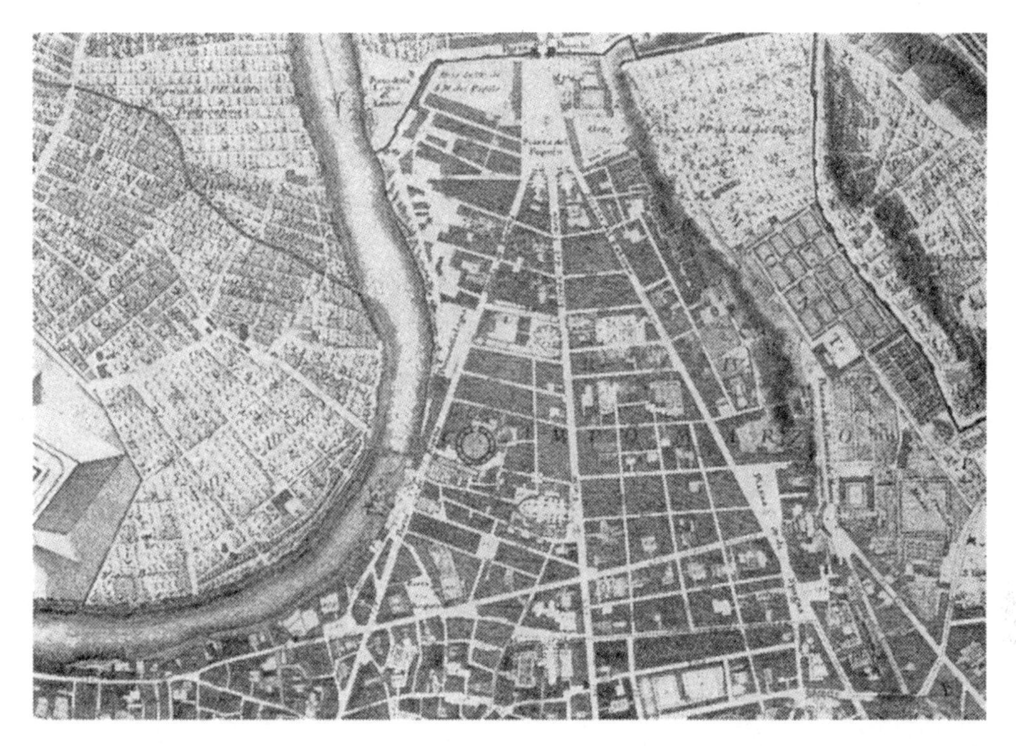

图 3.4　1784 年，诺利（Giambattista Nolli）绘制在 12 张纸上的罗马规划。这个部分是罗马的北门，波波罗门，以及波波罗广场，列队进入罗马城的主要城门，1813 年以后，瓦拉狄尔（Giuseppe valadier）增加了两个半圆形建筑，于是，改变了波波罗门。

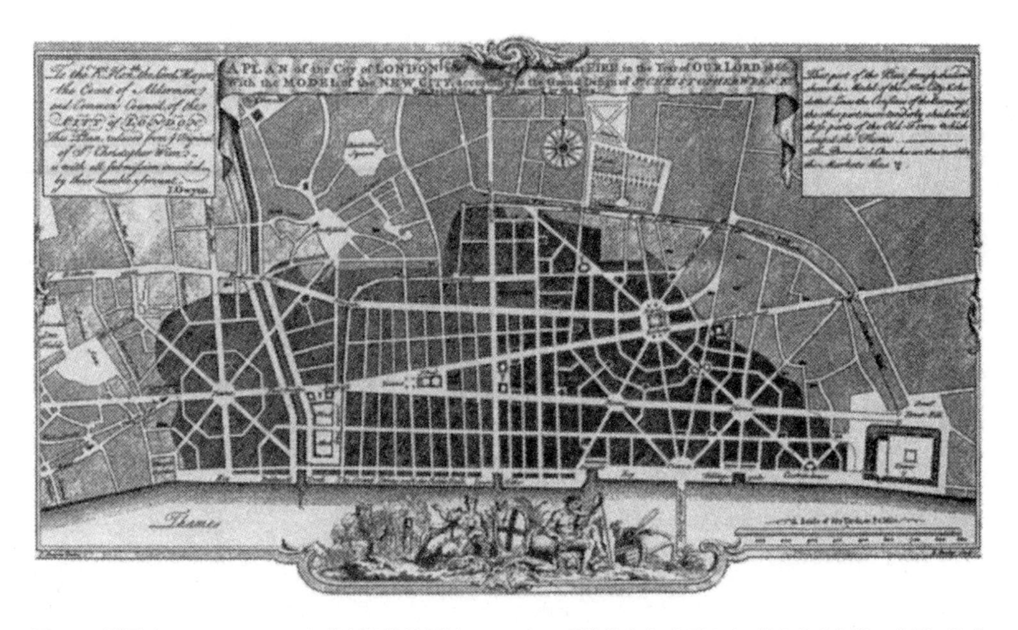

图 3.5　雷恩（Christopher Wren）绘制的伦敦规划，1666 年 9 月伦敦大火后不几天，提交给查尔斯二世国王的若干个规划方案中的第一个规划方案，也是查尔斯二世国王支持的规划方案。宽阔的、倾斜的大道切开了方格式的街道体系，在这些交叉点上，通常安排大型开放空间和社会机构的建筑；市长和市理事会立即对雷恩的规划方案表示反对。格温（John Gwynn）按照 1750 年斯蒂芬·雷恩写的《父母》，绘制了这张图，罗斯克尔（E.Rosker）制版。

图 3.6 – 图 3.7 杜哥的巴黎规划，1734 年完成，后来由布勒森（Louis Bretez）制版，是以一次勘察为基础做出的预测，勘察绘图员戈夫（Abbe de la Grive）绘制了勘察结果；杜哥的巴黎规划由 20 张 10 英尺宽 7 英尺高的图组合而成，上图这个部分展示了巴黎孚日广场，它是按照亨利四世的命令建设的，上图这个部分还展示了巴士底监狱和阿森纳，阿森纳是由方济一世下令建设，1871 年被摧毁，从上图，我们还可以看到圣路易斯岛和洛维尔岛，1844 年，通过填河与右岸连在了一起。下图这个部分显示了马莱区，那里有许多著名的房子，以及维多利亚广场转盘。

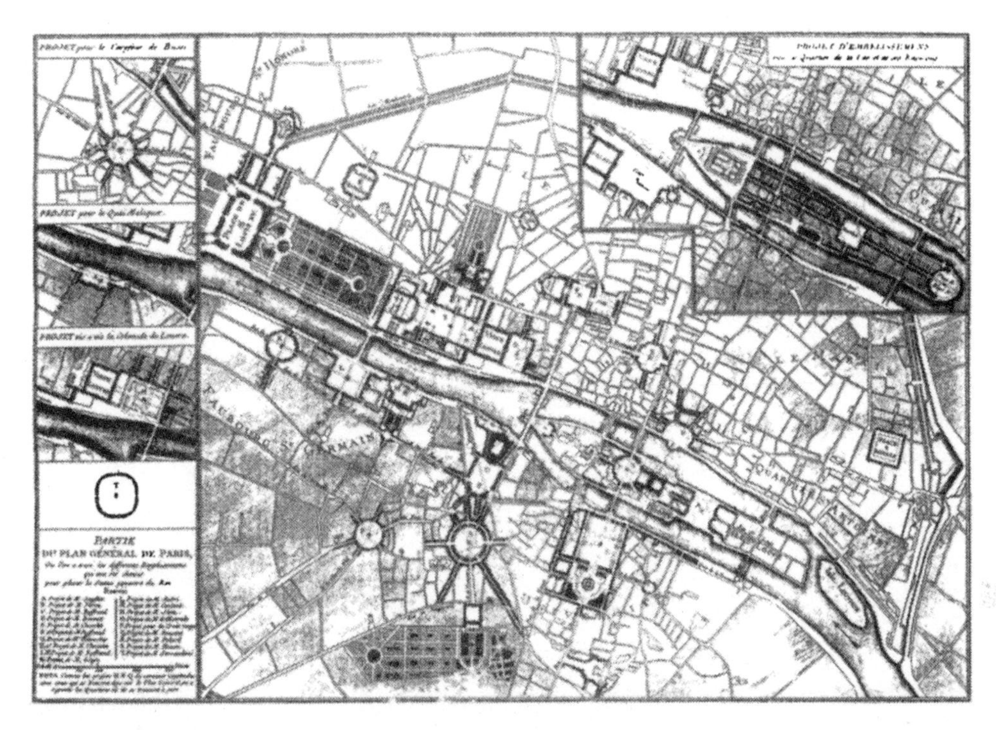

图 3.8 1765 年，皮埃尔·帕特规划的巴黎，为赞美路易十五而做的设计竞赛。这是帕特巴黎规划中最雄心勃勃的一个部分，他设想在塞纳河的右岸建设一个对称的卢浮宫，在西提岛的顶端建设一个有着巨大穹顶的新教堂。

图 3.9 图上的这个大教堂是建立一座阿兹特克太阳神庙的基础上，使用了一些它留下的石头，现存的建筑是在 1563 年以后花了 200 年时间建成的，当然，破土动工的时间可以追溯到 1525 年，它汇集了各种各样的设计；图的右侧是墨西哥城的一幢非常华丽的教区教堂，萨格莱利奥主教大教堂，一幢巴洛克建筑，由一个西班牙人，洛伦索·罗德里格斯（Lorenzo Rodriguez）设计，他可能是巴洛克建筑的创始人巴洛克（Jose Benito de Churrigueresque）的徒弟。

图 3.10　墨西哥城的宪法广场，占地面积 60025 平方米（246 米 ×245 米），是世界上第二大的铺装广场，仅次于莫斯科的红场。这个广场覆盖了阿兹特克帝国都城的市场和寺庙区，特诺奇提特兰。国家宫最初是为墨西哥的征服者科尔特斯（Hernan Cortes）建造的，使用了阿兹特克帝国末代皇帝蒙特马祖（Montezuma）宫殿废墟里的石块。国家宫成为西班牙总督的官邸和不幸的墨西哥哈布斯堡皇帝马克西米利安（Maximilian）的官邸。虽然墨西哥城无规则的增长，宪法广场、主教座堂、国家宫，以及市政厅和高等法院，依然是墨西哥城的中心。

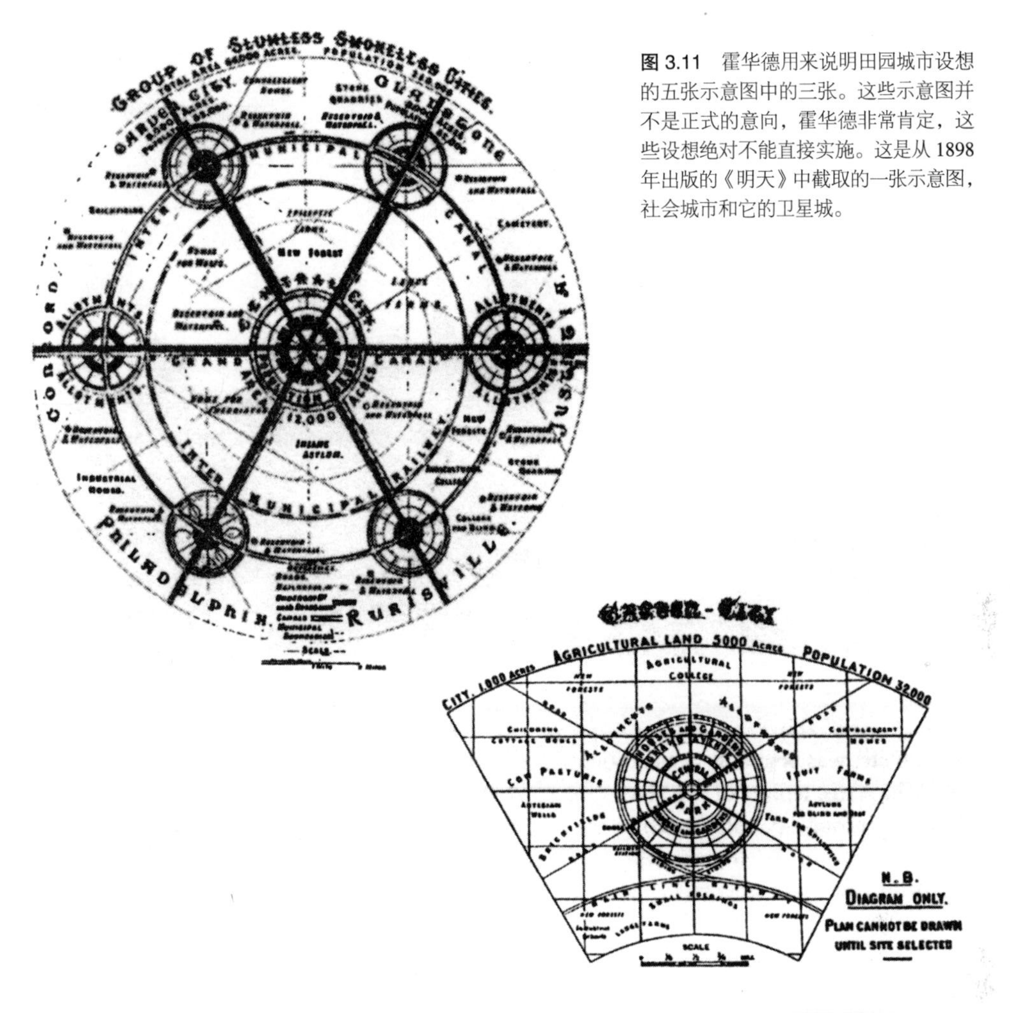

图 3.11　霍华德用来说明田园城市设想的五张示意图中的三张。这些示意图并不是正式的意向，霍华德非常肯定，这些设想绝对不能直接实施。这是从 1898 年出版的《明天》中截取的一张示意图，社会城市和它的卫星城。

图 3.12　田园城市和它的周围地区

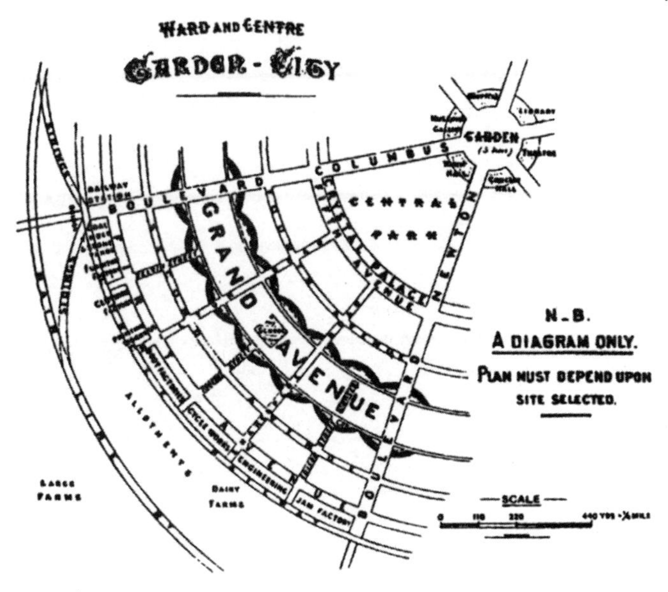

图 3.13　田园城市的中心，显示了霍华德期待的公共建筑和各种社会组织的建筑。

图 3.14　田园城市思潮的主要人物，帕克和昂温，1903 年提出了“汉普斯特花园郊区居住区”的设想，但是，直到 1907 年，他们才做了规划设计。

图 3.15　“汉普斯特花园郊区居住区”。这个自由教堂是鲁琴斯(Edwin Lutyens)1911 年设计的，直到 1960 年才建成。汉普斯特花园郊区居住区的建设者们坚持认为，教堂应该建在一个开放空间里。图上那个圣公会的圣犹大教堂也是路特恩斯在 1909 年至 1911 年期间设计的。

图 3.16　伦敦，安妮女王风格的住宅。图上的住宅是肖（Richard Norman Shaw）在汉普斯特埃尔代尔路的私人住宅，1874 年设计，1876 年竣工，最初是一幢独立住宅；在此后的 10 年里，这幢住宅逐渐被其他住房包围起来。与安妮女王风格相联系的组成不对称成为肖自己住宅的一个特征，肖还在他自己的住宅里成功地试验安装了一种全新的下水系统。

图3.17　盼望把布鲁克林和曼哈顿联合成为大纽约，1893年这张木刻画试图影响有关这个问题的公决，两个市长手拉手，象征布鲁克林大桥，直到1898年的新年，城市合并才实现。此木刻画作者不详。

1889年，伦敦当时正在向外发展进入了伦敦县境内，于是，“伦敦县议会”替代了“都市理事会”，实际上，“伦敦县议会”十分不同于“都市理事会”，1965年，“伦敦县议会”成为“大伦敦议会”。在一个世纪中，“伦敦县议会”对城市住房产生了巨大影响，1985年，撒切尔（Margaret Thatcher）解散了“大伦敦议会”。在“伦敦县议会”运作时期，“伦敦县议会”管理旧的“都市工程委员会”，这个工程委员会负责管理下水道和公共园林事务，以及供水和城市交通系统。20世纪50年代，这个工程委员会还包括了世界上最大的建筑师办公室，大约有5000专业建筑人士一起工作，其中很大一部分专业人员涉足住宅小区设计。

由于较低的死亡率，比较健康的中产阶级人数倍增。两个伦敦家族企业，伯顿和丘比特（the Burtons and the Cubitts），从设计和建设事务中获得了巨额收益，它们在包括海伯里（Highbury）、伊斯灵顿（Islington）、布卢姆茨伯里（Bloomsbury）和贝尔格莱维亚（Belgravia）在内的相邻街区里，开发中产阶级的住房，直到今天，那个时期建设起来的一些建筑依然有人居住。议会议员老托马斯·丘比特（Thomas Cubitt）如同他曾经任伦敦市长的兄弟威廉，也是一个产生重大影响的人物。托马斯推动改善伦敦的下水道，控制空气污染，以及修筑泰晤士河的河堤。他是建立巴特西公园的主要推动者，在水晶宫建设遇到资金困难时，他成为建设水晶宫的担保人之一。实际上，伯顿20年前就把这个建筑项目委托给了建筑公司“摄政街”了。

尽管伯顿和丘比特两大家族在建设中产阶级住房上取得了明显成功，但是，与伯顿和丘比特同时代的人们和下一代人并没有热情地去考虑建设中产阶级住房的方式。年轻的迪斯雷利（Benjamin Disraeli）在他的小说《坦克雷德，或新十字军》（Tancred，or the New Crusade，1847）中，反映了伦敦房地产的单调：

> 18世纪下半叶发展起来的那些新区，我们商业和殖民财富的产物，不可能还有比它们受到更多控制的，更加乏味的，更加千篇一律的住宅区了——这一数额的建设资金应该造就一座了不起的城市。

中产阶级不只是责备：

> 在我们的时代，我们目睹了新都市区的迅速出现，贵族单单为贵族建设。贝尔格莱维亚区像马里波恩（Marylebone）一样单调，同时乏味和粗俗。[8]

斯科特（George Gilbert Scott）是一位对住房场景更有趣的评论家，他在1855年撰写的作品反映了与迪斯雷利相同的看法，他劝告他的读者：

> 看看我们城镇郊区那些成排的悲惨的房子，看看那些投机建筑商在伦敦街区里建设的那些令人讨厌的建筑，它们难道不是丑陋到了难以描绘的地步吗？

这些强烈的谴责并没有表现出对居住在贫民窟里的工人阶级的同情，而是针对像丘比特之流具有恶劣品味的建筑商，而事实上穷人更穷。

> 更真实地展示了地方风格的住房，而那些具有更大野心的人生产的住房缺少地方风格。[9]

与斯科特同时代的法国人抱怨里沃利街单调乏味，斯科特像他们一样，主张多种建筑外观和立面，厌恶伯顿、丘比特和数不胜数的模仿者们，统一粉刷的成排的房子。虽然斯科特没有关注大规模的贫民窟，但是，他喜欢那些由名不见经传的工匠们建设的民居。

对于所有公认的、肮脏的工人住房来讲，18世纪下半叶还是小乡村住宅和村舍建筑方案书籍流行的时期，有些建筑方案甚至是针对非常穷的人的，当然，无产者的住房并非住房方案创造者的真正兴趣所在。

在所有那些有关建设的判断和出版物中，没有谈及但是已经出现的前所未有的和正在构成威胁的事情。然而，有关政治变化的担心是存在的，这些政治变化源于工业化国家选举权的逐步扩大。英国一些新近得到政治权利的人们发现，他们可以给富人和有权势的人施加压力。政府作出反应。迪斯雷利知道他的《改革法》(1867)能够把政治权利扩大到城市贫穷人口，这个《改革法》受到他的内政大臣，女王的密友，克洛斯（Richard Assheton Cross）的支持，1874年，迪斯雷利再次担任首相，《工匠住宅法》给予地方政府强制购买土地的权力，用于房地产开发。但是，中产阶级居住区扩大，以及“都市改善”深入到了一些比较肮脏破旧的街区，贫民窟与这些地区毗邻。那时的政府最终严肃对待此类问题，成立了“皇家工人阶级住房委员会”；1884 ~ 1885年，这个委员会发表了长篇报告：

> 拆除了贫民窟，从而给整个街区带来卫生和社会收益，但是，穷人的居住条件并无改变。——拆除贫民窟的结果是没有住房的人们挤在街头巷尾，当新房子盖起来的时候，房客并不是被赶走的那些人，所以，需要房子的人实际上遭受

着最大的痛苦。[10]

到了18世纪中叶，恶劣的住房状况让一些个体实业家开始思考住房改善问题，他们回顾“租赁”给工人住房的旧制度和早期工厂老板给工人提供宿舍的形式，一些人考虑给住房提供资助，当然，那些人的动机复杂，无论采取什么形式，有一点是明确的，那就是给特定就业岗位上的工人提供住房。雇主完全拥有这些住宅，他们拿这些比较好的住宅作为交换条件，限制暴动、罢工、工会组织，甚至“不良”行为，如酗酒。在一些情况下，提供资金购买租赁权。所有这些做法都试图把工人变成房地产的小业主，恩格斯谴责这些方式，认为它们都是反革命的实践。[11]

这些“雇员宿舍”居民区，甚至一些早期的“庇护”城市的出现都具有偶然性。18世纪末，工业化开始，一些显贵开创了工厂住房雏形。历史学家常常提到的是那不勒斯的费迪南四世（Ferdinand IV of Naples）建设了一个丝绸编织镇，圣莱乌乔，这个家庭手工业工厂地处他父亲查尔斯三世1786在卡塞塔建设的巨大宫殿以北。费迪南四世不仅出资建设了城镇，而且为这个城镇制定了详细的规定，包括衣着的规定：每一种性别的服装都是标准化的，不鼓励任何形式的炫耀和炫富。强制接种天花疫苗，6岁以后的儿童要强制接受教育；儿子和女儿具有平等的继承权。因为禁止遗嘱和嫁妆，所以，一对新人必须是自由结合的，父母不能包办他们的婚姻，费迪南四世给这样的新人提供一所房子。尽管有这些限制，在圣莱乌乔建成之后的50年间，圣莱乌乔的人口每10年增加一倍，圣莱乌乔甚至成了意大利丝绸编织的中心，1870年，圣莱乌乔私有化了，尽管如此，圣莱乌乔直到今天都是丝绸工厂。[12]

采用更明显和庞大的旧制度地方是地处法国勃艮第乐魁索（Le Creusot in Burgundy）的“皇家铁和玻璃工厂”。因为这些工厂所在地相当孤立，所以，在多功能的工厂建筑中包括了工人宿舍。法国大革命之后，这些工厂多次易手。1836年，施奈德（Schneider）兄弟购买了这些工厂，他们发现那些工厂的公寓住宅不适当，十分拥挤，他们考虑到了那种只租给雇工居住的“军营”，大部分工人居住在那里，至少可以通过成排的房子来加以扩充。[13]通过私人开发的集体住房来加以补充，在制造商的鼓动下，地方小投资者投资建设了大部分新住房，不过开发相当没有组织。

皇家盐场在距离贝桑松（Besançon）不远的阿尔克埃－色南（Arc-et-Senans）专门提供雇员宿舍。这些工厂都是工棚，海水在工棚里蒸发；在管理者的房子两边分别建有这样的晒盐工棚，由一幢半圆形的住房完成这个综合体。工人居住的公寓分别设在若干建筑中，每一个公寓都有卧室，它们围绕一个包括厨房、餐室、公共服务在内的场所展开。伟大的建筑师克劳德－尼古拉勒杜（Claude-Nicolas Ledoux）在

1775 年和 1780 年设计和建设了整个建筑综合体。勒杜勉强躲过了断头台，然而，法国大革命之后，他再也没有设计完成任何一个建筑。在剩下的岁月里，勒杜围绕他最初在邵村建设的“雇员宿舍”，详细绘制了一个综合的“理想”村。1847 年，勒杜陆续完成的许多版画公开发表，有些则没有发表，他想象了若干个场所，每个场所有其特殊的社会功能，建筑形式表明了它的目的，勒杜的“理想村”吸引了 19 世纪和 20 世纪的建筑师。当然，这个综合的理想村形成了勒杜的乌托邦。

19 世纪中叶，英格兰出现了一种“雇员宿舍”，它是只租给雇工居住的住房。一个精纺工厂老板阿克洛伊德（Edward Akroyd）在 1849 年至 1853 年之间建设了一个提供给工厂工人居住的模范住宅区，这个住宅区包括图书馆和学校。阿克洛伊德聘请了罗伯茨训练的斯科特，斯科特设计了一个具有“村庄特征”的广场，一些已经建成的村舍式建筑围绕着这个广场。这些村舍背靠背，不通风，不卫生，阿克洛伊德对它们以及另外一家工厂和“雇员宿舍”居住区实施了改造。阿克洛伊德虽然不是来自一个大地主家庭，但是，他继承了一笔财富，让他至少可以部分承担起迪斯雷利在他的小说《西比尔》（1845）中倡导的那个角色。迪斯雷利所描绘的模范居民点包括一所学校和一个学院，围绕特拉福德（Trafford）经营的纺织作坊，特拉福德是一个大地主的儿子，成为了一个成功的工业家。特拉福德觉得他对他的工人们负有一种责任，这种对工人的责任应该激励那些有着老上流社会身份的新工业家们。[14]

萨尔特（Sir Titus Salt）爵士是一个成功的发明家和制造商，1851 年，他把马海毛和羊驼毛制造厂搬到了布拉德福，受到迪斯雷利思想的启迪，逐步建设了他的模范镇，索尔泰尔（Saltaire）。虽然萨尔特聘请了著名工程师费尔贝恩（William Fairbairn）对他的工厂做了结构设计，不过，工厂的外观以及索尔泰尔的方格式居住区规划都是由利兹的官员洛克伍德和莫森完成的，他们按照意大利建筑模式设计，但是，把这种建筑模式用到了公共建筑上。25 年以后，曾经是一个成功的杂货铺老板，后来转变成了世界级的肥皂制造商的利华（William Hesketh Lever），建成了另一个模范镇，1888 年，利华在距科普利 1 英里的默西建立了“阳光港”，那里离利物浦不远。利华还在利物浦大学设立了城镇规划和城市设计专业学术机构，此后几年，吉百利的巧克力工厂在伯明翰的郊区建设了伯恩村（Bournville）。

美国的情况相当不同。1814 年，在马萨诸塞的查尔斯河岸边，罗威尔（Francis Cabot Lowell）建立了美国第一个水动力驱动的棉花作坊，但是，在他去世后，他的波士顿合作者们搬迁了这个作坊，这个工业团体既在梅里马克，也在马萨诸塞都有工厂。在梅里马克镇后来更名为罗威尔。由于不存在大量乡村赤贫人口，必须依靠工作条件来吸引纺织工人，而且，纺织工人实际上都是女性。工资还不错，她们住在工厂的宿舍里，环境相对卫生。罗威尔镇当时是许多水动力工厂城镇，马萨诸塞的奇科皮瀑布和霍利奥克，新罕布什尔的曼彻斯特的样板。1842年，狄更斯访问罗威尔时，罗威尔还是很繁荣的；他对那些纺织女工的生活和清洁，对可以借书的图书馆和女工出版的杂志，对公共场所的那架钢琴，印象都不错。[15] 工厂不仅严格限制了饮酒，甚至对“轻佻的”服饰也加以限制。随着蒸汽动力的兴起，因为移民引起的劳动力增加，这些条件很快变化了，当然，直到1929年，那里依然生产服装。

实际上，美国人所说的“公司城镇”还是相对稀少。1888年，马萨诸塞州新贝德福德的霍兰德工厂的老板建造了50幢房屋，这件事之所以值得一提也许是因为，在困难时期，这个老板削减了房客的房租，在1893年的金融危机中，他的慷慨似乎摧毁了他自己。那些提供了给雇工提供租赁房的制造商们实行了更严格的条件。豪华客车车厢制造商蒲尔曼（George Pullman）聘用了一个不拘一格的纽约建筑师，贝曼（Solon Beman），建设了他自己的房子和附近的“雇员宿舍”，这个城镇包括了不同一般的设施，不仅仅有学校和公园，还有一个图书馆和剧场，以及若干个教堂、运动中心和一家旅馆。蒲尔曼是受到埃森附近克虏伯居民点启示的。事实证明，普尔曼是一个缺乏灵活性的地主：他不允许他的工人购买他们居住房的租赁权，只要提前10天下逐客令便可以驱赶房客。对普尔曼的批判者认为那些设施不过是掩盖工人和资本家固有矛盾的面具而已，无论如何，苛刻地条件导致了1882年、1886年和1888年的一系列社会动荡，它们积累成了1893年金融危机时期的暴力罢工，这场罢工有蔓延的趋势，最终由克利夫兰（ Grover Cleveland）总统调动联邦国民卫队才平息了这场动荡，普尔曼则被描绘成了“现代李尔王”（Modern Lear）。

但是还发生了其他一些引起社会不稳定的事件。在俄亥俄的代顿，“国家现金注册公司”建设了一个模范城镇，鼓励工人装修他们的房子，1890年，奥姆斯特德（Frederick Law Olmsted）受雇设计一个俱乐部建筑。然而，居住者不满，要求一定的优惠。代顿的这个城镇还是保留下来了，但是，普尔曼的那个城镇1895年被卖掉了，所以，许多制造商给他们的工人提供资金去找到他们自己的宿舍。公司城镇遭受了与乌托邦居民点相似的命运。1856年，一个纺织厂接管了马萨诸塞州米尔福德附近那个失败的乌托邦社区，霍普戴尔，让纺织厂的工人住进去，把这个理想的、“封闭的”社区变成同样封闭起来的施加资本主义恩惠的社区。霍普戴尔采用和扩大了颅相学的观念，包括八角建筑的仁爱效果。

那时，公司城镇还在陆续建设起来，这种发展一直延续到1914年。那些工厂城镇不仅仅是为皮茨堡附近老莫拉维亚弟兄会城镇伯利恒的钢铁工人而建造的，还是为了俄亥俄州火石公园（Firestone Park）和古德伊尔高地（Goodyear Heights）的橡胶工人而建造的。许多制造商都共享这样一个观念，“收藏起来的劳动力供应等于控制起来的劳动力供应”。[16] 但是，公司城镇已经预示了可能的麻烦，那些选择更大控制的制造商们或多或少支持合作住房模式，或给就业者提供住房补贴；有些制造商还提供多种方案的福利。

当时，从欧文的洛支旦实验中生长出来的合作企业，已经在美国和西欧建立了一个网络，包括友好协会和模仿的储蓄银行。实际上它们得不到贷款，住房投资也不是资本的优先选项。在德国，胡伯（Victor Aimé Huber）在柏林拥有一个罗曼语语言学的学术领导岗位，他已经成为一个主张住房改革的领军鼓动家。他对这种住房合作社的优点提出了不同看法，许多住房合作社尽管得到上流人物和皇家的支持，但是，都以破产而告终。1840 年以后，上流人物和皇家拒绝了对工人阶级住房感兴趣的柏林建筑师的各种建议，上流人物和皇家不关注工人阶级的住房。大约又用了 50 年的时间，建筑师们才再次严肃考虑工人阶级的住房问题。[17] 无论如何，在一个建设不稳定的世纪里，建筑师们的努力产生的结果是令人悲哀的。

就像在英国一样，德国和法国穷人的住房情况变得令人担忧。在 1831 年至 1832 年的霍乱大爆发之后，法国的住房动荡已经出现。法国医生维勒梅（Louis Rene Villerme）着手调查与公共卫生相关状况的调查，1840 年发表了他的报告。警察官弗雷吉尔（Henri Fregier）相对卫生而言，更为关注犯罪，同一年里，他也发表了与住房情况相关的犯罪问题。但是，习惯势力强大，这些流传甚广的报告都没有引起任何实际行动。

正是实业家，而不是公共部门，展开了法国最早期的住房改革。一群做慈善的和传播福音派新教的阿尔萨斯制造商们建立了“米卢兹工业协会”，这个协会给设计、纺织和化工学校提供经济支持，并且从经济上支持了 1825 年法国最早期的商学院。在罗伯茨《劳工阶级的住房》（1850）一书的启迪下，“米卢兹工业协会”赞助了名叫“城市工人协会”慈善事务代理机构，这个协会建立了法国工人住房标准，这个标准的基础是，一个家庭独居的住宅，给入住的法国工人提供非常低利率的房贷，当然，那些入住的法国工人仍然需要首付。其他法国机构很快模仿了这种做法，1853 年，“经济慈善协会”建立了一个支付协会，维莱梅（Villerme）就是这个天主教组织的成员，当然，这个组织直到 1880 年才涉足建设低成本住宅。19 世纪 80 年代，国家资助的“法国储蓄银行”有可能成为低成本住宅的融资机构，但是，低成本住宅计划也失败了。

在路易·拿破仑作为王子—总统而成为拿破仑三世之前，已经资助了亨利·罗伯茨《劳工阶级的住房》（1850）一书，让它在出版当年就得到翻译，这本书很快被翻译成德文。在 1851 年路易·拿破仑从王子—总统变成拿破仑三世皇帝的政变之后，这个新君主把从他的前任路易·菲利普国王那里得到的财富用来推动工人住房建设。“拿破仑市”（Cité Napoléon）地处巴黎北站和圣雷札火车站之间的罗什舒阿尔街，整个街区包括190个公寓，由“城市工人协会”的建筑师沃恩（Gabriel Vaughn）设计。当时建设“拿破仑市”是一个孤立而且偶然的事件。这幢建筑有四层楼高，围绕着装上了玻璃的内部街道，包括商店、日间托儿所、浴室和诊所。傅立叶主义者马上对此表示欢迎，而温和的改革者们，如维勒梅（Louis-René Villermé）医生，则谴责“拿破仑市”，认为它鼓励了滥交行为，而极左派则对此不闻不问。“拿破仑市”保留了其特征。

新皇帝本人对首都巴黎的建设有着一些野心勃勃的想法，实际上，在他成为皇帝之前就自己绘制了一个详细的规划，削减通过旧城区的新街和新大道，给巴黎提供更多的公园。作为一个执政者，他选择年轻但坚定的波拿巴主义者，奥斯曼（Georges-Eugene Haussmann）来具体实施他的计划。奥斯曼立即开始修正这个帝国计划。他还认识到，只有完全重新安排巴黎的给排水系统，拿破仑·波拿巴的计划才能实施。新的衔接起来的排水管网把污水排入远远低于城市边界的塞纳河，而新的水槽大大增加了供水。那时，不是在现存的道路系统中增加新的道路，而是通过加宽贯穿城市中心的道路，那些道路常常是种有行道树的林荫大道，它们把重要社会机关连接起来，而把主要交通流量引到类似工业化国家较大城市的那种环路上去，从而完全改造了巴黎的街道模式。

与拿破仑一世时的里沃利街（rue de Rivoli）的组织有很大不同，这些新的巴黎街道两边很快就有了建筑物。虽然政府并未建设也没有出资建设这些沿街新建筑的立面，但是，用严格的详细规划规定，建筑材料、檐口高度、屋顶轮廓线、凉台凸出尺度以及其他一些显著特征必须与规范保持一致。以赤字为基础解决街头景观和公共工程的资金问题，实际上，圣西蒙极力主张这种以赤字为基础的融资方式，而公共工程是新移民的一个重要的就业机会。圣西蒙圈圈内的银行家，皮埃尔兄弟（Émile and Isaac Péreire）与奥斯曼的事业紧密联系。

建设城市公园是皇帝个人关注的事务，而非奥斯曼的事务，在天才的园艺组织者阿尔芳德（Alphonse Alphand）的帮助下，与奥斯曼合作，城市公园计划得以实现。这样，巴黎有了围绕城市的公园，那些绚丽多彩和精心创造的各式公园突显了英国“风景”园艺工匠的成就：布洛涅森林（bois de Boulogne），比特绍蒙公园（The Buttes Chaumont）和万森森林（bois de Vincennes）。把那些建有旧船闸的运河改造成为迷你公园，给商务运输增添剧场元素，这种改造是拿破仑城市公园计划的一个部分，这种改造当然是拿破仑和奥斯曼联合起来的事业，从而极大地影响了这个成为“19

世纪首都”的巴黎。1870年，拿破仑·波拿巴败在德国手中，此后，拿破仑三世下台，正是在这种时候，他的城市公园计划的许多项目已经完成。

城市公园并非一个全新的制度。自从16世纪以来，皇家的和王室的花园已经向公众开放：巴黎的杜乐丽花园（Tuileries）和卢森堡花园，伦敦的圣詹姆斯海德公园（Hyde Park）和肯辛顿花园（Kensington Park）。然而，地方政府出资购买、种植树木的第一个公共公园是利物浦附近伯肯黑德公园，由园艺师帕克斯顿（Joseph Paxton）在1834年设计建造。沃克斯（Calvert Vaux）和奥姆斯特德很了解这个公园。像中央公园一样，伯肯黑德公园也是个人积极倡导的结果，他们常常与冷漠的当局和反对势力相对立。许多美国城市走过了大致相同的道路，大众的公园逐步成为城市的基本设施。在法国，随着拿破仑三世在巴黎的所为，建设公园成为官方考虑的优先项目。

虽然拿破仑在他执政的20年间一直都被财政和政治问题所缠绕着，但是，拿破仑还是为此投入了他的精力和一些财力。毫无疑问，他的基本动机是经济的和文化的声誉，当然，拿破仑和奥斯曼常常被划归到那些声誉不佳的人群中：经济上贪婪，规划建设笔直的大道是为了控制民众（可以用火炮打破民众筑起的街垒）。在土地价值上，的确存在某种可以获得暴利的投机活动，但是，没有证据证明奥斯曼个人为此获得了私利。就控制民众而言，规划建设笔直的大道可能确有这种想法。奥斯曼和拿破仑的基本目标似乎可以肯定，提供一个环境宜人的和有序的资产阶级的首都。1870年以后，罗马成为意大利的首都，但是，建设巴黎的规模是罗马建设规模不能比拟的，甚至柏林的建设规模也不能与巴黎的建设规模相比，1871年，柏林成为新帝国的首都。伦敦的大道，如金斯威大道（Kingsway），在规模上和城市远景上，都不能与巴黎的市政工程相提并论。尽管英国在金融和商业都具有首要地位，而且很稳定，但是，就与巴黎的市政工程相比，英国落后法国，或者说，伦敦的市政工程无论如何都落后于巴黎的市政工程。但是，1870年，德国打败了法国，随后发生了巴黎公社的起义，这些都减缓了巴黎的增长。19世纪60年代，巴黎人口拥挤，而在巴黎公社失败后，巴黎的人口下降了，随之而来的就是经济危机。然而，1880年，巴黎的人口总数上升了。奥斯曼改造过的许多老巴黎地区挤满了居住在廉租房里的工人，他们需要居住在靠近城市中心的地方。便宜公寓拥挤不堪，重复了30年前发生过的不卫生状况。当时，沙夫茨伯里伯爵（Shaftesbury）试图用他的“模范公寓”来改变的不卫生状况。1879 ~ 1884年的建设估计提出，穷人的和低级别中产阶级的住房增长了15% ~ 20%，而比较昂贵的住房增加了30% ~ 40%，这类房子有了剩余。[18] 围绕1889年“世界博览会”的讨论，1890年初，“廉租住宅协会”，成为推进住房改革的强大压力集团，这个协会的第一个重要行动就是资助一个低收入住宅建筑设计竞赛。以后，“中等房租住宅协会”与“廉租住宅协会”联合起来，廉租房成为以后法国建筑师的主要关注点。[19]

由于德国的工业化和城市化确实落后于法国，比英国落后半个世纪，住房问题与工业化和城市化相伴而生。所以，在德国，事情发生的节奏不同。德国没有欧文，也没有傅立叶。但是，英国，甚至法国，提供了经验教训。19 世纪 40 年代的第一批住房改革者确实是早期租赁房的改良者。鲁尔地区的许多早期居住区效仿了 1870 年以后传到多国的米卢斯模式。19 世纪 60 年代，钢铁生产成为德国工业的关键部分，克虏伯公司在埃森地区开始小规模为它的蓝领和白领工人建设租赁房，1810 年以后，工人们已经开始在埃森炼钢。近千年，埃森这个小镇一直都是本笃会修道院的封地，由封女主教王公（Princess-Abbess）统治，然而，在克虏伯（Krupp）开始雇用 10 个工人在那里炼钢的时候，埃森并入了普鲁士。1851 年，在水晶宫上的展览让克虏伯的命运有了转折。1860 年，克虏伯的工厂约雇用了 12000 人，克虏伯不仅仅是埃森的主要雇主，也是克虏伯的实际的师傅。随后，克虏伯成为包括加拿大和美国在内的世界钢铁的主要供应者，这种状况一直持续到美国钢铁业追赶上来才改变。埃森在德法战争中为德国提供武器，到了 1890 年，埃森的劳动力人数高达 25000 人，1912 年，埃森的工人人数上升到了 70000 万人。

克虏伯需要吸引和抓住它们大规模的、正在增长的劳动大军，但是，像大多数当代工业家一样，克虏伯的雇主们缓慢地才认识到住房的重要性。19 世纪 50 年代，埃森已经拥挤不堪，而且很不卫生。19 世纪 60 年代，作为一种应急措施，在埃森老城里第一次建设了提供给管理层居住的当代住房，不过，提供一个家庭居住的成排的、分层的、更复杂、各式各样的住房很快建设起来了，有些住房有自己的花园，有些住房与公园相邻。最基本的公共建筑，学校和图书馆，教堂，浴室和剧场，逐步建设了起来。住房标准非常高，控制也相应地很严。工会活动实际上受到压抑，垃圾桶有规律地受到检查，防止煽动性政治读物流入。1871 年以后，埃森真正进入了发展期。至此，克虏伯已经成为德国工人住房问题的主要推动者。

最初，克虏伯居民点规划采用了垂直线条为特征的传统模式，不过，那些规划还是兼顾了地形地貌，融合了“生物”形象和“世纪末”规划师（Fin-de-Siecle）的精神。专业从事住房设计的青年建筑师梅茨多夫（Georg Metzendorf），1906 年设计了马尔格利特霍厄（Margaretenhohe），马尔格利特霍厄的开发可谓完全正式的低收入郊区居民点的开发，它成为德国两次世界大战之间的一大特征。

梅茨多夫代表了他那一代人，房屋买卖日益占据了更多建筑师。19 世纪 60 年代，许多人已经开始把住房看成一个合法权益，日益关注住房规划类型和它们在空间使用上的详细布局，关注通风和卫生，倾向于把风格问题放到背景里。许多建筑师发现，新型住宅再也不能有效地穿戴任何一种旧风格的制服了。所以，英国中产阶级甚至（一开始还很勉强地）接受了建筑师［如罗伯逊（Robertson）和达比希尔（Darbishire）］和慈善家们推荐的水平布置的住宅。19 世纪 60 年代，在伦敦的格罗夫纳花园建成了第一批巴黎风格的“分层豪宅”，从那里可以眺望白金汉宫。与此同时，“分层豪宅”第一次在纽约流行起来，在纽约，人们称这种“分层豪宅”为“法国公寓。”[20]

柏林、维也纳或世界其他城市都在扩展，与它们相比，巴黎的人口是低密度的。当时，不仅世界城市面临膨胀失控所带来的困难，地中海地区的许多古代小城镇也在非常迅速地跨越它们中世纪城市中心的边界，有时，在几十年间，城市用地规模扩大了数倍。地方上那些发展迟缓的落后地区发现它们自己转变成了新的民族国家的首都，雅典、索菲亚、贝尔格莱德，甚至佛罗伦萨曾一度成为意大利的首都，1870 年以后，被罗马取代。这些城镇一般“理性地”发展着，也就是说，把采用线型模式的街道和广场加在那些常常不规则的旧的城镇中心上。巴塞罗那虽然不是首都，确实是这种增长最引人注目的例子，不像西班牙的其他地方，加泰罗尼亚当时迅速工业化。18 世纪期间，巴塞罗那的人口从 3.5 万人增至 11.5 万人，而 1854 年，巴塞罗那的人口达到 17.5 万人，很大一部分人居住在贫民窟里，与曼彻斯特或利物浦的居住状况相似。那时的巴塞罗那是欧洲人口密度最高的城市，所以，死亡率非常高。在宪法危机期间，巴塞罗那的城墙被推倒了，市政府宣布为巴塞罗那的城市扩展方案举行一场竞赛。最后，市政府搁置了这场竞赛的赢家，而支持了一个没有参加竞赛的方案。这个方案是苏涅尔（Ildefonso Cerda Suner）提出来的，他是马德里工程学校的毕业生，那个学校模仿了巴黎高等理工学院的模式，苏涅尔与 1854 年的自由政府的一些政治家和公务员一样。苏涅尔的计划其实更像一个社会工程论文。他是一个自由派左翼政治家，虽然他的计划通过皇家法令在巴塞罗那得到执行，他后来还是采取了温和的无政府主义立场。苏涅尔在他提出的任何一个计划中都贯彻了一种坚定的信念，任何计划都可以用代数方法来计算，正是抱着这样一种信念，他为巴塞罗那旧城的北部和东部建立了一个方格规划，通过对角线大道横跨巴塞罗那旧城，其中一条大道成为南北轴。

在这个方案中，巴塞罗那具有两大功能，居住和流动，每一种功能必须赋予它单独的角色。苏涅尔的基本关注点是住房和路面，或者说，住房和运动。正如他正确和有力地预言的那样，流动会改变未来城市。他坚持认为，必须按照解剖学家甚至生理学家的模式来研究城市，城市如同人体，是由组织构成的，通过城市的功能，城市的发展而活跃起来。就这个问题而言，苏涅尔超越了与他同时代那些会把生物学模式看成规划和装饰原型的人。苏涅尔在他规划的每个街区中都有一个广场，广场的角落经过修整，让每个交叉路口成为八角形，缓解交通。采取相对低密度的方式使用土地：苏涅尔设想，建筑物沿街区的两边展开，路中央的分隔带用作花园，当然，苏涅尔考虑到了这种几何形状的若干种组合方式。苏涅尔还肯定了社会设施：每25个街区为一个区，每个区建设一个社会 / 宗教中心，每4个区建立一个市场，每8个区建设一个公园。在西班牙语中，扩建区（Ensanche）意味着增大或长大，不过，"扩建区"现在演变成了一个技术术语，意味着一个城市规划的扩展区域。当时的巴塞罗那打算承载80万人，实际上，巴塞罗那现在的人口达到170万。这些数字以及土地所有制的现实意味着，苏涅尔的规划规则很快会化为泡影：所有的街区的建筑高度都达到12层楼，有自己的内部庭院，与欧洲其他地方的街区相似，当然，总体布局保留着某些苏涅尔的规划规则。正是苏涅尔的规划给20世纪最后20年巴塞罗那的复兴提供了基础。

1867年，马克思的《资本论》（第一卷）出版，苏涅尔的《城市化原理》也是在这一年出版的。此后，苏涅尔的规划和相关预测都做过调整。苏涅尔的《城市化原理》第一次使用了"城市化"这个词汇，提出了涉及建设和研究城镇的独立学科的想法。[21]

苏涅尔有意识地开创新的领域，使用他的术语和研究，给他的读者介绍全新的、完整的、尚待开发的处女地：[22]一种依赖统计证据和实际调查的科学。他形成了"规划前展开调查"的观念；这种调查必须既是历史的，也是统计的和地理的。这种调查现在已经习以为常了，而且与更加具体的盎格鲁撒克逊人的规划过程相联系，当然，在苏涅尔形成"规划前展开调查"的观念时，"规划前展开调查"肯定是一个新鲜原则。"规划前展开调查"迎来了当时相当新颖的观念，必须把规划看成一种科学活动，后来，人们也认为建筑是一种科学活动，规划师和建筑师的基本任务就是解决问题。就此而言，一直称之为布局的东西其实是超出具体事物本身的，或者说，所谓布局一直都是美学的。

苏涅尔所关注的未来城市通信问题实际上就是一个紧急的和实际的城市问题：交通。当时，马匹挤满了街道，人们不断抱怨马粪造成的城市污染。伦敦和巴黎早有出租马车。1635年，伦敦把出租马车限制在40辆，而1700年，伦敦的出租马车达到700辆。与伦敦一样，巴黎的出租马车也成倍增长，巴黎的出租马车有它自己的名字，"出租小马车"（fiacre），挂着圣菲亚克或菲亚克的标志，菲亚克是一个七世纪在法国的爱尔兰传教士。最早的城市公共交通车辆加入了马车、驮马和运货马车。据说，伟大的哲学家 - 数学家帕斯卡（Pascal）1662年在巴黎有了第一个城市马车公司，但是，这个城市马车公司不景气，第一个有效率的公共马车出现在1828年，在圣马丁门和马德林之间运行；此后，巴黎街头运行的其他车辆大约有1.7万辆。数月之内，伦敦模仿巴黎，也让公共马车在伦敦运行。公共马车很快在伦敦获得成功，在最初的10年里，伦敦有62辆公共马车运行，到1850年，伦敦的公共马车数量上升到1300辆，其中250辆公共马车往返于水晶宫。

新的公共马车增加了交通拥堵，马车的增加还引起了污染。在19世纪末那些交通拥堵的城市，人们发现内燃机和内燃机驱动的汽车正在大量减少充斥街头的马粪。社会改革家和建筑师们把这些进展看成一种挑战和一种激励。有些城市规划师希望，他们通过单独解决一个问题，如交通问题，便可以解决所有的城市问题，然后，他们便会在把城市作为一个整体来对待的方向上迈出第一步。我们可以把博里（Henry-Jules Borie）看成巴黎的一种趋势的先行者。博里对社会组织或社会不平等没有多大兴趣。他关注的是通讯和交通，他认为交通是一种公共服务。19世纪60年代，博里提出，增加城市里交通占用的土地使用面积，增加人口密度，增加人口密度的办法是，提高巴黎的建筑高度，建设20层高的城市街区，而不是传统的6 ~ 7层高的城市街区，使用钢铁和玻璃给内庭加盖屋顶。由“移动的房间”提供垂直通行，实际上，“移动的房间”就是巨大的蒸汽驱动的升降机。当时，利用屋顶办学校，建设屋顶花园。博里的设想是在1865年发表的，虽然博里这个设想与展览馆的联系更紧密一些，而与日常居住建筑的联系不那么紧密，但是，博里设想的重要性在于征兆，而非影响。博里是许多设想的先驱，有些设想在20世纪成为现实。[23]

大约在同一个时间，帕克斯顿（Joseph Paxton）看到了伦敦类似的问题，那时，他已经成为议员。1855年，帕克斯顿已经提出过“维多利亚大道”的设想，通过玻璃廊道，与伦敦的火车站连接起来，我会在涉及玻璃廊道这个城市议题时讨论“维多利亚大道”的设想。5年以后，计划拓展帕克斯顿项目，在帕丁顿车站和法林顿路之间建设第一条铁路隧道，“都市铁路”。1863年，蒸汽机车开始运行，但是铁路隧道存在明显的通风问题。尽管官方存在疑虑，“伦敦都市铁路”还是一鸣惊人。在贝克街和尤斯顿站之间铺设了轨道。几个月内还规划了其他几条线。1868年，纽约尝试了使用压缩空气的方式来推动大规模交通工具，但很快就放弃了，而蒸汽机车使用的铁路成为美国第一个城市快速交通制度。

1832年，纽约尝试了用马拉的有轨车，1852年，这一设想成功。跟随美国模式，在巴黎，向机器化交通迈出的第一步是，把双层马车车厢搬到轨道上去。大约在1860年，费城和伦敦都采用了这种方式。尽管马拉有轨车运行良好，蒸汽机很快替代了马，但是，巴黎的马拉有轨车一直延续到了1913年。19世纪的最后25年里，巴黎始终都在对各种新型大规模交通方式展开争论。纽约包括单轨的高架模式和伦敦的地下模式都被提了出来。最后，在准备1900年的世界博览会时，巴黎形成了联合交通体制，把单层的汽车和都市地铁延续到郊区，成为地面城郊铁路线。19世纪最后10年里，依然为帝国首都的维也纳建设了非常华丽的轻轨铁路线。公共交通究竟采取高架铁路方式，还是采用地铁方式，对此，柏林同样展开了类似的争论，在20世纪的最初10年里，柏林最终采取了地铁制度，当然，高层系统以后对地铁系统做了补充，部分取代了地铁系统。由于曼哈顿岛的石头不利于修筑隧道，所以，纽约的地铁系统在世界城市中是最后做出安排的。

19世纪末，在汽车进入城市之前，尽管有了各式各样的技术革新，改革者们把交通混乱和反复出现的拥堵看作真正的城市瘟疫。1894年，熟悉苏涅尔理论著作的西班牙工程师马塔（Arturo Soria y Mata）提出了激进的想法：带状城市，认为这是解决交通问题的最终办法。这种带状城市的每个区域都是严格规定的，有轨电车线与中央大道并行，自行车道和马车道环绕在200米低层且高密度住宅区两边建设一条自行车道和一条车道，再往外，就是农业用地土地带，至少宽4公里。当然，这样的分区可以无限重复下去，以致带状城市不断扩展。马塔的目标是，“乡村城市化，城镇乡村化”，为大众提供快捷的交通通道，让他们到达建设在旧城市中心的工作岗位。虽然马塔设想了一个从马德里延续到圣彼得堡或莫斯科的带状城市，然而，1897年，实际上仅仅在马德里以外建设了5公里长的城市。同一年，马塔建立了一个季刊，《带状城市》，这个季刊可能是第一份涉及规划问题的期刊，这个刊物维持了足够长的时间，用以宣传他的项目。同时，有时间去考虑其他选择。法国城市规划师莱维（Georges Benoit Levy）接受了马塔的规划观念，1927年，他甚至向国际联盟讲述了带状城市问题。美国产生了多种类似的带状城市，值得注意的有钱布斯（Edgar Chambless）的规划设想，他设想在极长的、弯曲的多层建筑中集中城市人口；钱布斯对带状城市的设想类似马塔的设想，把城市比喻成是一个绶带，其中的元素不断重复出现，然而，钱布斯的城市是多层的，一条轨道贯穿整座城市的每一个部分。这个城市完全处在农业土地上，城市里包括了所有的公共机构。马塔的重要影响是在20世纪显示出来的。1929 ~ 1930年，柯布西耶（Le Corbusier）的“里约热内卢规划”、“布宜诺斯艾利斯规划”以及大量讨论的阿尔及尔规划中，都反复呈现了带状城市的影子。[24] 当时，柯布西耶多次返回阿尔及尔完成阿尔及尔规划。德国人也热情地接受了带状城市的规划观念。1929年，包豪斯学院邀请建筑师和城市理论家希尔贝斯埃默尔（Ludwig Hilberseimer）到德绍来，他一到德绍，就动员学生给德绍编制一个带状城市规划。包豪斯学院关闭后，希尔贝斯埃默尔与他的朋友密斯·凡·德·罗（Ludwig Mies van der Rohe）于 1938 年到达芝加哥。希尔贝斯埃默尔和他的学生为芝加哥和相邻的城镇编制了若干个规划，那里的主街实际上是一种杂乱形式的带状城市，带状城市的观念在芝加哥得到了详细的展开，但是，令人惊讶的是，带状城市几乎停留在观念上，并没有在实践中得到直接的应用。

苏联富有创造性的社会学家，奥托维奇（Mikhail Okhitovich）认可了马塔的规划理念，而许多称他们自己为"取消城市化的"规划师—建筑师都十分赞赏马塔的规划理念，这些持保守态度的规划师—建筑师把"带状城市"看作对城市混乱和城市蔓延的纠正。他们编制了许多带状城市规划，其中最著名的莫过于莫斯科的"绿色"规划。米卢廷（Nikolai Miliutin）不是建筑师，而是政治家和记者，他领导了编制"绿色"莫斯科的规划团队，这个规划团队编制了伏尔加格勒的带状城市规划，还参与了 1929 ~ 1930 年为乌拉尔铁矿附近的新兴钢城马克尼土哥斯克编制规划的设计竞赛。[25] 奥尼多夫（Ivan Leonidov）可能是那个时期最优秀的设计师，他领导了另一支团队。奥尼多夫的规划被谴责为"奥尼多夫主义",具有小资产阶级倾向。于是，终止了他的教学工作,而让他去做一些不足挂齿的工作。他一直活到 1959 年。1935 年，奥托维奇成了替罪羊，遭到逮捕，然后，杳无音信。"带状城市"在东欧奄奄一息。

恩斯特·梅（Ernst May）领导了一支重要的德国建筑师团队，编制了马格尼托哥尔斯克（Magnitogorsk）规划。恩斯特·梅是法兰克福的首席规划师，他在"合理"原则下，给许多苏联城市编制过规划，马格尼托哥尔斯克可能是其中最重要的一个规划。1933 年，最高层决定反对这个规划：奥尔仲尼契泽（Ordzhonikidze）提出了修改方案，[26] 奥尔仲尼契泽出席了主席团会议，在那个会议上，斯大林本人谴责了带状城市,也谴责了与恩斯特·梅相关的相对低密度的规划。斯大林主张高密度且 6 ~ 7 层的建筑，大部分采用砌石立面。幸运的是，恩斯特·梅 1933 年离开了苏联，前往非洲，马格尼托哥尔斯克也没有达到预期的水平。马格尼托哥尔斯克没有因为它的丰富的矿藏而成为一个伟大的城市。

带状城市是否真像马塔设想的那样，会最终解决所有的城市交通问题，我们不得而知，但是，无论如何，在 20 世纪的第一个 10 年里，现代城市的交通模式崭露头角，车辆数目呈指数增加。20 世纪初，汽车有可能达到规模生产了，但是，就在 20 世纪的第一个 10 年里，人们越来越清楚地认识到，汽车对交通的影响会是巨大的。一些城市规划师开始关注，甚至担心汽车了。1906 年，法国建筑师埃纳尔（Eugene Henard）设想了许多简单设施来解决难以应对的交通问题，他的兄弟和父亲（可能他本人）都是巴黎美术学院（Ecole des Beaux Arts）的学生，埃纳尔投入大量精力来保护城市环境下的古代纪念物。埃纳尔是一个不知疲倦的作家，1903 ~ 1909 年期间，他编制了许多小册子来向公众宣传他的保护古代建筑物的观念。

埃纳尔设计了苜蓿叶形的城市交叉路口。他还设计了立交道路，多种形式的地下交通，以及公共升降机，当然，这些设计都十分复杂和昂贵。他的得到最广泛使用的设计当属环岛了。进入交通环岛的车辆会在一个方向绕行，在到达适当出口时离开环岛。埃纳尔通过在这些环岛中间设置柱、碑或灯柱等建筑物来建立一个聚焦点。步行者通过地下通道到达环岛中央。

埃纳尔认为交通环岛是解决城市交通问题的一种办法。埃纳尔详细地研究了需要得到保护的巴黎建筑，所以，人们提起埃纳尔，首先想到的是他与建筑保护相关的观点。因此，他设想在王宫（Palais-Royal）一边设置置一个交通环岛的想法始终没有被当局认真考虑。事实上，埃纳尔的环岛设计一公布，德国人和英国人即刻就认可了。20 年代到 30 年代期间，埃纳尔的环岛设计在德国和英国比在法国要流行得多。交通环岛当然不是新想法，《画家的规划》（1793）中就已经绘制了许多交通环岛。由于许多道路汇集在纳伊入口处，所以，按照拿破仑的命令，在那里建成了巴黎的第一个大型交通环岛，为了纪念命运多舛的大集团军归来，在这个环岛中建设了巨大的凯旋门。在拿破仑三世，这个环岛成为非商业活动的纪念区。

在此之前，甚至在理论上，这种交通环岛在城市规划布局中是极为罕见的。古代的确存在弯曲的剧场和椭圆形的竞技场，但是，没有圆形的步行或交通空间。17 世纪，在公园布局中日益出现了环形空间。1685 年设计建设的胜利广场是最早出现在城市里的承担交通功能的环形空间之一，它位于巴黎西部。这个环形空间的中央树立着路易十四的塑像。为了纪念路易十五的辉煌而展开的设计竞赛中出现了许多环形广场的设计方案，包括左岸、西街、音乐厅的若干个原始环岛，当然，加布里（Ange-Jacques Gabriel）最终胜出，实际建设的是一个矩形广场，也就是现在的协和广场。[27] 那个时期，其他城镇也出现过环形空间，如柏林 1734 ~ 1737 年建设的美盟广场，或 1753 年在巴斯建设的广场，此后 10 年设计的皇家新月楼。还有一些更早的例子，如 1728 年设计的慕尼黑外，宁芬宫的回旋城堡。在这些早期例子中最明显的莫过于罗马的人民广场，它敞开了罗马的北大门，1589 年，它以最庄严的方式接受了教皇西斯科特五世的埃及方尖碑，竖立在广场的中央；椭圆形的广场形式是在 1824 年完成的，当然，在此之前，存在这类计划；1950 年以后，人民广场才转变成单向循环交通制度。

法国大革命时期，作为一种规划形式的圆形盛行起来。在巴黎理工学院的项目中，出现了许多使用圆形场所的空间。无论如何，圆形会占用更大比例的城市表面，以应对日益增大的交通量。圆形占用城市表面空间比例的增加，不是在观察到变化之后才发生的，而是出现在对变化的预测中。这就是为什么我想提出这样的结论，圆形涉及的事物有所不同:随着公共空间的性质改变。交通环岛基本上是一个穿行空间，而不是一个逗留或驻足的空间。[28]

当我们观察比较老的城镇规划，公共空间在性质上的变化都是暴露出来的。城镇的教堂和市政建筑的细枝末节几乎总是一览无余，仿佛那些建筑的地面与街面浑然一体；那些市政建筑的地面式样和街面式样登记备查，那些市政建筑内部的柱子或装饰与城市的纪念物和城墙如出一辙。这种连续性在图形上很明显，但是，宫殿的幕墙或教堂的建筑立面不受街面的影响，而且很复杂。诺利（Giambattista Nolli）1748 年发表的罗马规划也许是这种状况的最后一个清晰的例子。但是，即使我们查看 1739 年公布的优美的“杜哥（Michel Etienne Turgot）巴黎规划”，我们会注意到，公园和花园的规划十分清晰，公共建筑的体量是清晰的，而那些匿名的住房体量则是不清晰的，“杜哥巴黎规划”不仅是一个规划，更是一个投影鸟瞰图。1810 年，两位建筑师，瓦舍特（Vasserot）和贝兰杰（Bellanger）开始绘制巴黎的地图集，所有的墙壁和所有的内部体量具有相同的权重。这种地籍测量延续了整个 19 世纪。从此，城市规划变成了一张图，一个实与虚的法律和财政概要，而不是公共的和私人的法律和财政概要。

关注私人内部空间是另外一种非常不同的变化，那些变化是由我已经提到过一些乌托邦的经典作家和住房改革思潮带来的。从 19 世纪中叶开始，中产阶级，甚至工人阶级的住房建筑吸引了越来越多的建筑师；到了 20 世纪，用出版物来计算，建筑师们更为关注中产阶级和工人阶级的住房了。住房和公寓街区的规划成为许多建筑竞赛的主题。在半个世纪的发展过程中，整个建筑事业和工业围绕新的目标调整了自己。1900 年以来，建筑学院、竞赛、建筑期刊，政府代理机构都把重点放到了住房上。这就意味着书写建筑史的方式已经在到达 1875 年的时候发生了转变；任何考察建筑的历史学家在此之后都必须增加对住房的关注。然而，让建筑师面临挑战的还有另一种类型的建筑，即厂房。住房形态一直都在讨论和提炼，人们对工作场所也出现了新的态度。当工人住房包围了工厂时，工厂成了城市结构中的一个部分，工厂的巨大可能性得到了认识：工厂的形象和工厂作为城市一部分的广告潜力。住房和工作场所这两种类型的建筑现在都成了建筑师首先要考虑的问题，早期建筑师几乎不考虑这两种建筑类型。

第 4 章　建筑风格、建筑类型和城市结构

建筑师从未关注过家和工作场所（Home or the place of work），他们喜欢在公共领域工作。1875 年以前，他们更有可能设计过火车站、市政厅、教堂、银行、宫殿、私人公馆。甚至到了 19 世纪末，建筑师们都对工厂没有多大兴趣。

19 世纪的建筑设计领域最激烈和最持久地讨论了建筑风格问题。在 21 世纪的钟声敲响之际，以 19 世纪的方式去思考城市结构似乎是没有意义的，不过，19 世纪的建筑师和他们的客户的确很关注建筑风格，在有关建筑风格的讨论上投入了很大精力。参与这场争议的人中还包括许多哲学家、历史学家以及社会思想家，歌德（Goethe）、罗斯金（Ruskin）、夏多布里昂（Chateaubriand），甚至雨果（Victor Hugo）都在其中。一些人责备 19 世纪的建筑师没有能力建立统一的“时代风格”，对他们发起挑战。因此，不断有人声称，他们最终建立了“时代风格”。

在 19 世纪的讨论中，建筑风格涉及建筑的表面。通过建筑装饰，人们可以识别建筑风格，建筑装饰似乎或多或少直接与建筑材料和建筑工艺相关。但是，那时所说的建筑风格涉及的只是建筑装饰，而不是决定建筑风格的建筑平面、建筑体量或建筑的内部体量。可是，建筑风格事实上不仅与建筑表面相关，建筑风格常常还是一种符号或标志。

直到 19 世纪，人们通过建筑体量、惯例和所选择的装饰，把一个建筑“看成”市政厅、教堂或无论什么。基于对建筑古老寓意的认识，一种类型的建筑与建筑体量、惯例和所选择的装饰之间的关系随着古代制度的消失而消失，取而代之的是这样一种观念，一个建筑可以通过历史依据，甚至叙述所指，或者通过大写字母的实际标注，向那个建筑的使用者宣称那个建筑本身究竟是什么。这种观念曾经是历史主义最根深蒂固但最不严密的一个方面。这场争论涉及两个主要问题。第一，建筑风格标志了那个建筑会用来做什么？或建筑风格是象征惯例的装饰或主题吗？第二，民族的，甚至政治忠诚主导着建筑风格吗？

无论如何，建筑风格的讨论是新奇的。16 世纪，旅行者带回了对遥远社会的描绘，那些社会方式和建筑风格对欧洲人完全是陌生的，然而，它们条理分明，令人赞叹。

在西方，瓦萨里（Giorgio Vasari）对有关建筑风格的理念影响非常大，瓦萨里认为，艺术发展遵循与人的生命一样的过程，童年、青年、成年、老年，而且周而复始。瓦萨里对此深信不疑，艺术发展遵循与人的生命一样的过程的确展示了托斯卡纳艺术曾经主导过的那个时代；他的老师，"非凡的"米开朗琪罗（Michelangelo）是那个时代的绝对领军者，所以，那种托斯卡纳作品是所有艺术的巅峰；在米开朗琪罗之前的所有艺术都是在为到达这个艺术巅峰铺路，而在米开朗琪罗之后的所有艺术都必须看成是在走下坡路。研究古董的历史学家，堪称新古典主义之父的温克尔曼(Johann Joachim Winckelmann）认为，在黑暗中摸索的婴儿，历经坎坷的青年，"优秀的"成年，衰退的老年，这个四阶段划分是一个颠扑不破的原理。歌德和黑格尔（Hegel）都接受了这个温克尔曼模式；对于黑格尔来讲，温克尔曼模式为他的历史观，一个世纪的哲学和历史，提供了一个结构，通过黑格尔，温克尔曼模式影响了马克思，温克尔曼模式成为许多涉足艺术的作家所遵循的模式。以后，涉足建筑的作家必然也接受了温克尔曼模式，例如，里克曼（Thomas Rickman）的《试图区分英格兰的建筑风格》(Attempt to Discriminate the Style of Architeeture in England)，[1] 这本书在 1819 年提供了哥特式复兴时期的专门用语。罗马式建筑成为一种先例，他称之为"诺曼"，一系列早期英语，"装饰的"或"立面"随之而来。在早期英语和立面之间，"装饰的"成为完美的哥特式风格。

复兴哥特式风格，起步维艰。19 世纪建筑师对复兴哥特式风格是直言不讳的，然而，他们常常不是十分严谨。例如，极为多产的和成功的英国建筑师约翰·纳什(John Nash）的风格一般都是轻松、甚至多少有点草率的意大利式 - 考古版的。纳什在建筑承包中，甚至在房地产开发中，不断变换他的风格，如同他那个时代的大部分建筑师一样，纳什打算因势利导地改变他的风格：纳什为摄政王，以后的乔治四世，在布莱顿设计了归属"东方的"皇家行宫，其中混合了土耳其、阿拉伯和印度的建筑特色。当哥特式风格适合于异常的城堡、教堂或监狱时，纳什并不反对哥特式风格，如彭布罗克郡的圣大卫大教堂。纳什甚至做过"原始小屋"的风格实验，在布里斯托尔附近的布莱斯村做过原始小屋风格的整体开发，包括一个模拟的德鲁伊教祭坛；在冒险使用新材料特别是铁材料的时候，在伦敦开发如摄政公园、摄政大街之类的大型建筑时，纳什控制着对所有建筑材料的使用。

不像纳什，英国那个时代的其他杰出建筑师，如索恩（John Soane）、佩内索（James Pennethorne）和贝里（Charles Barry），对待建筑风格问题都是很严肃的。然而，大规模生产装饰材料的工业能力还是影响了他们。影响他们的还有严格的直线绘图技术的发展，甚至最好的建筑师都用这种技术来渲染建筑表面。同时，英格兰、法国和美国都十分了解迪朗（Jean-Nicolas-Louis Durand）在巴黎理工学院以及巴黎美术学院讲授的“历史”装饰传统的和抽象的特征。迪朗对装饰微妙性质的认识帮助他讲授设计方法和他有关格网和轴线的理论。迪朗的观点不知为什么，也不清楚如何会普遍流行起来，实际上，许多拿破仑的工程师是迪朗培养的，在拿破仑的工程师之后的法国规划师和建筑师，都把轴向规划看作设计城市唯一的一种可能的方法。通过这些规划师和建筑师，轴向规划变成了最有影响的潜在的规划原理——城市史学家至今还没有完全评估这种轴向规划的影响。不仅仅工程师和建筑师，金融家和开发商也相信轴向规划，他们把轴向规划包装进了圣西蒙有关财政和技术的学说中。1911 年的芝加哥规划，巴伐利亚和伊斯兰堡的新首都规划，都可以看到迪朗那双看不见的手是如何控制着规划师的工作的。

通过历史联想，装饰建筑的功能不会是独一无二的和精确的。市政厅可能是哥特式的，这种哥特式的市政厅可能唤起人们对中世纪同业会馆和中世纪自由城市的追忆，但是，如果市政厅是古典的，那么，它可能涉及罗马甚至雅典公民的自豪感和早期的所谓民主。事实上，哥特式对一些人意味着宗教，对于路德派和加尔文教徒的礼拜仪式来讲，批评家不会放过采用中世纪哥特式装饰的悖理行为。金融机构一般选择古典标志，古典标志意味着稳定和持久。在因建筑功能而确定建筑风格时，需要查看历史：博物馆、银行大楼、政府办公楼、宫殿一般都是“古典的”，以古罗马或文艺复兴之前的建筑风格为基础，而教堂可能是哥特式的、罗马时期的建筑风格甚至拜占庭时期的建筑风格。

那时，在装饰一座建筑时，是允许一定的灵活性，人们不需要给建筑规定任何一种特定的风格。一个建筑具有多种风格没有什么不正常。1854 年，爱德华·巴里（Edward Barry）与普金一道设计了议会大楼，当时，作为竞争，他们对同一个规划提供了四种不同风格的设计方案。辛克尔（Schinkel）在设计柏林中心维德施彻市场中一个相当富丽堂皇的教堂时，普鲁士的威廉四世国王建议，在同一个规划中，一个哥特式教堂可能不仅仅“更基督徒”，而且，造价更便宜，更适合于勤俭的普鲁士路德派教徒。同样为威廉四世国王，辛克尔曾经设计过一个新古典风格的歌剧院，他期待他的最著名的建筑，柏林新博物馆，能够让人想起古希腊神殿的柱廊，哲学家可能在柏林这个新雅典柱廊里徘徊。在旧雅典本身，成为最近建立起来的希腊君主制的快速发展的首都，那里曾经是民主制度的发源地，风格问题引起了论战，适合于这个新国家的风格，究竟是召唤古代辉煌的古物赝品，还是拜占庭和基督教风格，有些人对此拿不准。

然而，最好斗和最忠诚的哥特式骑士，如普金（Augustus Pugin）和杜克（Eugene

Viollet-le-Due），并不满足恢复哥特式建筑风格，而要回到往昔那个辉煌的建筑历史时代，从而走出衰退的当下，发现一种新的、历史上从未有过的风格。普金的信念当时宁人惊讶地直截了当，摆脱了全部的迂腐的学究气。普金告诫说，（1）除开那些对便利、施工或行为规范必须设置的建筑特征外，建筑应该没有任何特征；（2）所有的建筑装饰应该包括在施工过程中。[2] 他还强调，哥特式建筑是唯一一种贯彻了这些“基本原则”的建筑（虽然他有权添加乍一看似乎陌生的装饰）。普金热情地返依罗马教会，而杜克则是世俗的，一个理性主义者，非常有影响的理论家和做修复工作的人。杜克有力地推动了这样一种观念，法国 13 世纪的建筑是所有历史风格中最清晰的。对他来讲，哥特式建筑是重量和张力平衡的表达，所以，哥特式建筑提供了一种新建筑的最清晰的例子，在这种建筑中，钢铁完美地与石头实现平衡。大面积的工业平板玻璃和新的大跨度金属构件之类的革新会决定新城市体系的模式和规模。

森佩尔（Gottfried Semper）是德累斯顿博物馆和歌剧院以及维也纳一些博物馆的建筑师，虽然他打算选择拜占庭 - 罗马建筑，但是，他认为，16 世纪的罗马建筑有某种类似的东西。对于普金、杜克和森佩尔来讲，借鉴一种特定的历史先例仅仅是第一步，对未来建筑来讲，继续向前进才是关键。通过回到一种理想的或理想化的风格，可能找到一种前进道路，回归理想是一种不同的和比现在更好的建设方式。

在英国，建筑风格之争一直都是很激烈的，而且最学究气，以后成为最成功的“哥特人”的青年斯科特（George Gilbert Scott）杜撰了“风格之争”这个术语。[3] 1836 年，一个新方向展现在建筑风格问题面前，当时，明确要求未来的议会大厦按照“国家风格”来设计，这一要求成为设计竞赛条件。哥特式或伊丽莎白式被认定为英国的那个“国家的”风格。巴里赢得这次设计竞赛，他的设计并非完全采用“纯风格”，普金一样，正如我刚刚引述的那样，普金对建筑装饰采用了相当斯巴达的看法。尽管如此，普金给巴里的设计提供了他自己充满活力的建筑表面设计，大本钟成了议会大厦尽人皆知的一部分。这种“混杂”会在法国和德国出现。1852 年，沃杜瓦耶（Léon Vaudoyer）设计了规模庞大的马赛主教座堂，马赛主教座堂“召唤拜占庭的穹顶，托斯卡纳那种用大理石包裹表面的大教堂——以及法国罗马风格的朝圣教堂……”[4] 有时，对建筑风格的看法可能有违常理，有些英国旧教信徒根据他们的信仰拒绝了普金的哥特式标志，当时允许那些天主教徒在伦敦中心建设他们的教堂。对他们来讲，新文艺复兴建筑风格，或者甚至更好，新巴洛克建筑风格，如布朗普顿圣堂（Brompton Oratory，1878-1884），表明了他们对现代的和罗马教皇的忠诚，这样做比起求助遥远时代的信仰更重要，拜占庭威斯敏斯大教堂于 1902 年开放，在此之前，布朗普顿圣堂一直都是天主教徒的主教堂。

索恩和辛克尔是那个时代最专一的建筑师，他们已经开始寻找一种针对建筑的个人风格，这种个人的建筑风格只会间接地与历史相联系。索恩几乎没有使用哥特式的风格，但是，在19世纪20年代和30年代的设计中，他非常明智和十分了解他的历史的和考古的参照物，他有时在一般“古典”框架中使用中世纪的图案，如达利奇学院美术馆，又如他自己在伦敦因河广场的住宅，与索恩同时代的许多人完全不能接受索恩拆开了的和简化了的古典主义，但是，建筑师们，如斯特林（James Stirling），诺曼·福斯特（Norman Foster）和一个世纪以后的密斯·凡·德·罗的追随者们，还是仰慕索恩拆开了的和简化了的古典主义。密斯·凡·德·罗始终崇拜辛克尔，柏林建筑学院是辛克尔最后几个设计之一，在柏林建筑学院里，他有一个豪华的公寓，1836年建成，他被誉为已经通过“从砖头的属性里”开发出一种全新的风格，从而实现了他自己的转变。

在绘画上，为了推进一种新风格，人们也努力回归到一种理想化的时期。在德国，复兴中世纪风格和包括镶嵌图案和绘制壁画在内的实践，都受到一个称之为“撒勒派画家”的团体的支持，以后，前拉斐尔学派在英格兰效仿了“撒勒派画家”，有些人认为，建筑落后了。1827年，年轻的建筑师，海因里希·许布施（Heinrich Hübsch）向前拉斐尔学派一些成员谈到了一种新风格，他自己打算去实现它。这次讲演后来公开出版，成为延伸和激烈讨论的焦点。许布施倡导的风格使用了新的金属构件，这样，建筑跨度大大增加，同时还使用了平板玻璃。许布施称他倡导的风格为“圆拱风格”（rundbogenstil），虽然圆拱风格并没有马上成功，但是，这种风格的名字还是流传下来。1850年，在巴伐利亚的国王马克西米连二世（Maximilian-II）的命令下，慕尼黑美术学院实际上宣布了一场设计竞赛，“发明一种新风格”；然而，这件事引起了长期争论，最终也没有发出竞赛奖。

不可避免地，有些人会发现，这种对建筑风格的迷恋，甚至痴迷于创造一种新的建筑风格，是不尽人意的。罗斯金并不认为他的时代会出现新的建筑风格，但是，他始终认为，一个没有创意的建筑是没有美学价值的，一些打破常规的艺术工匠在建筑装饰上模仿自然，甚至不去模仿自然，也是没有美学价值的。在他看来，没有蛮荒就没有美。罗斯金虽然对学院，对一些教堂的建设者有影响，面对装饰建筑的大机器，尽管他的字里行间才华横溢，诱人而且振聋发聩，但是，罗斯金声音只是他的哭泣声。

在这些讨论中出现的一个新的因素是，建筑学术水平的提高和参考文献的增加，罗斯金自己的《威尼斯的石头》（Stones of Venice）就是篇幅最大的参考文献之一。[5] 在此之前的几十年里，使用新的印刷技术，作为“改善的”景观的一部分，出版了优美的农舍设计方案图集。有些农舍设计方案仅仅是农舍装饰上做了一些变更而已，而另外一些农舍设计方案则提出了改善农舍结构和卫生条件上的方案。莱普顿（Humphrey Repton）和劳登（John Claudius Loudon）撰写了非常流行的营造花园景观的手册，包括对住宅设计的说明，设计样本。帕克（Charles Parker）把洛兰（Claude Lorrain）和普桑（Poussin）描绘的意大利景观看成他理想的《乡村别墅》（Villa Rustica）所处的景观[6]，帕克的《乡村别墅》是当时最流行的住房方案图集，为改造住房，让住房融合到自然景观中，提供了参考。权贵们的确看重帕克的意见，例如藏书家，德文郡第六公爵从他在查茨沃思住宅的窗户上，再也看不到埃登瑟村（Edensor）了，他要园艺师帕克斯顿（Joseph Paxton，依然担任公爵的园丁），按照乡村别墅的方式来别具一格地设计他的房子。这种乡村别墅“风格”可以用于更高级的目标。阿尔伯特亲王采纳了乡村别墅的风格，与丘比特（Thomas Cubitt）一起设计他的私人皇家居所，奥斯本宫（Osborne House），奥斯本宫是由丘比特的团队施工的。从奥斯本宫，人们可以看到南安普顿港口任何跨大西洋的船只进出港。奥斯本宫的设计大量出版，成为极有影响的设计，尤其在美国。

帕克的意大利风格成为这个《乡村别墅》图集的一个主要类别，《乡村别墅》从英国传播到了欧洲，通过美国景观建筑之父，唐宁（Andrew Jackson Downing）以及他英国出生的合伙人沃克斯（Calvert Vaux）的著作，《乡村别墅》传播到了美国。唐宁与劳登有过通信交往，沃克斯的事业是在与奥姆斯特德一起设计纽约中央公园时建立起来的。正如沃克斯指出的那样，在美国，不容易找到建筑师，[7] 所以，住房设计图集就对美国人特别重要了，为更大程度地推广这些住宅设计方案铺平了道路，购买可能的设计方案非常有利可图，后来，通过邮寄方式，可以从产品目录上订购预制的住房。事实上，郊区住房的设计和建筑立面依然与 19 世纪的住房图集有很大关系。直到不久的过去，通过邮政，订购住房依然流行。

从 19 世纪 30 年代中期到 19 世纪 50 年代中期，在不到 20 年的时间里，英格兰修建了非常不同的火车站，火车站之间的距离仅步行 5 分钟，那些火车站明显采用了新的建筑风格。第一个大都市火车站当属建于 1836 年的伦敦尤斯顿火车站。与建筑师哈德威克（Philip Hardwick）一起工作的史蒂芬逊（Robert Stephenson）设想了一种巨大的多立克柱式城门，铁路就在这个城门背后，城门前直接成为站前广场。[8] 10 年以后（1846 ~ 1849 年），哈德威克的儿子设计了一个大型入口大厅，与街道分开，从而建立了火车站这种“建筑类型”，在火车站中，路轨通过车站大厅而避开了大街，而车站大厅通常具有纪念意义，几乎总是用或多或少先进的金属建筑构造覆盖起来。

两年以后，丘比特最小的弟弟路易斯以一种圆拱风格设计了新的国王十字火车站，丘比特们在他们的住宅中已经使用了意大利式的建筑装饰细部，路易斯据此对国王十字火车站圆拱风格做了调整。当时，人们甚至提到“意大利风格，更恰当称之为英国铁路风格。”[9] 在国王十字火车站和尤斯顿火车站之间还有另一个西北伦敦火车站，圣潘克拉斯（Saint Pancras）车站（由斯科特在 1865 ~ 1867 年设计建造），使用哥特式铸铁响应了它们古典的和圆拱风格的启迪。

人们常常谈论圣潘克拉斯车站的故事。它既说明了建筑风格的重要，也说明了人们对建筑风格理解的歧义性。年轻的斯科特受托为外交部设计一幢新建筑，可以俯瞰圣詹姆斯公园。他首先设计了一个哥特式建筑，霸道的辉格党巨头（Whigmagnate），后来成为首相的帕默斯顿勋爵（Lord Palmerston）否定了他的设计。帕默斯顿说，“他必须坚持……意大利风格的设计”，他觉得斯科特同样可以很好地设计出意大利风格来。斯科特把他最初的设计转变成为“罗斯金 拜占庭 - 维也纳风格”。但是，帕默斯顿发现修改的设计“非驴非马，是一个司空见惯的四不像”。他要求的是“一般的意大利风格”。斯科特考虑到他的收入和家庭，购买了“一些价格不菲的书”，最终顺从了客户的要求，设计结果是营造了一个相当一般的建筑，当然从这个建筑上还是可以俯瞰圣詹姆斯公园的。“虽然失去了意大利元素，”斯科特还是把改进的哥特式设计用于圣潘克拉斯车站，火车旅行很实际，所以不应该把超凡脱俗的哥特式风格用到此类地方，斯科特承认，改进的哥特式设计“很好地满足了设计目的”。[10]

建筑师和客户之间的争执当时是公开和广泛讨论的，甚至在美国流行杂志《蜡笔》（The Crayon）上报道。《蜡笔》杂志还雇用了爱德利兹（Leopold Eidlitz），爱德利兹是莫拉维亚和维也纳培养的青年建筑师，他是 1845 年到达纽约的，作为一个撰稿人，为美国建立了圆拱风格准则，当然，爱德利兹经常设计的建筑还是罗斯金的，他的最早期和最成功的独立设计，如 1857 年纽约的干船坞储蓄银行设计，清晰地展示了这一点。但是，爱德利兹还同理查森（Henry Hobson Richardson）合作，而理查森在波士顿设计的三一教堂可能是所有圆拱风格设计中最优秀的。爱德利兹的朋友和护教学专家舒勒（Montgomery Schuyler）成为 19 世纪最杰出的美国建筑作家，在他的倡导下，圆拱风格对 19 世纪 70 年代和 80 年代的芝加哥风格产生了重大影响。

1851 年的第一届国际博览会爆发了建筑风格之战。法国一直都反对举办这种博览会的想法，但是，正是英国公务员科尔（Sir Henry Cole）勋爵创造了这个计划，他的背后有阿尔伯特亲王的支持，维多利亚时代中期，英国取得了前所未有的成就，这个博览会概括了那个时期激发出来的热情。科尔周围的艺术家和改革家已经形成了一个压力集团，“艺术制造商”，通过“用于机器生产的美”，“促进公共品味”。因为科尔是公务员，不能卷入“商业”活动，所以他使用笔名出版了大众纪念性建筑指南，设计陶瓷和金属物体，其形式以植物为基础，而一群艺术家与他联合起来，改革英格兰的艺术教育，从小学阶段就开始艺术教育。始料未及的是，这个当时还没有爵位的园艺师帕克斯顿受到他自己在查茨沃思的温室的启迪，决定以水晶宫的形式为这个博览会提供场地。举办这个世界博览是一个辉煌的公共成就，推动了巨大的热情以及一些反对的声音。罗斯金把这个博览会当成“一个黄瓜架子”，不过，他是一个少数派。世界为这个巨大的、半透明的、铁和平板玻璃的纪念碑欢呼雀跃。罗斯金最仰慕的画家特纳（William Turner）在最后拒绝这个博览会之前，抱着很大的情趣观察了这个博览会数周：

> 因为这个交叉甬道像一个占据中央的穹顶，所以，从建筑物的前面看很不错，但是，从侧面看，玻璃框架的肋拱像一个巨人耸立在展览馆之上。[11]

564 米长的大厅，交叉甬道、两边是摆放了展品的过道，都可以看成公共建筑的“要素”。在温室和购物廊道中都可以找到那些公共建筑要素，不过是相对小些而已，但是，这些公共建筑要素的结合是出乎预料的，前所未有；总之，一些建筑构件在米兰德铸造厂预制的，而大部分建筑构件是在伯明翰预制的，现场组合起来的金属铸件，似乎都很特别。虽然精心装饰了铸铁的立柱和拱形肋骨，但是，这个建筑过分透明，即使用红色的窗帘去遮挡，使它在地面层上显得更“坚实”些，还是找不到它的建筑风格。纽约、慕尼黑、都柏林随后都来模仿举办这种国际博览会。

国际博览会迅速影响着城市结构，许多人提出计划，建设遮盖起来的公共场所和交通场所。遮盖方式可以是感觉到的，可以控制的或不定型的。18 世纪即将结束的时候，巴黎首先出现了用玻璃遮盖整条街道的可能性，从巴黎皇宫到皇家成员的居所。通过横跨这个宫苑安装上了玻璃的木质建筑物，延伸了围绕巴黎皇宫花园的购物廊道，1828 年，安装了玻璃屋顶的砖石建筑替代了这个安装上了玻璃的木质建筑，而安装了玻璃屋顶的砖石建筑成为当时的样板，对于那些皇家远亲来讲，围绕巴黎皇宫花园延伸了的购物廊道给他们提供了他们需要的大部分收入。19 世纪下半叶，随后出现了许多设计方案，设想遮盖性质的建筑物不仅遮盖步行街，还遮盖整个大道，甚至遮盖种有行道树的大道，有些设计实际建成了，但仅仅是供步行者使用的。1847 年在布鲁塞尔建成的圣胡贝特斯购物拱廊（Gauery of Saint-Hubertus）至今依然是最长的购物拱廊，它比水晶宫早建成 4 年。美国俄亥俄的克里夫兰和意大利的港口城市那不勒斯都有最高的购物拱廊，当然，1865 ~ 1867 年建于米兰的维克多·伊曼妞尔购物拱廊，体量最大，最为著名。最宽敞的购物拱廊当属莫斯科红场上的新贸易大厦（GUM）。1950年以后，在城市购物中心的背景下，购物拱廊重新恢复，多伦多的伊顿购物中心和休斯敦的拱廊商业街都是模仿米兰维克多·伊曼妞尔购物拱廊的。

还有一些人设想进一步延伸玻璃拱廊。伦敦考文特花园的意大利歌剧院指挥盖伊（Gaye）1854年曾经设想，用玻璃和铁建成修建一个长12公里，高21米的拱廊，把英格兰银行与特拉法加广场连接起来，包括一个气动邮政服务设施，几年中，有人向当时组建的“都市改造委员会”提出了更宏伟的计划，建设一个环绕伦敦中心地区的拱廊。当上了议员的帕克斯顿设想，修建一个混合使用和多层的廊道，长16公里，宽18米，高27米，把所有的伦敦火车站连接起来。最底层的通道铺装铁路线，运行慢速和快速火车；比较高的通道用来连接商店，通道冬季供暖。虽然帕克斯顿（一个务实的人）详细核算了这个项目的资金，得到了维多利亚女王、阿尔伯特亲王以及所有人的热情鼓励，但最终也没有筹集到实现这个计划的资金。

就在全世界都在建造用玻璃和铁覆盖的街道时，水晶宫对风格讨论产生了影响。建筑师、专栏作家和装饰设计家欧文·琼斯（Owen Jones）为水晶宫设计了鲜明的色彩方案，把这个色彩方案建立在以紫色和橙色为补色的基础上。1856年，他的著作《装饰基本原理》（The Grammar of Ornament）出版，确定和扩大了他的国际声誉。乍一看这本书，琼斯似乎在召唤折中主义，以不同数量的鲜艳彩图展示了中国的和日本的、希腊的和土耳其的、阿拉伯的，甚至非洲的装饰。因为对异国情调的研究，让老的欧洲中心的操作手册搁置起来。彩图印刷成为这些出版物首选的传媒。

但是，《装饰基本原理》的真正精髓是第20章的10张插图，这些插图栩栩如生地展示了各种植物，它们好像是真的树叶和花朵一样。琼斯提出，这些插图上的植物才是未来建筑装饰的真正模型，他的书不完全都是异国的和历史的样板。罗斯金和他的追随者出过许多版本，全世界的建筑师和设计师百看不厌。这本书有助于推进这样一种理念，新的建筑装饰来自自然形式，所以，新的建筑装饰是一种全新的风格，新的建筑装饰可以完全摆脱一种历史参照系，这是一种在“新艺术”中完全实现的观念。更一般地讲，像科尔一样，琼斯有兴趣打破“阳春白雪”和“下里巴人”，甚至“工艺”之间的壁垒。这些想法无疑具有经济意义。国际展览暴露了瑕疵，推动了鉴赏力和设计上的竞争，国际展览让工业家和政治家关注他们工业产品和他们的国家所能支配的外国市场份额。当时，人们认为，教育可以有效地纠正粗制滥造的设计和工厂生产令人惊恐的衰退。鉴赏力明显成为一个重要的商业因素，英格兰和德国出现了各式各样的学术教育机构，实际上，这类学术教育机构在法国出现的更早一些，它们向比较低的社会阶层讲授设计，那些人从事工业生产，并没有想得到艺术家的身份。那些学校需要提供学生形成和提高他们品味的范例。

鉴赏力的提高不仅影响做装饰的机械绘图员，甚至还会影响到“高级”艺术家和大众。有时最好的文物在于，它可以提高大众鉴赏力和弥补工业生产的缺陷，1806 年，英国政府购买希腊帕特农神庙的大理石雕刻旨在推动持续振兴英国的艺术，这个设想在 30 年以后里取得了成果，当时正在计划用描绘英国历史的壁画装饰议会大厦，让议会大厅成为新英国艺术的画廊。企业家们忙于资助收集向大众展示的艺术品，建设公共博物馆，他们认为那些博物馆让公众具有荣誉感，具有凝聚力。20 世纪后期所出现的兴建博物馆潮是一种全新的现象，当然，其基础还是 19 世纪的那些实验性的开始。

琼斯和科尔完全相信，企业最终会获得的收益和他们自己设计的对象和工业生产模式；另一方面，罗斯金和他的追随者们期待从对整个工业资本主义社会体制的暴力攻击中产生一种新的文明和新的风格，在这些人中，最多产和重要的人物莫过于莫里斯（William Morris），因此，罗斯金和他的追随者们把恢复和维持工匠的标准看成他们的基本责任。

就他们的政治和意识形态差异而言，莫尔斯与他同时代的许多人一样，笃信琼斯《装饰基本原理》的那 10 张图，采用了与科尔 - 琼斯圈的人相同的方向，那个方向是由他们最明显的对立面创造的，前拉斐尔时期的画家和罗斯金的其他朋友，伯恩 - 琼斯（Edward Burne-Jones），亨特（Holman Hunt），罗塞蒂（Dante Gabriel Rossetti），开始装饰家居和其他“日常的”物体，设计壁毯和刺绣 – 所有都凝聚成了莫里斯的辉煌，实际上，一个人努力振兴中世纪家用的工艺生产。莫尔斯大量手工制作的产品，壁纸、纺织品、家具、金属制品，与这些产品相伴的出版物在那些“没有文化的富人”中非常流行，作为一个积极的社会主义者，莫尔斯鄙视那些“土豪”；未必同情他的政治态度的人认为，莫尔斯属于工艺美术运动（The Arts and Crafts Movement），于是，去效仿他。

那些卷入工艺美术运动的建筑师们，在比较早期的设计图案书中找出“风景如画”的形态，把它们与那些安装 18 世纪窗框和窗扉的中世纪砖块框架结合起来，他们考虑到所谓“民间风格”的东西，所以，他们是在考虑永恒的东西。这种混合就是众所周知的安妮女王风格（Queen Anne style）。[12] 1859 年，在伦敦郊区肯特郡，韦伯（Philip Webb）为莫里斯设计的住宅，“红房子”（Red House），提供了安妮女王风格的原型。萧（Norman Shaw）是安妮女王风格的最成功和最有名的建筑师，而戈德温（Edward William Godwin）则是最精致的建筑师。正是戈德温最接近把“美学的”日本风格细部和装饰与安妮女王风格结合起来。戈德温也是第一个为一种新型企业工作的建筑师，这种新事物就是在郊区仅仅建设住宅，所以称之为（在市内工作的人的）“郊外宿舍区”。伦敦西部的“贝德福德园”（Bedford Park）就是这些郊外住区之一，1875年，当特纳姆园（Turnham Green）建成了一个新火车站时，便随之开发了贝德福德庭园住宅区。带着丘比特和伯顿时代思维模式的开发商得到了由一个难以理解的土地调查员划分出来的地区，首先是建筑师戈德温，然后是建筑师萧及其徒弟，设计了若干公共建筑：一座教堂、一个“机构”（或俱乐部）和一个酒馆。这些建筑师提供了基本的住房设计，建造商和客户可以自由变更住房设计。贝德福德庭园住宅区的开发获得了商业上的成功，迎合了“高雅的”和“开明的”公众，开发商对此做了解释，就像当时的一首民谣所叙述的那样：

> 树是绿的，砖是红的，人们的脸也是干净的，
> 我们会按照“漂亮的安妮女王风格”修建我们自己的房子，他说。
> 现在，他钟爱美的愉悦，而不再计较那里的潮气
> 可以在日本风格的灯下阅读罗塞蒂。[13]

切斯特顿（G. K. Chesterton）的《星期四的那个人》就是以“红花庭园”为背景的，“红花庭园”是稀疏版的“贝德福德庭园”：

> 第一次寻找奇妙红房子的陌生人只会去想，能够住进这种房子的人该有多奇怪的体型——。即使人们并非“艺术家”，然而，这种房子整体上还是艺术的。[14]

这个宣传见证了“贝德福德庭园”引起的巨大兴趣，很快它就变成了每一个年轻建筑师来伦敦时一定要去参观的时髦场所。完全居住着中产阶级家庭的“贝德福德庭园”，变成了盎格鲁—撒克逊血统的国家无以计数的这类郊区的原型。

1870年之后不久，萧以巴黎的先例为基础，设计了第一个真正杰出的伦敦豪华公寓楼，从那里可以俯瞰“肯辛顿花园”，面对阿尔伯特纪念馆，水晶宫已经先期建成，使用相对便宜的建筑材料，这个公寓楼把“安妮女王风格”与不规则的、风景如画的周边环境结合起来。伦敦县议会（LCC）雇用了许多建筑师，他们都是萧的追随者，设计住房和公共建筑，学校、消防和警察站。在19世纪最后几十年里，伦敦县议会最终承认，组织起来的工人阶级住房不仅仅是国家社会主义的开端。1890年的“贝斯纳尔格林区”（Bethnal Green）的边界街是第一个公共住房计划，无论怎么讲，边

界街都是实验，涉及贫民窟清理和采用新风格。

随着 19 世纪的结束，建筑风格和建筑装饰问题已经变得黯淡起来；技术进步似乎在一定程度上超越了那些有关风格的喋喋不休的争论。第一次世界博览会随即产生的影响是，让伦敦和巴黎竞争，巴黎胜出了。1853 年，在拿破仑三世的不断要求下，巨大的钢铁和玻璃市场，雷阿勒（Les Halles）的建成，这个建筑是若干个“大伞”，实际上，是一个巨大的“拱廊”。虽然原先也建成过钢铁和玻璃的市场，但是，它们在规模上不能与雷阿勒的规模同日而语。法国工程师霍洛（Hector Horeau）在 1851 年伦敦世界博览会上因为一个铸铁大厅的设计而获头奖，那个设计设想建设一个巨大的、单跨建筑；另一位美术学院的学生，圣西蒙的追随者，法国第一大铁路建筑商，弗拉彻特（Eugène Flachat）负责建设圣拉扎尔和蒙帕纳斯火车站，也提出了比较复杂和铰接在一起而是大跨度的大厅。这两个设计让官方有些不安，官方认为，法国建筑师巴尔塔（Victor Baltard）设计的雷阿勒更稳重，所以，选择了巴尔塔的设计。

在水晶宫举办第一届世界博览会之后，伦敦的历届世界博览会都没有以后巴黎历届世界博览会那样雄心勃勃，此后一直到 1937 年，一些重要的博览会都是在巴黎举行的。巴黎的状态至少与拿破仑三世和他的继承人相信赤字财政有关系，奥斯曼称赤字财政为“生产性支出”。对于第一届巴黎世界博览会来讲，它的主厅的建筑跨度为 48 米（160 英尺），是水晶宫 21.9 米（72 英尺）建筑跨度的两倍多。因为主要大厅依靠大量砖块和铅条，并不冒险。但是，1867 年，一个巨大的椭圆形建筑构造覆盖了大部分战神广场（Champ-de-Mars），证明这个世界博览会被装进了一个建筑之中。机器环绕着大厅，埃菲尔（Gustave Eiffel）和他的合伙人克兰茨（J.B.Krantz）完成了令人赞叹的优美的跨梁。埃菲尔和克兰茨还引进了最早的液压升降机：把一个舱房安装在伸缩杆上，通过水压控制升降，这种液压升降机很快在巴黎、里昂、马赛普遍出现，甚至在纽约的熨斗大楼（Flatiron Building）也尝试过。奥的斯（Otis）电梯逐步取代了液压升降机，到 1950 年，几乎没有液压升降机运行了。与此同时，气压升降机也在使用，也是首先出现在巴黎，为了保证在巴黎实现以电报速度传递邮件，当时巴黎还出现了空气邮政服务。这项邮政服务延续到 20 世纪 50 年代，独特的蓝色气动形式依然存在于第二次世界大战以后的法国文学中。

在 1878 年的世界博览会上，使用玻璃幕墙和另一个具有高度创造性的钢和玻璃机器走廊确证了法国在 1870 年被打败后重新回到了繁荣之中，当然，实际上，真正引人注目的博览会是 1889 年的世界博览会，1889 年正值法国大革命一百年，第三共和国精心组织了一些活动，包括举办世界博览会，修建埃菲尔铁塔，实际上，机械馆（Galerie des Machines）甚至比相邻的 300 米高的埃菲尔铁塔还要杰出，机械馆的屋顶跨度达到 115 米（接近 350 英尺，是水晶宫跨度的 7 倍。一系列三铰钢拱覆盖着大厅，而埃菲尔铁塔不过是对法国工程所取得的伟大胜利的一种回忆。

人们理所当然地认为，所有这些建筑会装饰起来，装饰会是非常显眼的。重复棕榈叶图案的连接埃菲尔铁塔墩子的巨大钢拱，其实完全没有结构上的功能，仅仅是让人从视觉上形成捆绑在一起的感觉。没有任何人称这种装饰是建筑风格。从整体上讲，工程师宁愿把经典建筑装饰简化成为不那么突出和不那么顺从的哥特式，尽管如此，工程师选择的建筑装饰都是便利的和兼收并蓄的。

给这类风格问题雪上加霜，使风格问题失去要领是，责备宏大却摇摇欲坠的中世纪建筑。温克尔曼 - 黑格尔（Winckelmann-Hegel）把人类艺术史分为三个时期，许多修复中世纪建筑的人都抱有某种形式的温克尔曼 - 黑格尔风格观，中间时期总是（在品质上）比较好的。在英格兰，当那些颓废期的“垂直式建筑”并不在意“都铎王朝”时，中间时期总是（在品质上）更好的观念意味着“早期英国”建筑的“装饰”潜力可以培育起来，积淀的成果可以挖掘出来。在圣潘克拉斯火车站和外交部大楼的设计中，斯科特表现出，如果他不是一个无知的修缮者的话，实际上，他是一个打破常规的修缮者，不按常理去修缮古建筑，让斯科特遭到莫尔斯及其朋友们的怨恨。1877 年成立的“古建筑保护协会”就是专门用来保护图克斯伯里修道院（Tewkesbury Abbey）的，避免斯科特插手，不过，这个“古建筑保护协会”很快扩大了它的活动，保留下来，成为了历史保护中的一种力量，在一定程度上负责选择“修缮”。在法国，或德国和奥地利，很久以后才出现相等的思潮，不过，法国的修缮工作有政府甚至帝国的支持。拿破仑三世的个人朋友维奥莱公爵（Viollet-le-Duc）修复过许多法国的天主教大教堂，最重要的是巴黎圣母院。维奥莱公爵以及其他一些人认为，应该把那些中世纪建筑从“积淀”中释放出来。那时，巴黎圣母院、米兰大教堂、沙特尔大教堂、维也纳的圣史蒂芬大教堂都从周围建筑中孤立了出来，如米兰大教堂，于是，孤立出来的大教堂周边自然产生了一个很大的新广场，在广场的中间，常常建起了塑像，这当然不是它们的建设者当初所设想的。一个出色的中世纪教堂基本上是城市的门面。它的塔楼成为城镇地标；但是，在大教堂里，却是一个高高的穹顶，闪闪发光的彩色玻璃，好像挂着窗帘一样，围合和界定这个书卷，围合和界定是这样一种建筑的基本功能。这个建筑从前面到后面剩下的部分都是一种外壳，穹顶从这个外壳上吊下来，外壳是次要的。这就是为什么在大修道院和大教堂里，甚至在连续建设的时候，回廊都是安排在修道院的扶壁之间，如威斯敏斯特修道院、达勒姆修道院或坎特伯雷修道院；或者法国的克鲁尼老修道院、兰斯大教堂；西班牙萨拉曼卡修道院和布尔戈斯修道院；葡萄牙的巴塔利亚修道院。大教堂被楔入大教堂周边环境中或城镇中。我们在不经意中所看到的仅仅是大教堂的主体建筑，而积淀和附着在大教堂周边地区的作坊、商店和小摊都被遗漏了，这样，孤立出来的大教堂是贫瘠的，从某种意义上讲，大教堂被出卖了。

1853 年，约瑟夫遇刺生还，维也纳的感恩教堂（Votivkirche），亦称沃蒂夫教堂，就是为了纪念这一事件而修建的（这个建筑直到 1879 年才建成），由费斯特（Heinrich Frestel）设计，他是当时维也纳的领军建筑师之一。维也纳的感恩教堂是一幢新"哥特式"建筑，被放置在一个新的城市空间组织里，在这种时候，修复者的那些错误认识触摸到了底线。对这个规划设置所做出的反应比整个建筑的传统外观更重要。这个规划布局激起了维也纳的画家 - 建筑师西特（Camillo Sitte）的兴趣，他曾经是费斯特的学生，于是，他为感恩教堂提出了一个不同的规划方案，在一本名为《遵循审美原理的城市规划》（City Planning According to Its Artistic Principles）的小册子里，[15] 他对感恩教堂设计方案做了解释，这个小册子 1889 年第一次面市，很快就重印了。1902 年，这本书被翻译成法语，1925 年和 1926 年分别出版了俄文版和西班牙文版，而直到 1945 年，才出了英文版。因为这本书直接反对当时非常实用的规划设计实践活动，所以，这本书的非常受欢迎是矛盾的。西特反对和蔑视当时掌握城市规划的市政和交通工程师立即就引起了一般读者的兴趣，当时与现在一样，工程师的过度科技主义和开发商的贪婪都是不受欢迎的。

西特谴责了当时的规划师将纪念物占据和蚕食公共空间的中央部分的倾向，而对古代和中世纪的城市使用纪念物来划出公共空间轮廓的办法感兴趣，因为那种布局把公共空间的中央部分留给聚会和自由通行。西特讥讽那种环岛设计，巴黎凯旋门的星形广场以及凯旋门成为他的一个负面样板。但是，他的最终敌人毕竟是开发商对城市地块的过度开采；西特不喜欢他那个时代的规划师常常设计的那种形状一致的和笔直的大道，这种设计不可避免地会带来交叉路口的拥堵，西特以此作为他责难这种设计的证据。总之，西特赞扬中世纪城市的美丽和便利。这样，他更多地涉及他的第二位的关注点，弯曲街道的魅力和利用景色，而不是他的基本关注点：公共空间的完整性，关注集市而不是广场，他钟爱集市的不规则的和相互联系的特质。西特坚持认为，集市是百姓的"空间"，应该保持开放；任何雕塑和建筑应该布置在这个空间的边缘，而不去占据市场空间。

《遵循审美原理的城市规划》不仅受到大众的欢迎，还深刻影响了司徒本（Josef Stübben），司徒本的《城市设计图说》可能是当时最流行的城镇规划教本，司徒本也在《遵循审美原理的城市规划》出版之年赢得了维也纳重新规划的设计竞赛，司徒本是西特最优秀的追随者之一。《城市设计图说》1890 年首先在西特出资建立的期刊上出现，其中引述了西特，然后，成为德国当时非常流行的建设手册系列中的一本，被广泛阅读。司徒本发现，当若干个重要委员会得到《城市设计图说》时，他为规划咨询事务和竞赛评委工作忙得不亦乐乎。恩温（Raymond Unwin）是西特的英国追随者，他在他的《城镇规划实践》中多次提及西特，《城镇规划实践》从1909年第一次出版后，多次再版。英国“田园城市”（Garden Cities）规划师，斯堪的纳维亚国家和荷兰的规划师，以及德国的城市设计，均受到西特的重大影响，而许多美国郊区设计，通过斯坦（Clarence Stein），受到西特的影响。柯布西耶可能是在1910年读到《遵循审美原理的城市规划》一书的法文版的，他立即被这本书吸引。他当时计划写一本有关西特原理的著作，而且多次重新着手撰写，他最终在1925年发表了他的《明天的城市》，当然，这本书明确拒绝了西特的对中世纪类型的不规则特征。柯布西耶说道，现代化要求方格和直线，然而，当我们注意柯布西耶那些说明他的观点的图示和规划时，西特对他的影响是明显的。[16]

在一些最近出版的关于城市的著作中，西特的形象甚至让人更加不安，他欣赏理查德·瓦格纳（Richard Wagner），人们因此把他与为纳粹服务的种族主义的建筑师和规划师联系了起来。[17]但是，西特的理想城市是混合使用的城市，加上像古希腊广场那样的公共空间，这种理想城市根本就不能容纳纳粹的那种游行和集会，也不能容纳第三帝国举办的那种“通过欢乐获得力量”的派对。西特的中世纪观是社群的，“名歌手”社团的，他完全反对施佩尔-希特勒（Speer-Hitler），施佩尔-希特勒的柏林规划是轴对称的，这个没有成为现实的柏林规划可以追溯到迪朗的学生和他的继承者，以及他们那些无稽之谈。

奥托·瓦格纳（Otto Wagner）与西特是同时代的人，都是取得巨大成功的维也纳的建筑师和规划师，瓦格纳设计了维也纳的地铁，瓦格纳是1893年维也纳规划的另一个胜出者，他对维也纳的未来持有相当不同的看法，也公开了他的看法，但是，只是零碎地得到了一些应用。虽然奥托·瓦格纳对现代化比西特更乐观一些，但是，他也想要一个受到控制的和不向外蔓延的城市。奥托·瓦格纳的“世纪之交的大都市”（Grosstadt）是维也纳，维也纳打算通过分散的10万至15万人的居住区之间形成的环形和放射形道路网络增长；每一个居住区会有混合使用的公共建筑和中心，但是，不像西特设想的城镇，瓦格纳设想的每个居住区都会有宽阔的、笔直的、种上行道树的大道，以及高度一致的公寓街区。

西特的建筑设计风格是一致的；奥托·瓦格纳的建筑设计风格则是多变的。奥托·瓦格纳最初与西特一致，共享新文艺复兴的建筑风格，然后，他从19世纪末华丽的“新艺术”转变成到一种强调几何形状、强调仿古的现代建筑风格，当然，奥托·瓦格纳声称他自己对建筑风格没有兴趣。奥托·瓦格纳认为，建筑风格的变化是行为改变和建设变化的产物；只有当建筑师吸收了人们的行为变化和建设中的变化，新的建筑风格才会出现。虽然奥托·瓦格纳和西特的方式不同，但是，奥托·瓦格纳和西特都是从讨厌维也纳环城大道开始的。奥托·瓦格纳讨厌维也纳环城大道伪装的历史风格，西特厌恶维也纳环城大道空荡荡的开放空间，让那些纪念物孤独地待在车水马龙之中，让行人不能靠近。无论用什么来区分奥托·瓦格纳和西特，瓦格纳和西特都认为，城市是一种集体的艺术作品。

奥托·瓦格纳卒于 1917 年，给维也纳设计了一个胜利 / 和平教堂。但是，第一次世界大战之后，维也纳不再是一个帝国的首都，而是一个小共和国的首都。维也纳的行政当局是社会主义的，它认为工人阶级的住房是它的首要责任。奥托·瓦格纳的一个学生，卡尔·恩（Karl Ehn）成为这个政府的技术指导，开始作为一个社会主义者，1938 年后，则成为一个纳粹党徒。恩主要涉足整个街区规模的公寓大楼的建设，即所谓“大院”（Höfe），其中最著名的是建于 1927 年的“卡尔 - 马克思大院”，在 1934 年的动荡中成为左翼力量的堡垒。在第一次世界大战结束和 1934 年的动荡之间那些年里，维也纳建成了 6.4 万套住宅单元，在一定意义上讲，那些住宅单元可以看成实现奥托·瓦格纳“世纪之交大都市”的开始。

这里讨论的不同建筑风格一直都或多或少地发生着历史的变化，当然，都在小心翼翼地处于改善之中。这些风格并不服从琼斯原理，并非真的只是从大自然中衍生出来的。在这个时代，“自然”有了一种特殊的文化意义。达尔文（Charles Darwin）是科学家的典范，所以，“自然”成了生物学的自然，但是，生物学对设计的影响可能很不简单。正如我曾经提出的那样，随着“集合式住宅的居住区”（Siedlung）规划的“有机”性质的日趋增加，如那些克虏伯居住区，生物学似乎成为瑟达（Cerda）认识城市规划的基础。瑟达必然要认识这种新风格，这种新风格很大程度上与罗斯金和莫尔斯分不开，但是，这种新风格的构造方法也许很大程度上与维奥莱公爵分不开。19 世纪 80 年代后期，这种新风格的全套装备迅速建立起来，人们一致认为，这种新风格就是 20 世纪的风格。正如这种新风格的前辈和先驱者所要求的那样，这种新风格大量使用了裸露的金属和大量的玻璃。如果这种新风格的装饰形式不是直接以琼斯和罗斯金所描述的为基础的话，这种新风格的装饰形式是直线型的和抽象的，当然，它们总是由曲线组成的。

当这种新风格最终浮出水面时，它似乎是新颖的和受到欢迎的，它可以用不同语言表达这种新风格，这种新风格的名字就叫“新艺术”（Art Nouveau），用英语来表达是“Style Metro”，用法语表达是“Yachting Style”，用德语表达是“Jugendstil”，用意大利语表示是“Stile Liberty”，所有这些语言的表达中，都让人感受到建筑风格上的异国情调，欣欣向荣，春天到了的感觉，都在暗示着与大众的相关性，都让人感受到商业色彩。“新艺术”的许多实践者都卷入了左翼政治圈，“新艺术”的重要标志之一，奥塔（Victor Horta）1896 ~ 1899 年设计的布鲁塞尔的“人民之家”（Maison du Peuple），就是工会总部，1963 年，一个开发商拆除了这个建筑。当时在布鲁塞尔、南锡、格拉斯哥、图灵和巴塞罗那这样一些有愿望的地方中心，而不是世界城市，推动着“新艺术”，那些城市都留下了“新艺术”的最光彩的表达。“新艺术”最杰出的设计师之一，吉玛德（Hector Guimard），在 1900 年世界博览会时期，设计了巴黎的地铁站，这样，“新艺术”在巴黎奢华的地铁站上留下了它的痕迹，那是任何一种伟大建筑成就对这个华丽展览的一种贡献。吉玛德设计的地铁站采用了一种完全同样花形的、线性的和充满活力的风格。“新艺术”受到琼斯和莫尔斯的影响，也受到日本的某种影响，19 世纪最后几十年里，日本样板逐步变得极端盛行。在整个西方文明似乎处在衰退中或处在巨大转型的时候，这种异国因素成了一种重要配料。[18] 1900 年世界博览会是公共关系的一个重大胜利，就像 1937 年第二次世界大战降临前夜的那个世界博览会一样。但是，1937 年的世界博览会仅仅用 3 年时间就将巴黎想象成“光明之城”。在希特勒的铁蹄践踏香榭丽舍大街之后，巴黎再也没有恢复它的身份，纽约“偷走了现代艺术。”[19]

然而，“新艺术”这个非常积极的建筑风格并没有可持续的力量。1900 年世界博览会没有让它广泛传播，1902 年在图灵举办的世界装饰艺术展上，“新艺术”踌躇满志地打算获胜，结果却遭到了清算。琼斯希望，随着基于自然形式的整个装饰词汇，一种风格可以人为地得到发展，不过，这只是琼斯的一厢情愿，并未得以实现。虽然一些设计师和建筑师在一两年的时间里勇敢地推进“新艺术”的主题，但是，不过 10 年时间，“新艺术”的力量已经衰减了。本来设想，“新艺术”会成为 20 世纪的风格，但是，20 世纪并没有采纳它。随后出现过一个混乱的时期，1914 年的战争打断了这个混乱时期。历史风格，甚至盎格鲁 - 撒克逊人营造的那种混合的和修正的历史风格，都没有吸引最好的建筑师或设计师。参加了图灵世界装饰艺术展的德国建筑师贝伦斯（Peter Behrens）和保罗（Bruno Paul）、奥地利建筑师奥布里奇（Josef-Maria Olbrich）和霍夫曼（Josef Hoffmann）、法国建筑师贝瑞（Auguste Perret），都是非常成功的建筑师，他们努力创造简化的、纯真的建筑形式，创造辛克尔和索恩“无柱”风格中常常不加装饰的“经典”建筑记忆，实验控制几何关系，实现和谐的比例。使用混凝土，而不使用钢材。

1907 年，世界上最有实力的电力设备生产商 AEG（Allgemeine Elektricitäts -

Gesellschaft AG）任命贝伦斯为它的总设计师，从商标到厂房，贝伦斯有效地“设计”了这个巨大的企业，控制了从电灯丝到强大的涡轮机的所有产品。这家公司的出版物使用他设计了字体印刷。与他同期的维也纳同行也转到了日常用品的生产上，当然，他们根本就没有这类工业背景，这样，维也纳工坊（Wiener Werkstatte）使用传统工艺方法，在20世纪20年代，生产了或多或少“无柱式”的几何形式的和奢侈的物品。

1918年的失败和随之而来的金融危机，严重打击了德国的任何一种风格观。建筑师从帝国时期的秩序中撤出来，对形势变更和缺少建筑委托做出反应。巨大的乌托邦方案，“人性的大教堂，光芒四射的山峦”，都绘制了出来，公之于世。战前时期那些非常成功的古典建筑师和设计师，如贝伦斯，利用了浇筑混凝土的可塑性，鲜明的色彩，透明的玻璃，实验了巨大的、易变的形式。表现派思潮在第一次世界大战爆发前就已经出现了，一些建筑师用这种表现派画家的创作方式来认识他们自己的方式，一种从“原始的”艺术，尤其是从波利尼西亚艺术中吸收的方式，笃信情感，为了迎合情感，去改变感知到的形式。

当时，表现主义建筑师创造了一些著名的建筑，1919年，门德尔松（Erich Mendelson）设计了波茨坦的“爱因斯坦塔”，就是其中之一，格罗皮乌斯（Walter Gropius）、密斯·凡·德·罗和陶特（Bruio Taut）都是直接受到表现主义思潮影响的建筑师，这个思潮把他们的注意力转向了“现实感和客观性”（Sachlichkeit），关注常识，以就事论事的方式对待建筑。1933年希特勒登台之前，这种表现主义思潮主导了德国的建筑。但是，表现主义思潮首先影响了欧洲两次世界之间的欧洲艺术，后来又影响了美国艺术，如“抽象表现主义”，至今依然强大，而且没有离开我们。[20]

1900年后出现的快速的风格变化反映了另一个非常重要的转变。1900年以后，在讨论新城市建设时，尤其是在紧急需要建设大规模住房时，建筑装饰，甚至建筑风格都不在主题之列。1900年后，19世纪首要关注的大城市建设已经不再引起建筑师多么大的兴趣；工厂、大坝、机库、地下库、仓库和高层建筑似乎都是富有挑战性的建筑类型。

1900年后，视觉艺术发生了重大变化：现实主义画家，印象派画家可能没有去赞美产业工人和工厂，他们赞美的是农民和手工业工人，当然，他们把他们那个时代的劳动者看成了英雄。许多世纪以来，表现古代和神圣历史的适当方式一直都是史诗，19世纪，这种延伸到了中世纪的史诗方式在罗西尼（Rossini）和杜尼泽堤（Donizetti）的歌剧中（不过，更重要的是，在维格纳的歌剧中），在拿撒勒画派（Nazarene）和拉斐尔前派画家（Pre-Raphaelite）的绘画中，都得到了明显的体现。19世纪末，这种史诗方式延伸到了日常生活。厨房和卧室的家庭生活一直都是小说和静物画中的家，现在，家庭生活大举走上了场景。几片剪下来的真正报纸，剥蚀下来的便宜机器印刷出来的墙纸，出现在立体派的作品中：拼贴诞生了。

大诗人，立体派的首席辩护士，阿波利奈尔（Guillaume Apollinaire）伤心地写道，“我们读着传单、商品目录、如雷贯耳的海报。那就是我们的晨曲，那就是我们日复一日的报纸……”。[21] 阿波利奈尔知道，保持高雅文化和机器之间井水不犯河水是要付出代价的。19 世纪在处理这个问题上狼狈不堪。阿波利奈尔解释了立体主义，那本书的第一幅插图就是毕加索的“奥尔塔 - 德尔 - 埃布罗的工厂”（a factor at Horta del Ebro），工厂那个高高烟囱多面的立体图形主导了整个画面，阿波利奈尔的选择也许是偶然的。[22]

但是，一些立体主义者始终从建筑风格方面考虑他们的艺术；威隆（Raymond Duchamp-Villon）为一个传统的和相当不好看的房子做了一个立体主义的装饰设计，在 1912 年的巴黎秋季沙龙上展出。1913 年，阿波利奈尔在他充满火药味的著作《立体派画家》中再次发表了威隆设计的立体主义装饰，即使认为威隆的这个装饰设计是特立独行的，但是，威隆的这个装饰设计所产生的后果是出人意料的。

比利时建筑师和评论家佐丹（Frantz Jourdain）组织了 1912 年的巴黎秋季沙龙，他负责把装饰艺术介绍到这个沙龙。左丹和他的儿子弗朗西斯一起，发展了威隆式的装饰。同时，贝伦斯、保罗、霍夫曼和马金托什（Charles Rennie Mackintosh）已经发展出“新艺术”的非常不同几何方式吸收了立体主义的思想，大约在 1920 年，形成了一种新的风格，包括锯齿状的线和角，装饰玻璃和镜子，豪华的立面；1925 年，另一个巴黎展，“装饰艺术展”诞生了，在此之后，“装饰派艺术”（Art Déco）独立起来，似乎包装了五光十色的“鸡尾酒”或“爵士时代”，包装了 19 ~ 20 世纪的繁荣。装饰派艺术的昙花一现似乎提供了一个愉快和偶尔彬彬有礼的方式来面对现代主义推行的（经济的）紧缩，现代主义把几何化的“新艺术”装饰图案与从科学上提高效率的建议结合起来。装饰派艺术给服装设计师，给波烈（Paul Poiret），朗万（Jeanne Lanvin）、香奈儿（Coco Chanel）提供了极好的商机。装饰派艺术还与那个时期的法国家具设计相联系，鲁尔曼（Ruhlmann）、史蒂文斯（Mallet-Stevens）、索瓦吉（Henri Sauvage）（1914 年以前，索瓦吉是低成本住房的先锋之一），装饰派艺术似乎适合于跨洋邮轮的内部设计。美国很快采用了装饰派艺术，成为酒店和摩天大楼设计师的饰品。1930 ~ 1940 年以前，华尔街的一些最大建筑、克莱斯勒大厦、纽约的帝国大厦，以及芝加哥商品市场（它不是一幢摩天大楼，但是在五角大楼落成之前，它是“世界最大建筑”）都对装饰派艺术产生了诉求。结果，“装饰派艺术”甚至比“新艺术”还要短命，1929 年的股票市场坍塌扼杀了这个“装饰派艺术”。

威隆本人曾经躲过战时的毒气攻击，于 1918 年逝世。他的最为人所知的作品是铜雕塑“马”，它意味着机械的复杂性和运动，这个雕塑与立体主义相联系，但是，与另外一个艺术流派，意大利 - 法国（以后还有俄罗斯和英国）未来派艺术家的联系可能更紧密一些。未来派声称，他们已经设计了让音乐、绘画、雕塑，甚至食品赞美现状的史诗般的方式，这些现状包括运动和大规模制造的新形式、提高速度、从空中观察地球。未来派的城市并不具有普遍的吸引力，未来派引以为豪的那些东西，噪音、烟雾、高速交通工具、无处不在的飞机，现在都被认为是现代化带来的灾难。但是，1909 年出现的未来主义的宣言导致了不同思潮出版了它们富有攻击性的出版物，这些思潮紧密相关，共享其成员。它们一起构成了 20 世纪的“前卫派”，与它们那个时代的建筑具有密切但不稳定的关系。[23]

建筑都是资本密集型的，当然，投资方是要向前看的，不能接受前卫派理论要求的极端的实验。给正在到来的世纪创造一种新风格的活动已经成一种很脆弱和很遥远的活动了。前卫派的失败意味着，历史风格没有提供可以打开未来之门的钥匙，制造以自然为基础的新风格已经证明是不可能的，所以，花费了长达一个世纪的时间来创造一种风格和发明装饰都是徒劳的，也许未来建筑本身就是完全没有风格可言的。形式可以反映人类的需求。形式可能简单地适应一个建筑的功能，或者，尤其是在使用工业方式生产一个建筑的时候，形式是在建设过程中产生出来，甚至根据“材料的性质”产生出来。几何形式是理所当然的。总之，新建筑不需要去迎合过去人们满意的那些装饰习惯或惯例。事实上，建筑与它的所有装饰和风格是不相关的，建筑需要的是一种建筑艺术。在建筑艺术出现时，建筑艺术的观念也会同样有它的问题。

建筑艺术的问题一开始并不明显。对于一些人来讲，在前几十的混乱之后，清晰的线和光滑的表面似乎很吸引人。奥地利的建筑师和很受欢迎的记者路斯（Adolf Loos）曾经说，装饰不仅是没有用的，而且是奢侈的，路斯是在 19 世纪末这样讲的，当时,他被“新艺术”在维也纳的过火行为而震惊不已。路斯声称,发明装饰不过是“原始”人的事情，就像我们使用波斯人的地毯或穿上农民的服装时所做的那样，我们这些现代人只能欣赏装饰形式，但是，我们不能创造新的装饰形式，当然，19 世纪 90 年代的设计师相信他们能够创造新的装饰形式。

路斯很有说服力并很机智地做出了他的判断。他的论文首先用德文发表，后来，用法文发表在柯布西耶的《新精神》杂志上，“装饰与罪过”这个标题常常跑了调，变成了“装饰是犯罪”。这篇论文第一次发表至今整整一个世纪过去了，人们常常忘记了，这篇论文是反“新艺术”的檄文。路斯自己随意地使用历史的装饰，不仅仅是波斯地毯和奇彭代尔式的椅子，而且随意使用经典立柱，因为对路斯而言，历史的装饰似乎是模仿和欣赏的合理对象。

路斯也没有预见到“装饰派艺术”装饰出来的现代性。相反，路斯把法国回归古典主义看成人类感受古典意义的象征。路斯说，当现代建筑师们似乎都在讲世界语时，有一个建筑师却是一个学了拉丁语的泥瓦匠。[24] 路斯赞成回归古典主义，从更一般的意义上讲，他赞成的是“回归秩序”，贝瑞的建筑设计，柯布西耶的建筑设计，也能解释为回归古典主义思潮的一部分。不同于德国的回归古典主义的思潮，法国的大师们，特别是柯布西耶，对他们的设计做了历史的辩护。柯布西耶最著名的项目故意挑起论战，以致它们“古典的”因素常常被人们忽视了。柯布西耶的“300 万人的城市”（1922 年）是一个矩形的城市，由建在绿地上的住宅以及它们环绕着的十字形摩天大楼（60 层）组成，1925 年的“瓦赞规划”（Plan Voisin）把同样的设计用到了巴黎，作为一个整体，放在右岸地区的中央，一群摩天大楼，其间随机地散落着巴黎的主要纪念性建筑（卢浮宫、巴黎圣母院）。虽然柯布西耶设想了很多城市项目，一些明显存在争议，而另外一些期望立即实现，但是，柯布西耶的城市规划模式并没有得到采纳，甚至第二次世界大战之后，也没有被采纳。柯布西耶的“瓦赞规划”武断地使用了网格，对行政管理精英和企业精英做了圣西蒙式的颂扬，所以，“瓦赞规划”顺从了战后日益明显起来的历史文脉。

当时，人们担心纳粹可能掌握政权，于是，许多欧洲建筑师移居到了美国。哈佛大学建筑专业的负责人格罗皮乌斯在此之前已经建立了那个时代最重要的设计学院，包豪斯学院，包豪斯学院最初设在魏玛，以后搬到德绍，这个学院凝聚了那个时代艺术上最令人激动的大量成果。虽然纳粹政权在 1933 年关闭了包豪斯学院，但是，包豪斯学派对整个世界都产生了深刻的影响。格罗皮乌斯通过在哈佛授课的机会，传播了这样一种观念，建筑师不过是建设团队中的一个成员而已，建筑学科是建立在基本原理之上的，建筑师不需要任何历史定位；建筑师所要做的就是解决问题，解决客户提出的问题。建筑艺术的先锋密斯·凡·德·罗（事实上，他是包豪斯学院的最后一个负责人）落脚芝加哥，他设计和建设了伊利诺斯技术学院，建设了许多大规模的样板建筑：湖边和联邦公寓、拉斐特公园住宅、联邦中心和许多加拿大建筑。所有这些活动彰显了密斯·凡·德·罗一生遵循的座右铭，“少就是多”（后来被讽刺为，“少就是乏味”），密斯·凡·德·罗还认为，秩序是抵御社会普遍衰退的保证。密斯·凡·德·罗声称，他使用最简单的几何形状，他用看得见的办法陈述建筑技术，他的作品展示建筑技术的长处。

密斯·凡·德·罗依然有他自己的偏见和规章：形式的方法，通过这种形式的方法，他得到他的建筑和建筑部分的比例，他是从保罗和贝伦斯这样的大师那里学到的这种方法，1914年以前，他为保罗和贝伦斯工作。1945年以后，美国成长起许多大型建筑设计企业，他们转向密斯·凡·德·罗，在他那里寻找启迪。密斯·凡·德·罗如痴如醉地关注建筑技术，把建筑技术看成设计中的控制因素，这样就产生了一种似乎容易被其他建筑师模仿的风格，当然，为了做到这一点，其他建筑师常常要去掉那些形式上不相关的设计。生产的集中，制造过程的集中，也推动密斯·凡·德·罗和他的追随者们把每一个建筑都看成一个独立客体，而不是把一个建筑看成城市构造中的一个部分。密斯·凡·德·罗自己设计的公园大道上的西格莱姆大厦就是一个范例，这个建筑的细部与城市环境形成鲜明反差。在纽约49街和59街之间那一段第六大道上建设起来的那些高层建筑，更明显地展示了与西格莱姆大厦相同的效果。开发商以及设计那些建筑的建筑师都继承了密斯·凡·德·罗的设计思想，但是，开发商完全无视城市形式，建筑师完全不具有密斯·凡·德·罗那种痴迷建筑细部的长处，这样，49街和59街之间的那段城市建筑环境是20世纪最具灾难性的城市建筑环境之一。

一开始，客户或建筑师完全看不出那些建筑引起的城市灾难。随着那种城市灾难日趋明显，建筑师们成了被嘲讽的对象，甚至还给他们编造了故事，散布憎恨外国人的情绪，那些被纳粹从欧洲驱赶出来的设计师们与当地开发商合伙，在纽约建设了那些没有任何特征可言的建筑。[25] 许多这样的外国建筑师都在反复提出他们解决纽约城市问题的办法，在公园里建设高层低密度的住宅。格罗皮乌斯、梅（Ernst May）、密斯·凡·德·罗、柯布西耶以及许多人都设计了这类方案，许多方案在欧洲和亚洲以及美国成为现实。这件事的结果是令人失望的，是城市的敌人，社会凝聚的敌人，引起了人们对现代建筑最具毁灭性的批判。这种批判有时变成了毁灭性的怒吼。1972年，由美籍日裔建筑师山崎实（Minoru Yamasaki）在圣路易斯设计的公寓大楼，普鲁特伊戈（Pruitt Igoe），被拆除了，这一事件被拍成了电影，常常在建筑学院里播放。但是，这一事件并没有让山崎实停下来，他继续设计了大量的巨大和奇异的建筑：纽约的世界贸易大厦，波士顿国际机场，弗吉尼亚里士满联邦储备银行，都是其中最耀眼的建筑。山崎实虽然已经调整了他的风格，但是，对如何接近这些建筑，在这些建筑里的运动如何安排的问题上，山崎实仍然受到猛烈地批判。

1974年，芝加哥的西尔斯大厦（Sears Tower）落成，取代纽约世界贸易大厦而成为世界上最高的建筑，但是，西尔斯大厦和世界贸易大厦并没有超越帝国大厦，一个喜欢开玩笑的人甚至说，它们看上去像装帝国大厦的盒子。像普鲁特伊戈，世界贸易大厦也招来了爆炸，但是，不同于普鲁特伊戈的爆破，世界贸易大厦的爆炸炸死了

6个人，让数千人受伤，炸破了大量的玻璃，神奇的是没有撼动这幢大厦的结构。

山崎实采用是最兼收并蓄的立场，按照这个立场，作为一个客体，建筑独立于它周边的建筑环境。高层建筑与街道的关系问题依然是20世纪建设的一个最大问题。把所有对形式的考虑都搁置了起来，建立一个功能主义的思维模式，对此，建筑师不无责任，但是，高层建筑与街道的关系出现问题当然不是建筑师的"过失"。第二次世界大战之后建设起来的大量缺少特征和令人乏味的建筑是建筑开发商所希望的，是那些开发商的雇员和客户们乐意接受的。

相当特别的，有时很猛烈的抵制者们出现了，公共场所日益增加的涂鸦可谓这种抵制的一种信号，海德公园一角的一个著名的伦敦涂鸦如是说："我们就是你的墙上写的。"[26] 涂鸦未必总是满足梅勒（Norman Mailer）对英雄的辩护，也就是说，英雄是"不为感情所动和识时务的完美结合，……用一个个鲜活的巨大字母去书写你的名字，像蛇一样轻盈的，像阿拉伯和中国式卷曲那样神秘，冬夜里，手冻得僵硬了，只有那个充满恐惧的心还是热的，在这种时候，坐在火炉边，用一个个鲜活的巨大字母去书写你的名字。"[27] 但是，涂鸦不仅仅是一个没有取向的城市环境抵制活动，而且常常包括了登高的特技，大部分是不足20岁的青少年所为。广告、艺术画廊，甚至博物馆，吸收了涂鸦。我在加利福尼亚和波兰，新泽西和意大利，英格兰和中国，都看到过涂鸦。全世界都有涂鸦，它们的风格惊人的相似。在墙上写可能是直觉的、古老的：庞贝的墙上就有过广告、政治和商业信息，它们是遗留至今的早期涂鸦。但是，新的喷雾罐技术已经让涂鸦有了另一个方向，涂鸦规模的增长堪比广告，当然，没有任何一个涂鸦手能够在曼哈顿的高层建筑上，按照服装制造商的要求，涂出10层-15层楼高的青少年穿的裤子来。商业化的时尚形象中吸收了涂鸦中的抵制元素。巴斯奎特（Jean-Michel Basquiat）可能是第一个喷雾罐画家，他实际上给自己的涂鸦注册了版权（SAMO© - 即"同样的陈芝麻烂谷子"），但是，不像大部分真正的涂鸦手，巴斯奎特总是让他的书写清晰。巴斯奎特的朋友哈林（Keith Haring）通过明显自嘲的展览公布巴斯奎特的作品。在这个天才的涂鸦手躲避被抓的地方，在地铁站，出示巴斯奎特的装备，有时哈林还带着摄影师，邀请公众给这个公共财产的破坏者戴上手铐。

涂鸦者对光秃秃墙壁的不满如此广泛，所以，总是尝试各种可以被容忍的涂鸦办法。还有另外一种办法，那就是回到某种现代形式，20世纪50年代发明的装饰，在陶瓷或冲压的铝材上绘制几何图案。斯通（Edward Durrell Stone）在一些重要建筑上使用了石材和水泥来做建筑装饰，如纽约哥伦布环岛的现代艺术博物馆，纽约文化中心，或华盛顿的肯尼迪中心。用了石材和水泥来做建筑装饰的想法甚至比装饰派艺术更短命。

20 世纪 60 年代末，一种或多或少“令人啼笑皆非”地使用历史先例的联合行动似乎对一些建筑师很有诱惑力，这种行动被贴上了“后现代”的标签。无论如何，没有人再坚持现代派陈旧的主张，建筑装饰是一种不必要的奢侈。实际上，计算机绘制的和机器制造的建筑装饰并不比其他的建筑处理昂贵，甚至有助于掩盖便宜的建筑材料和粗制滥造的建筑表面。

社会学家和地理学家现在赋予了后现代主义相当不同的含义和价值，这些社会学家和地理学家关注，在掌握了权力和拥有特权的后资本主义社会里，知识类型的发展方式。在建设中“利用历史”是可笑的，当这类笑话可以信手捡来时，再替“利用历史”开脱就真的不能让人信服了。在东欧地区，许多后现代建筑看上去真是社会现实主义的历史建筑，对此，我回头再议。在西方建筑中，后现代主义思潮可能既不会持续下去，也不是非常重要，但是，后现代主义思潮的迅速上升，体现了开发商和金融家对它的认可，而不仅仅是建筑师的认可。原先几十年建筑业在一定程度上辜负了社会的期望，后现代主义是对这种不良症状的一种反应。

在欧洲以及在北美地区，建立模式和放弃模式几乎是同时的，因为开发商打算调整建筑表面，但又不削减投资回报，所以，总可以拿公共空间做交易。后现代主义可能在西方世界已经被边缘化了，但是，自 1997 ~ 1998 年以来，后现代主义突然成为中国迅速增长的高层住宅的主导设计模式，猖獗的资本主义正在推动过度生产的租赁空间。中国人现在成了住宅城市的最大主顾，公共建筑、机构建筑被遗忘了。

这种商业的中国后现代主义非常不同于具有民族性的、学究式的、新罗斯金的英法版的后现代主义，或非常不同于民粹主义的“装饰屋”式的美国后现代主义。这个英法版的后现代主义或美国后现代主义统一体源于重新评估的氛围，这个重新评估在战争期间着实让最有思想的现代主义者苦恼。大约在 1950 年，需要一个“新的纪念性主题”的议论就沸沸扬扬了。1951 年，在英格兰的霍茨顿会议上，国际现代建筑协会（Congress International Architecture Modern，CIAM）把公共空间的属性作为一个论题。这个协会的一些领军人物撰写了一份题为“城市核心”的报告，在这个报告中，住房主导城市的观念受到质疑，而且在一段时间里，对“新的纪念性主题”甚至一个新的纪念物的讨论甚多，但是，没有形成确定的答案或办法，当然，这些讨论马上影响了那个时期最优秀的建筑师。显然，现代主义一直都胜过后现代主义，实际上，这两种“思潮”没有一个可以真正构成一种建筑风格。总之，即使建筑师和他们的客户在那里谈论现代主义和后现代主义，真正的城市问题也与现代主义和后现代主义没有关系。

第 5 章　逃离城市：现实空间和虚拟空间

无论一个城市是水平展开的，还是垂直展开的，只要这个城市的主要建筑是住房，包括用来做办公室的住房以及用来居住的公寓，那么，这个城市必然会缺少公共空间和纪念性建筑。那些纪念性建筑周围的建筑环境会让这个纪念性建筑相形见绌。

所以，主要建筑是住房的城市也缺少可以给居民提供公共服务的场所、标志性建筑、地标和"有意思的地方"，或者缺少可以作为地标的任何一种鲜明的、容易识别的特征。这就是为什么那些最贪婪的开发商都会谈"地标"，哪怕仅仅是路标。[1]

人们一般会选择某种永久性的建筑物，一直在他们的城市生活中发挥作用的东西，作为地标，如市政厅、市场、喷水池、纪念性建筑、剧场、教堂等。19 世纪增加了火车站封闭的空间，增加了廊道，即玻璃顶的大街。在火车站，在百货公司，都有悬挂的巨大的时钟，那些时钟成为很实用的地标。当时钟和指示器数字化和多元化的时候，在火车站和机场指定为"会面地点"的地方必须再贴上某种标签，帮助失去方向的航空旅行者。机场相对独立于城市本身，一般不会为它所服务的城市提供地标。

对于任何健全的城市或乡村生活，方向或地标是必不可少的。没有地标，市民不能"找到"，不能"辨认出"他的家。林奇（Kevin Lynch）这样说，"独特的和清晰的建筑环境不仅提供了安全，也提高了人类感觉经验的深度和强度，"[2] 40 年以前，林奇率先展开了一项研究，人们究竟如何"辨认"城市的。至今没有任何研究可以替代这项研究，但是，这项研究也从此没有进展。林奇和林奇在麻省理工学院规划系的团队不仅对地标感兴趣，也对构成城市建筑环境的整体特征感兴趣：城市的边界、城市的限度，人们如何形成"他们心目中的"地区和街区，他们如何标记整个城市的路径。林奇和他的同事认识到，人们心目中的城市地图可能非常不同于地图绘制员所提供的"实物"地图。每一个城镇、区或街区不仅需要影响它的标志，而且还需要或多或少僻静的地方，半公共的会面地点，半私人的会面地点，以及酒馆、餐馆、咖啡馆、酒吧，资产阶级主导的 19 世纪的城市确实有这些标志（那些地方并不只迎合一种阶层的人）。

在 20 世纪的城市住房里，可以找到的会面地点大大减少了。现在，许多餐馆和酒吧已经转变成了快餐店，出售炸薯条之类食品的地方，[3] 卖汉堡包、炸鸡、各式比萨、随处可见的碳酸饮料等，这些快餐店之间的区别不过是品牌和广告上的不同而已，快餐店的经营目标就是迅速周转和随即拿走。它们一般使用硬板凳，餐具是一次性的，室内外装饰艳丽，但非常简单，与 19 世纪的资产阶级城镇里奢华的酒店、酒吧、咖啡馆是不能同日而语的。快餐店的同质化的性质意味着，快餐店的门市没有任何场地特征，它们也不能提供诱人的参照，只能用它们抽象的品牌标牌来标志它们自己。一个最重要后资本主义制度就是空间标准化了，即使街头巷尾的咖啡馆可能是例外，空间标准化规范了空间的影响和关系，单调的重复传达一种信息。

现在，我们用铯原子钟（cesium atom clocks）的衰变来极其精确地计算时间，实验室的时间误差仅为百万分之一秒。然而，一个密切相关的现象已经影响了我们对时间的感知。当我们用数字表示时间时，时间公共面孔就日益变得抽象起来了，这样反过来又影响我们对空间体验的方式。事实上，旧式时钟基本上可以满足我们日常生活的需要，当然，旧式的双时针时钟要形象得多。[4] 最著名的旧式时钟可能是文艺复兴初期，1500 年前后，在威尼斯圣马可钟楼上安装的那面镶嵌蓝金色的大钟，从那里可以俯瞰圣马可广场；那面大钟不仅标志了分钟和小时，而且标志了日和月，以及月亮的盈亏和太阳在黄道上的位置，这面大钟每一刻钟敲响一次。14 世纪以后的欧洲，在教堂的塔楼上，在市政厅的建筑上，安装这种具有日历功能的大钟十分普遍，钟声和自动跳出的人或动物，让这些钟生机勃勃。

古代就有了公共时间；我们要感谢巴比伦人，规定 24 小时和 360° 一圈为一天，而前王朝时期设计一年为 365 天。旧石器时代的人就已经注意到了自然规律，他们在鹿角或骨头上记录下时间，考古学家把那些记录称之为“礼仪性的权杖”或“指挥棒”，符木的原型，牧民们至今还在使用这种一般估算工具。

在没有文字的时代，人们就会观察太阳阴影的长度和方向，标记下那些点，计量时间。随着城市的出现，人们使用日晷来计量时间。在古罗马，传令官会通过观察相对一定建筑物的阳光，宣布“官方的”日出和日落，不久以后，还宣布中午，法律事务只按照这个传令官确定的官方时间展开。罗马帝国的第一个皇帝奥古斯都，在罗马的战神广场，树立起了一面巨大的太阳钟，用一个高大的埃及方尖碑作为指针。实际上，整座城市已经或多或少成了日晷。普劳图斯（Titus Maccius Plautus）用他的饥饿的寄生虫来抱怨：

我的肚子就是我的时间。肚子的饱饿
比任何钟表都可靠和准确
但是，除非太阳允许，否则我不能吃点东西
罗马城里到处都有那种令人不悦的日晷。[5]

还使用滴漏来计量时间，沙漏钟或水漏钟，它可能起源于美索不达米亚。雅典的罗马市场的一个神庙里有一个公共的水钟，上面安装着一个巨大的铜质风向标，用自然风的浮雕装饰起来，至今仍然是雅典的地标之一。这都是让时间机器化之前的事情。

整座城市被看成了日晷，那样的城市暗示了一种场所和时间的对应关系，这种对应关系意味着，具有复杂钟盘和移动形象的钟，把有规则的和精确计量的时间，与变动的、灵活的持续经历联系起来，这种场所和时间的对应关系是普遍的和司空见惯的。谁都会发现，去一个未知的目的地所花费的时间，在感觉上似乎要比从那里原路返回时所花费的时间长很多。与此相似，因为我们待在一个可以通过标志和纪念物认出的空间里，所以，空间就变形了。在打破了这种场所和时间的对应关系时，尤其在要求艺术家和建筑师在短期内建设永久性公共建筑和场所时，艺术家和建筑师在公共领域的工作会变得日益困难起来。的确如此，当某些纪念物（简单讲，纪念某人和某事）已经在空间中变得相形见绌时，它们也越来越难以吸引大众了。这就是为什么许多艺术家采用轻型显示或临时设置的办法来纪念某事或某人。

一个更大和更重要的问题是某些重要的和有权威的机构使用的公共建筑的设计。100 年前，这种困难就已经显露出来了，为全球性质的权威机构设计“房子”当然是一个新情况。在 19 世纪向 20 世纪转变的相对平静的时期里，甚至在任何形式的世界政府建立起来之前，就在考虑能够容纳一个国际机构的各种场地。1899 年，有人提出在海牙召开“国际和平会议”，当时，海牙可能成为第一个国际机构，国际仲裁和审判法庭所在地，1903 年，法国里尔的一个鲜为人知也不是杰出的建筑师，科多尼耶（Louis Marie Cordonnier）赢得了国际仲裁和审判法庭的建筑设计竞赛。就在第一次世界大战爆发前一年，这个很具有历史讽刺意义的时间，“和平宫”（The Palace of Peace）就落成了，但是，直到 1922 年，这个建筑才得到使用。1913 年，挪威建筑师克里斯蒂安·安德森（Hendrick Christian Andersen）和法国建筑师坎布拉尔（Ernest Hebrard）公布了一个世界政府中心设计方案。这个世界政府中心将是一座 100 万人口的城市，因为他们都热爱罗马，所以，他们设想把这座城市建在台伯（Tiber）河口。这个设想在技术上是先进的，包括快速交通系统，集中供热，当然，作为一个规划实践，这个设计完全没有超越学院派建筑风格的一般元素。这个设计引起了一些人很大的热情，尤其是在比利时，当时的一个可选方案是，把这个世界政府中心建成布鲁塞尔的卫星城，与海牙形成对比，比利时议会对此展开了辩论。在全球化成为一个时髦词汇之前很久，人们心目中一直都有“世界政府”、“世界首都”之类的想法。[6] 同时，根据 1919 年的“凡尔赛合约”建立的“国际联盟”于 1921 年开始在日内瓦开会，当然，日内瓦直到 1926 年才宣布建立一个“宫”来容纳国际联盟大会和秘书处。当时的选址是日内瓦北面的郊区，沿着湖泊的一片林地，在通往洛桑的路边。只有柯布西耶一个人真正面对使用那个选址必然提出的挑战，他设想把国际联盟建在树林中，会议厅和秘书处设在湖边。柯布西耶也是最先考虑到公共建筑地下车库的建筑师之一。胜选方案里并没有包括地下车库，而瑞士建筑师迈耶（Hannes Meyer）提出的另外一个“前卫”方案里也没有包括地下车库。继格罗皮乌斯之后，1929 年，迈耶曾短期担任包豪斯学院的负责人。迈耶的设计方案产生了有趣的反差，像机器但完全是附加的；迈耶既不想利用这个场地抒情诗性的特征，也不把这类元素塞进一个华丽的建筑统一体里。另一方面，柯布西耶的会议厅有着明显的高潮：扇形的会议厅，狭窄一端一直延伸到水边。在这一端的墙的面前，总统楼是一个低矮的、弯曲的、类似独立的建筑，倒影到湖中，可以直接使用船只接近它。大型雕塑凸显了总统楼的重要性，显示了总统楼平凡和华丽的意图。柯布西耶的设计入选 6 个并列一等奖，但是，因为绘图上的技术瑕疵而被排除掉了。在这个方案被拒绝后发表出来的辩论理由中，柯布西耶或多或少有意隐瞒了他的功能主义意图，当时，功能主义还是一个新口号，他坚持他不是在设计一座宫殿，而是在设计一幢房子，一座供这个新的世界政府使用的实用的和完全合理的房子。

我们对一个建筑的公共性质存在比较传统的理解，柯布西耶觉得他对这种传统理解的姿态有些“过时”吗？[7] 他和他的辩护者们都不是很清楚这一点。柯布西耶的这些设计一直面对齐说不一的评论。即使日内瓦的这个设计被评审团拒绝了，现代思潮内部对柯布西耶所做的一些批判还是把柯布西耶的那些设计描绘为新古典的，那时，新古典的这个术语是贬义的。柯布西耶的那些设计如此有吸引力，却没有与它们的时代结合起来，那些设计那么陌生，从而似乎让它们走向了反面，除了用建筑风格来解释，似乎没有其他的方式可以解释了柯布西耶的故事了。

靠近日内瓦湖边的这幢建筑，1939 年才建成，它是一个沉闷乏味的、委员会设计的宫殿。那时，正值第二次世界大战爆发，国际联盟已经成了无关紧要的东西。这幢建筑呈现出自命不凡的和“古典的”风格，基本上承袭了极权政府的衣钵。院墙围起来的正规花园环绕着这幢建筑，因为地面停车场的缘故，从城镇里是看不到它的。1931 年，柯布西耶在莫斯科赢得了另一场设计竞赛，中央工会大楼，但是，柯布西耶在进入了第三轮遴选时，再次落选，因为这个苏联宫殿的选址是克里姆林宫附近的救赎大教堂。

日内瓦方式在莫斯科得到了进一步的发展。莫斯科的这些建筑更冒险，计划要求的两个大厅都有屋顶，屋顶悬挂巨大的裸露的建筑框架上，而两个大厅之间的空间开发成了多层会议室。在莫斯科，柯布西耶遇到了强劲的对手，法国人佩雷（Auguste Perret），荷兰人吉拉伯（Hendrik Berlage），格罗皮乌斯和许多苏联建筑师。

获胜者是鲍里斯（Boris Mikhailovich Iofan），当然不是无保留的，鲍里斯的设计与柯布西耶的设计有类似的布局形式，不过，鲍里斯的设计当然是不会设置广场的。这个设计的聚焦点是一个塔，一个巨大的工人举着火炬，让人不禁想起自由女神像，虽然没有那么完美。鲍里斯的设计方案多次改变。最后一个版本是一幢由装饰派艺术装饰起来的阶梯式建筑，很像纽约的摩天大楼，那个巨大的工人甚至变得更大了，打着手势的列宁！这个修改的方案也没有实施，但是，它的胜选表明，苏联当权者对前卫派的容忍到头了。1937 年，鲍里斯和一位女雕塑家，穆辛娜（V. I. Mukhina）：设计了巴黎世界博览会上的苏联展厅，从此，西方了解了鲍里斯这个苏联最成功的建筑师之一，列宁勋章获得者。与此同时，计划 1933 年举行的“国际现代建筑大会”很明智地移到了雅典。

1932 ~ 1933 年，许多设计团队都在苏联的城市展开了工作。德国建筑师梅和迈耶，荷兰建筑师斯塔姆（Mart Stamm）以及其他一些建筑师都去了苏联，希望在社会主义制度下给理性规划和建设找到一个归宿。德国的建筑师们发现，在他们寄予希望的那个德国制度下，事情已经变得越来越难以应对了，与此同时，纳粹在德国获得了权力，于是，德国大部分著名的建筑师，如格罗皮乌斯、布劳耶（Breuer）、密斯（Mies）、希尔伯塞默（Hilberseimer）都去了苏联。但是，他们再回到德国的大门已经被关上了。

在苏联，建构主义者和生产主义者，以及围绕令人激动不已的研讨式设计学院的那些团队，当然一直都没有按照它们自己的方式行事。强大的老建筑师们完好无损地躲过了布尔什维克的革命；他们中最受拥戴的是佐尔托夫斯基（Ivan Vladislavovich Zholtovski），在布尔什维克革命之前，他已经在纯帕拉迪奥手法（Palladian manner）上非常成功了，他维持了与前卫派的良好关系，实际上，许多前卫派都是他的学生。与他同时代的希楚西夫（Alexei Shchusev），成为木质的列宁墓（1923 年）和花岗石列宁墓（1930 年）的建筑师，他在布尔什维克革命前设计喀山火车站时就恢复了“旧俄罗斯”风格。佐尔托夫斯基和希楚西夫一起为莫斯科市政府制定莫斯科的扩建规划。

当时，如“社会主义古典主义小组”之类的设计团队得到积极的鼓励。

20 世纪 20 年代，苏联允许百花齐放，教育人民委员卢那察尔斯基（Anatol Lunacharsky）保护了很多实验设计思潮；托洛茨基（Trotsky）对它们不乏恻隐之心。但是，托洛茨基 1928 年失势，而斯大林对任何前卫艺术都不感兴趣（斯大林的音乐观众所周知）。1930 年，卢那察尔斯基转到外交战线工作，让他与前卫派艺术有了距离。他甚至批准了鲍里斯的中央工会大楼设计。卢那察尔斯基 1933 年逝世。

从此，斯大林个人掌握了这类问题。1931 年，政治局委员和斯大林忠实的战友卡冈诺维奇（Lazar Kaganovich，以后掌管莫斯科地铁系统）读到了一篇苏联共产党中央委员会的报告，这个报告要求制定全国范围的合理规划政策；他还提出了这样一个观点，莫斯科要成为社会主义改造的模式（这正是中央工会大楼设计竞选的前奏）。此后不久，在 1934 年的苏联作家大会上，斯大林最亲密的“文化”追随者日丹诺夫（Andrei Zhdanov）提出了社会主义现实主义的观念。日丹诺夫认为，文化是教育人的，是积极向上的。斯大林进一步提出，苏联的城市是高密度的和相对高层的。1935 年的莫斯科规划设想在莫斯科建设许多宽阔的大道。实际上，那些设想并没有得到真正实施。

即使鲍里斯具有装饰派艺术建筑细部的苏联宫并没有实际建设起来，这个苏联宫还是给苏联建筑定了基调。莫斯科由 6 个摩天大楼组成的建筑群来主导，有意识地把它们布置在莫斯科的关键空间位置上，而不是像美国那样，在城市里随意布置摩天大楼。与纽约分区规划相比，莫斯科的那些摩天大楼的印记要大一些，它们的坡降要平缓一些，当然，费尔斯（Hugh Ferris）绘制的纽约分区建筑图很大程度地影响了人们对莫斯科的规划设想，之所以做出这个判断的理由之一是，希楚西夫研究过费尔斯绘制的纽约分区建筑图。当时建设的 6 个摩天大楼有，靠近克里姆林宫的外交部大楼、艺术家公寓、乌克兰酒店、列宁格勒酒店、混合使用的红门大楼和最大的建筑莫斯科大学大楼。为了让艺术家公寓很不同于纽约的摩天大楼，有关当局决定，艺术家公寓的楼顶上加一个尖顶，模仿扎哈洛夫（Adrian Dimitrovic Zakharov）1806 年后给圣彼得堡海军部设计的一扇大门。据说，斯大林是了解这个设计的。结果，这个尖顶用到莫斯科大学大楼的顶上，而没有按照鲍里斯最初设计安装一尊雕塑在楼顶上。以后，这种尖顶成为苏联高层建筑的一个特征，也成为苏联给予社会主义阵营，从东柏林到上海等国家的一个建筑特征。1954 年，赫鲁晓夫（Nikita Khrushchev）在苏联建筑者大会上对这种装饰性构造进行了批判，修正了社会—现实主义路线。在此之后，1956 年，赫鲁晓夫在觉得条件足够安全的情况下，在苏共 20 次代表大会上，对斯大林的个人崇拜展开了批判。

幸运的是，没有几个建筑师像作家、画家、剧院里的人那样被关进集中营或自杀，但是，建筑师中那些很有创意的人发现他们自己正在从事其他行业的工作。

1945年，联合国在旧金山建立起来，建设一个世界首都的问题再次被提了出来。虽然现在我们都承认，把联合国安排在曼哈顿是必然的，但是，最初在选择联合国的地址上并非曼哈顿不可，旧金山、波士顿、费城都在考虑之列。

若干重量级的曼哈顿人都青睐纽约城外的法拉盛草地（Flushing Meadows），那里举办了1940年的世界博览会，而那次世界博览会展示了一个乐观的未来，但是，那不过是昙花一现罢了；原计划在那个场地上建设比现在要大的建筑群，包括一个居住区。纽约市政府的相关部门对此表示怀疑：

> 建设一个像堪培拉、新德里或梵蒂冈那样的，边远的、自给自足的世界首都似乎一直是最初在为联合国选址时设想的目标。我们对此提出了明确的反对意见，那些反对意见显然很具有说服力。[8]

勒·柯布西耶作为组织委员会的法国代表，参与了为一个已经拖了很久的和第二个世界政府集会场地设计一幢建筑。柯布西耶发现，把联合国布置在纽约郊外清新、绿色的法拉盛草地上的确是建设他的“光辉城市”（Ville Radieuse）又一次机会，实现他的理性城市的愿景，但是，他的理性城市愿景也不能在纽约成为现实，1923年，柯布西耶第一次概括的理性城市概念已经有了很多变种。

后来人们发现，联合国险些得不到曼哈顿的那块场地。就在选择费城的决定就要出台之际，原本打算购买纽约东河边那个场地的一个私人基金放弃了购买那个场地，那是洛克菲勒（John D. Rockefeller）拿私人赠予支撑的私人基金，而纽约东河边那个场地属于纽约最大房地产开发商杰肯多夫（William Zeckendorf）。做成这笔交易有，好战的纽约市政府公园委员摩西（Robert Moses），洛克菲勒欣赏的建筑师哈里森（Wallace K. Harrison），约翰·洛克菲勒的儿子纳尔逊，他以后成为了纽约州的州长，还有当时的纽约市市长，这件事的被动支持者，奥德怀尔（William O'Dwyer）。事后奥德怀尔才宣称，“我觉得这是一件大事，他会让纽约成为世界的中心。”[9] 柯布西耶热情地接受了这个给联合国提供的新场地。作为他的设计方案的一部分，柯布西耶建议，联合国总部秘书处大楼，一个高的板块大楼，应该面对东河，让秘书处大楼明显暴露给这座城市，而且从水中可以看见它，而较矮的议会厅和接待大厅应该成为人们相遇的地方，在他的设计中，这个部分是向纽约开放的。就像1927年在日内瓦一样，纽约的这个设计方案也是交到了设计委员会的手里，当然，哈里森是这个设计委员会的很有效率的领导人。即使不计第二个比较小的板块状大楼，哈里森方案的建筑体量与柯布西耶设想的建筑体量大同小异，不过，哈里森的方案是流畅的，具有某种程度的中性特征。对曼哈顿当时情况下的天际线，主要办公板块非常恰如其分。然而，议会大楼和安理会大楼重新定向，现在，路人只能看到大会大楼的侧面。曾经设想的公众入口是面向这座城市的，现在的公众入口则侧面对着城市，所以，接近联合国建筑的通道是半隐蔽的，总之，接近联合国建筑的通道现在更加隐秘了，受到安全措施的控制。

如同在日内瓦给世界政府所在地安排空间布局的做法一样，一个或多或少匿名的委员会最终决定纽约的这个世界政府所在地的空间布局，这个委员会并不考虑拿这个机构的公共形象来说明任何事情。按照这个原则，在巴黎中心的军事学院对面，建设了另一个世界政府，联合国教科文组织总部，联合国教科文组织一直被腐败丑闻所困扰，所以，名声很好，也许臭名昭著。联合国教科文组织建筑是一个 Y 形建筑，独处在草坪和停车场中，有一种必须按业主愿望来使用它的对立感，由两位杰出的建筑师，布鲁尔（Marcel Breuer）和泽尔夫斯（Bernard Zehrfuss）以及一位著名工程师，奈尔韦（Pier Luigi Nervi）设计。毕加索（Picasso）为这个建筑的大厅绘制了壁画，是毕加索最糟糕的作品之一。这幢建筑似乎刻意规划和建设出一种国际化的外观来，让它与巴黎的城市结构没有实质性的联系，甚至连与巴黎城市结构有联系的姿态都没有，它拒绝了任何巴黎的“形象”。

其他一些国际组织，欧洲议会、欧洲委员会、北大西洋公约组织，甚至给它们落脚的城市带来更多的负面影响。为了举办 1935 年的世界博览会，市政工程师和交通工程师进一步伤害了已经被 19 世纪 60 年代林荫大道建设破坏的布鲁塞尔。在贝雷蒙修道院旧址上修建起来的欧盟总部建筑干扰了布鲁塞尔，[10] 这是一幢无品味和商业面貌的建筑，五十周年纪念公园（Parque du Cinquantenaire）周边的几幢 19 世纪后期建设的博物馆很容易就超过它。欧盟总部是欧盟主席和各部的工作地点，而欧洲议会则设在法国的斯特拉斯堡一幢普通建筑中，1977 年第一次开放时，欧洲议会的财务和主管们就把它称之为“许诺之家”（House of Promise），当然，欧洲议会的地位决定它不能给任何人做出太大的许诺，甚至在欧洲议会“开张”时就是如此。受到设计委托的英国建筑师理查德·罗杰斯（Richard Rogers）努力把城市“特征”注入这个欧洲议会建筑，建设另一座由许多联系起来的圆柱形建筑物组成的“宫殿”，这种建筑形式可能满足许多目的，但是，这种建筑的几何形式则是非常不突出的。这个欧洲议会建筑孤立地坐落在由橘园（Orangerie Park）主导的环境中，这个公园是在路易十四执政时期由伟大的园艺师勒诺特尔（Andre Lenotre）设计的。现代欧洲的领导人可能认为，他们的小天地有足够的公共空间，所以，他们不需要增加新的用地面积。他们的判断当然非常不正确，在我们的时代，日益增加的交通通道侵占了公园和人们散步的地方，正在改变公园和人们散步的地方，重新改变城市结构，所以，这个公园和那些人们散步的地方几乎不适合成为欧洲议会的选址。

世界政府、欧洲议会或北大西洋公约组织，它们的行为似乎大同小异，但是，它们坐落的城市形形色色，它们的建筑布谷鸟似的落脚在各种城市里，却没有对那些城市做出任何真正的贡献。城市结构和发挥影响的各种建筑之间的问题现在已经出现在其他国家和多个层次上。负责这些项目的当局不像是自行其是的，在一些情况下，它们掩盖它们的问题，仿佛它们不知道它们正在给这个城市带来的影响，或者不了解建筑形式和被传递信息或暗示之间的关系。国际机构的那些情况对国家机构同样明显。

以华盛顿特区为例，朗方（Pierre Charles L’Enfant）设计的第一个首都规划集中解决两大权力机构的选址：国会山的国会大厦和白宫。在分别行使立法权和行政权的国会大厦和白宫相互之间建立起正确的角度，后来树立起来的555英尺高的华盛顿纪念碑，担当整个布局的铰链轴。白宫和国会大厦还用一条斜街，宾夕法利亚大道，连接起来，这条大道成为了许多公共建筑的选址。朗方设想了主要公共大道，把公众与国家机构的建筑以及购物廊道连接起来。财政部大厦和国务、战争和海军大厦与白宫相邻，国务院和商业部（联邦储备银行和专利局都在附近，与沿街布置政府各部的伦敦白厅街一样）如朗方之愿也很接近。无论建国之父们有什么不同，即使朗方一年之后就被解雇了，建国之父们还是看到了朗方适当表达了新生美国主权的规划和公共建筑布局。

联邦最高法院最初设置在国会山一个半圆形的会议厅里，1935年，搬进了它自己的有大理石圆立柱的宏伟大楼里，吉尔伯特（Cass Gilbert）设计了这幢联邦法院大楼，在此之前，他设计了纽约的伍尔沃斯大厦（Woolworth Building）。联邦法院大楼没有坐落在国家广场（the Mall）里，而是布置在国会山的东边。美国国家美术馆（the National Gallery）使用大理石镶嵌外墙，设计为中央穹顶，南北大门前采用圆立柱，于1937年初落成开放。美国国家美术馆是一个标志，甚至在1935 ~ 1940年时期，显示了博物馆和美术馆如何取代了权力在公众眼中的位置。

至今依然在古老的“中世纪”城堡中的美国国立博物馆（Smithsonian-Institution）是1849年建成的，也在国家广场，当然，它现在分散在若干个建筑里，若干博物馆和若干研究所，有些单位已经分散到别处去了，美国国立博物馆宣布，每年的游客高达2000万，比到迪士尼乐园的游客还要多。1976年，美国国立博物馆的最大隶属单位之一，国家航空航天博物馆开放，其建筑直接面对 1978 年经贝聿铭（I. M. Pei）设计扩建的国家艺术画廊（the National Gallery of Art），贝聿铭 1990 年设计了巴黎卢浮宫院子里的那个现在较可爱的金字塔。

在国家广场的西端，华盛顿纪念碑外，屹立着林肯纪念堂，它也使用大理石外墙和圆立柱，建于 1922 年。1870 年，华盛顿特区的整个城市道路都铺装完毕，也安装完成了全部的下水道，就在此时，人们从波托马克河边的沼泽地开垦出一片土地，即现在华盛顿纪念碑外林肯纪念堂所占用的场地。与国会大厦一样，林肯纪念堂常常成为示威者的集会地点。正是在林肯纪念堂前，马丁·路德·金（Martin Luther King，Jr.）1963 年做了他的"我有一个梦想"（I have a dream）的演讲。这个地方还是华盛顿特区的奇妙之地之一，有心的游客会发现，在同样的轴线上，这个场地让他们精神亢奋而不是精神萎靡，这个场地的地质状况通常成为产生这种效果的一种理由。

国家广场正在管理和建设起来，在联邦法院落成后的一些年里，华盛顿特区需要一个无论在尺度上还是在规模上都比旧的办公楼要大得多的建筑。根据国防部大楼规划设计的规则图形，国防部的别称就成了五角大楼。五角大楼在珍珠港事件前几周破土动工，以相当快的时间就建成了。五角大楼至今堪称世界上的最大的建筑，成为美国军事政策的标志，实际上，成为巨大的军事指挥和武器开支的标志。[11] 现在，其他国家也有了矩形建筑，它们的军事指挥官称它们为他们的五角大楼。

虽然至今也没有道理讲五角大楼规则的几何形状有什么优势，但是，五角大楼成了众所周知的建筑。出现在军事发言人讲台上的五角大楼（Pentagon）的标志是一个五角大楼的鸟瞰示意图，在这张图上，其设计是明显的和引人注目的。围绕五角大楼的逸闻趣事都集中在五角大楼的规模上，例如，五角大楼的体积是帝国大厦的三倍，或者五角大楼迷宫般的复杂性，尽管它的平面几何形状如此简单。据说，一个通信员在传送信件中在五角大楼里迷了路，25 年后，成为上校后，才走出五角大楼。

设计五角大楼建筑的是名不见经传的加利福尼亚建筑师伯格斯坦（George Edwin Bergstrom），甚至在首都旅游指南中都没有提到他的名字。即使五角大楼的具体设计已经引人注目了，由于这个建筑被巨大的停车场包围，所以，只有那些真正进入五角大楼，在那里工作的人，才会清晰地注意到它的装饰和表面。步行者是不可能用步行的方式足够靠近这幢建筑的，所以，公众对它的认识只能是抽象的认识。

布鲁塞尔的那些欧盟建筑当然比难以看见的五角大楼更令人讨厌，可能看到的那些欧盟建筑是乏味到无聊的程度，但是，在五角大楼建成之前，华盛顿特区的公共建筑，甚至在它们未必非常有特色的时候，也是让人引以为豪的。

石灰石立面的五角大楼与其他地方的石灰石或花岗石立面的政府建筑没有什么不一样。花岗石是斯佩尔（Albert Speer）和希特勒最喜欢用来改造柏林的建筑立面材料。20 世纪 30 年代，苏联建筑师所青睐的建筑立面材料也是花岗石，花岗石成为民主的公共机构和专制政府首选的建筑立面材料。

斯大林领导的苏联在第二次世界大战中取得了胜利，而且，斯大林的审美观保留到了战后。但是，当中国的共产主义者有了足够的力量开始建设他们的国家时，他们还在探索究竟走向何方。没有现成的建筑风格，他们对建筑风格事务也没有那么大的兴趣。但是，必须从一个中心来看这场革命。中国的首都北京历史悠久，1402 年，明代的皇帝们就一直在按照一个修正的方格式规划来建设北京。如果不去追溯更久远的年代，至少在公元前 2000 年，中国就开始采用这种方格式规划布局模式建设他们的聚居点了。北京在中国遥远的北方，靠近万里长城，现在，从地缘地理角度看，北京的空间位置对这个帝国是非常有问题的，尽管如此，所有名声很大的风水先生都认可这个地方，风水现在已经流传到了全世界。紫禁城是皇宫，地处这座正方形城市的中间，清朝时期，紫禁城周围为满人居住区。汉人集中居住紫禁城以南地区；每一个聚居区都用墙隔开。

护城河和城墙完全把紫禁城围合起来。紫禁城既是皇帝的官邸，又是帝国行政管理中心，1422 年，明朝的皇帝和明朝建成了紫禁城。尽管清朝的最后一位统治者，宣统皇帝溥仪早在 1912 年就退位，然而，他一直在这座皇宫里居住到 1924 年。皇帝很少离开紫禁城，紫禁城南边护城河边有一个叫作天安门的城门，皇帝从这个门去天坛做祭祀，在那座城门外，现在是一个广场。1949 年，毛主席就是在那座城门上宣布中华人民共和国的诞生，天安门城楼上至今悬挂着毛主席的画像。

天安门前有一条大道，清朝的各部分别布置在城门的两边（华盛顿特区的国家广场，伦敦的白厅）。礼部、工部、户部、兵部、翰林院、天象台等设在天安门的左侧，而刑部、銮仪卫、督查院、大理寺等建在天安门的右侧。1949 年以后，清朝的这些办公场所都被拆除了，天安门前的那条大道进一步扩宽，建设了新的天安门广场。国家打算利用这个机会，通过建设一批非常显著的建筑，宣称新的国家权力的性质，同时，为新中国的所有建筑提供一种模式。这件事虽然发生在华盛顿之后 150 年，但是，有与华盛顿类似的宏伟志向。

这场革命在一些方面是“传统的”，例如，耸立在天安门广场中央用来纪念人民英雄的花岗石纪念碑，纪念碑面对紫禁城的那一面上镌刻着毛主席用精美书法撰写的碑文，那时，这个国家没有建筑师们可以向往的建筑“风格”，甚至建筑楷模。在大跃进时期，人民大会堂取代了紫禁城的纪念堂和庭院之类的建筑，成为革命力量的主要集会地点。必须创造一种公认为中国的风格，但是，要摆脱与过去封建历史的联系。苏联的社会现实风格是最近的、产生共鸣的范例。例如当时在上海和北京举办的两次大型俄国建筑展，给中国带来了一种尖状的俄罗斯风格——帕拉第奥风格—中国艺术风格（Russo-Palladian-Chinoiserie）。那时，从美国回来的梁思成，当时是最受尊敬的建筑师，梁思成师从毕业于巴黎美术学院的建筑师克瑞特（Paul Philippe Cret），学习的是杜兰迪轴向规划原理。梁思成是联合国设计委员会的中国代表，是北京的总规划师，一直致力于设计一种新的中国建筑风格。梁思成负责人民英雄纪念碑的设计。张镈是人民大会堂的总建筑师，他擅长把中国建筑风格的细节用到商业建筑上，我们不是很清楚梁思成在人民大会堂的设计中具体承担了什么工作。重工业部（The Ministry of Heavy Industry）面对人民大会堂，历史博物馆紧挨着重工业部，这两个建筑都使用了廊柱和飞檐；它们为沿天安门广场建设一系列建筑首开先河。面对紫禁城和合围这个空间的是毛主席纪念堂，有些人把这个建筑与面对国会山的林肯纪念堂相提并论，而不是花岗石的列宁墓。毛主席纪念堂坐落在前门里，过去满人聚居区的边缘，前门以外是汉人聚居区。所有这些建筑的设计都是由北京市建筑设计研究院承担的，而不是任何建筑师个人。研究院隶属于文化部，梁思成在建筑设计上影响了研究院的主要建筑师，当然，从 1952 年开始，直到 1959 年，梁思成不再从事建筑设计，梁先生于 1972 年去世。

仅仅使用阶梯式的斜面和镶嵌的石栏而言，毛主席纪念堂的风格是中式的。在建筑细部上讲，天安门广场的这些建筑实际上只能说有些“东方”风格，如变成起翘屋角上的装饰物底座，金黄色的琉璃瓦等。就建筑整体而言的风格毕竟还是用不严格的欧洲社会现实主义方式表达的。

除开起翘屋角外，公认的中国建筑风格不能在可怕的后资本主义发展现实中继续存在下来。在整个中国蓬勃兴起的“娱乐中心”都流行塔形的和城镇形式的“东方”风格的童话城堡，这些“娱乐中心”似乎冒险使用中国建筑来让迪士尼中国化。就 20 世纪的建筑风格而言，中国的建筑发展与世界其他地方的建筑发展走过了不同的道路。日本，印度和斯里兰卡，甚至韩国，在第二次世界大战之前，就产生了一些颇具创造性的建筑范例，而在这个时候，中国人却把其年轻的建筑师送到保守的美国学校去学习，中国一直都雇用外国建筑师，主要是美国的建筑师，来设计规模比较大的、具有重要意义的建筑，中国人现在依然这样做。20 世纪 20 年代、30 年代，军阀混战时期，抗日战争期间，中国无法发展新的中国建筑。甚至在建立共和制度之前，在清王朝就要覆灭的那些年代里，也不能展开大规模国家建设。这些都是造成中国 20 世纪建筑发展不利局面的原因。1860 年，在埃尔金勋爵下令英国军队抢劫颐和园之后，慈禧太后下令重建，包括动用海军费用建设一个石舫。

中华人民共和国成立之后，用于建筑和规划的资金比例很少。新的北京市长告诉梁思成（那时的城市总规划师），当他们从天安门城楼向南看的时候，“毛主席想要建设一个现代大城市，他希望我们面前的烟囱林立……”[12]但是，直到20世纪70年代，中国政府并不满意他们的工作，他们放眼中国之外的世界。1974年，美国建筑师学会（AIA）代表团访问了北京。这个代表团里有贝聿铭，他生在中国，而在哈佛大学和麻省理工学院学习。这个代表团与北京的同行们讨论过北京的发展规划，外国人反对有关当局在北京中心地区建设高层建筑的设想。事实上，以后数年里，在贝聿铭的劝说下，内城地区的高层建筑建设停止了。1978年，贝聿铭在北京西北方向的香山设计了香山饭店。在一段时间里，这个3城楼的建筑成为首都的一个豪华酒店，当然，现在就豪华程度而言，香山饭店已经落伍了。然而，贝聿铭有关不在城市中心建设高层建筑的意见已经得到了尊重，从而拯救了这座古城，不过，这样做导致北京延伸它的巨大的道路体系，产生了新的交通拥堵。

这个新北京显而易见是邓小平实施经济改革方针的结果之一。这场经济改革起源于与香港相邻的一些渔村，那里被指定为“经济特区”——深圳。它们为外国投资和贸易提供了一个除香港之外的选择。1998年，深圳的人口将近400万，那里的人口还在增加。深圳的发展几乎不是得益于计划政策，深圳现在已经形成了宽车道和摩天楼的城市景观，而在这些摩天大楼之间，在腹地里，依然还有很多低矮的建筑。深圳没有城市公共空间，替代这种城市经历是那些“娱乐中心”和分布在整个城市的10个主题公园。1990年，邓小平在访问这座城市时对深圳经济特区的发展留下了印象，于是，他决定在黄埔江畔的浦东地区再建设一个经济特区，当时的浦东是上海市一个农业型的郊区。高层建筑像雨后春笋般地长了出来。1998年末，仅有30%的规划空间被使用了。虽然这种规模在中国似乎是前所未有的，但是，这种投机性的过度生产在高度发展时期并不罕见。金茂大厦（420米）目前是世界上第三高的建筑，可是道路路面还没有建设完成，立面外观也很没有特色，它也许最惆怅的目击者，看到了这场准城市化过程的奇异性质。

中国人民正在提出他们未来建筑的特征和模式，用这些建筑特征和模式来支持这个国家政权，并保护他们的重要纪念性建筑。就在此时的伦敦，中央和地方当局具体有形的想法正在故意地被消磨掉。150年前，在靠近威斯特敏大教堂和威斯特敏宫的地方，建设了白厅的那些行政部门，威斯特敏宫本身包括了两个议会大厅和相应的办公室，它们都建在最初的皇家宫殿场地上。因为政府各部办公楼都有的弱点（行政办公建筑基本上处在英国建筑的低端上），它们一起形成了一个强大的和影响深远的建筑群，它们一起显示了大英帝国的实力和组织。20 世纪初，这个建筑群正在通过伦敦郡（以后的大伦敦）议会建筑和伦敦郡的市政厅向威斯特敏桥的另一端延伸。1908 年开始设计招标，1922 年开始施工建设，由于第一次世界大战，这个新建筑直到 1931 年才完工。在随后的 30 年里，这个建筑一再扩大，覆盖了一个很大的地域。1951 年，伦敦郡市政厅以东的废弃的工业场地被改造成了英国嘉年华场地，庆祝水晶宫建成 100 年，结束工党政府在战后推行的经济紧缩以修缮战争创伤的政策，当时的经济紧缩政策还支撑着大规模的工业国有化项目，以及建立起医疗服务和其他社会服务制度。

人们按照与新城镇相似的模式来塑造"英国嘉年华"。参与英国嘉年华的一些人，如英国著名建筑师和设计师库仑（Gordon Cullen），推动了一个思潮，或者说提出了一个口号，"市容"（townscape），创造了一个新的英语词汇。这些人接受了英国战后两党政治现实，而不去对那个时期的建筑吹毛求疵。这些人坚持城市结构的连续性，在此基础上，他们特别关注建筑群或多或少可以表现出来的景色，以及"建筑之间"那些空间的外观。[13]

有关市容的想法影响了英国和斯堪的纳维亚国家，但是对欧洲大陆和美国的影响要弱一些。这种市容思潮对美丽景色情有独钟，它把城市作为一种片段的选择；缺少对这种选择的社会或经济现实做出反应，缺少对地方作用做出反应，当然，这种市容思潮影响了一些新城和住宅小区的布局。另外一个英国思潮，阿基格拉姆学派（Archigram）也有不顾及任何社会或经济意义的特征，它是在市容思潮之后 10 年后流行起来的。阿基格拉姆学派在世界范围产生了很大但短暂的影响，形成了许多技术乌托邦的成分，20 世纪 60 年代，兴起了许多技术乌托邦，富勒尔（Backminster Fuller）支持它们，他认为，理性和技术就足够解决世界上的所有问题。虽然富勒尔设计了许多穹顶，获得了许多技术发明专利，但是，1973 年的能源危机让他的观念及其追随者消失在那个大背景中。

撒切尔夫人扼杀了大伦敦议会，与此同时，伦敦郡市政厅的主要部分被卖给了一家酒店，而其他部分或出租或卖给了其他商业企业。作为政府财政上的一个权宜之计（或许只是半意识的象征意义），那个时期的保守党政府，想通过给每一个了解伦敦的人发出一个强大的信号，来显示它对"左翼"议会的蔑视，那时，左翼势力的确主导了伦敦的地方政府。

然而，事情并非十分清晰。市政厅紧挨泰晤士河南岸的建筑，那里有节日大厅和其他一些得到政府补贴的公共"文化"机构，到英国国家剧院为止。泰晤士河南岸的那些建筑体现了英国作为福利国家的值得夸耀的地方。1999 年底，大量的和非常昂贵的私人运作的高技术摩天轮抢了那个建筑群的风头，那里会把潜在的“纪念性的”休闲区转变成为一个内城露天市场。当然设想过在4年后拆除那个摩天轮，可是，那个延伸到河床里稳定摩天轮的基座还会留在那里；总之，这种临时的安排不会很快消失，它还会留在那里更长时间。这种相对简单的设备不仅仅是在一座老宫殿里增加一个现代情趣，而且确切地表达了保守党对地方政府的蔑视。令人惊讶的是，工党政府承诺恢复地方自主性，但是，它还是允许了这种入侵。即使建筑和场所没有确切地“携带信息”的话，建筑和场所标志和影响了城市结构以及城市肌理。另外，在所有以居住为主导的城市，21世纪的居民依然渴求丢失的或看不见的纪念物。也许这就是为什么建设了专门的、围合起来的纪念展示区，即主题公园，主题公园是一种补偿式的规划手段，而不是一种新的建筑类型。许多批判都注意到了主题公园的替代特征。例如，城市地理学家哈维（David Harvey）指出[14]：

> 现在有可能在模拟条件下间接地感受世界地理，这种模拟条件掩盖了几乎所有的最初痕迹，掩盖了生产中的劳动过程，或者掩盖了生产过程中隐含的社会关系。

这个看法已经在内华达赌城拉斯维加斯的一家酒店里充分展现了出来，那家酒店把整个令人怀念的新旧建筑以微缩的方式浓缩到了一起：巴黎的埃菲尔铁塔、罗马的圣彼得大教堂、莫斯科的圣巴索教堂、伦敦的塔桥、纽约的自由女神像。通过电视广告和旅游纪录片，我们对此都熟悉极了，而这些微缩建筑模型变成了电视和电影院“虚拟”全球旅行的路标。我在深圳和北京都看到过迷你埃菲尔铁塔（我想，北京和深圳的迷你埃菲尔铁塔的高度大约为真实埃菲尔铁塔高度的1/3）。在那些真实城市里，人们不再有条件感受城市，在那样的地方，这种纪念性建筑的聚集已经很普遍了，而30年前，许多人还认为这种事情可能会在很久以后才会发生。

以“浓缩的”方式去模拟其他的地方和时间不是什么新鲜事。多少个世纪以前，不能离开家去朝圣的那些人就会在家门口用模拟的方式去复制一个神圣的地方。在任何一个罗马大教堂里，我们都可能发现“十四处苦路”，这些教堂里的十四处苦路其实就是微缩版的耶路撒冷圣地。在意大利的北部、西班牙、拉丁美洲，“圣山”非常流行，那些圣山提供了一个与朝圣相同的版本，在“展览”中，人们努力使用相当不同的和图解的方式。据说为了让尼尔逊爵士（Lord Nelson）满意，在模拟“尼罗河战役”时，借助了绘制的画布，19世纪的真枪和子弹。在一些历史场地，这类仿制提供了“全景式”展览。通过一个隧道，让人们进入一个环形空间，使用混合起来的绘画和浮雕把那个环形空间布置起来，以此唤起对历史事件的回忆。有些全景包括了临时的设置，但是，大部分设置是永久性和专门建造的，如在摄政王公园中，伯顿（Decimus Burton）设计的1825 ~ 1900年的伦敦。一种称作“旅游”的新型的旅行者常常光顾这类地方，虽然还有一两个全景场所还在运作，如布鲁塞尔外的滑铁卢战场，但是，大部分被电影院所取代。

中国人醉心于建设主题公园，而迪士尼（Walt Disney）是开发主题公园的先锋。迪士尼公司在美国的东海岸和西海岸，在巴黎，都有迪士尼公司建设的主题公园。据说佛罗里达奥兰多的迪士尼乐园是目前规模最大的，而且，迪士尼乐园很有名气，做了很多广告宣传。虽然迪士尼乐园基本上是为少年儿童设计的，青少年是社会的商业前导，在他们的心里，通常有一个代用的城市感受，不过，这个代用的城市不再有真正城镇所包括的全部不便。如同一个玩具城一样，迪士尼乐园对城市生活现实做了扭曲的反映。毫无疑问，迪士尼乐园提供了一种城市风格，那里执行了严格的规划。批评注意到，迪士尼的世界

> 是现实城市的一个可行的代表，为那些逃出城市中心，居住到郊区的中产阶级建设的，像一个修了院墙的居住区，承诺管理陌生人的侵入。[15]

就像一些20世纪后期建设起来的公共建筑，购物中心，主题公园也被围绕它的巨大的停车场而与外界隔离开来。但是，主题公园里那种交通变种在现实世界里是行不通的，不过，改革者永远都在鼓吹，移动步道和自动楼梯、电动代步车、缆车。这样的“公园”常常有一个显眼的公共建筑：城堡、市政厅、主街、火车站（迪士尼公司自己经营的用于观赏自然景观的专线火车）。这个城市里不仅有国王和女王，甚至还有玩具市长支持他的市政议会，他们中一些人乔装打扮起来。国王和女王装扮的像扑克牌上的国王和女王，王子总是白马王子。那里还有身着制服的警察和玩具消防队员，但是，身着制服的人不过是表演，并不真正指挥交通，不去处理真正的犯罪或火灾，不用说，他们也不运送真正的垃圾。处理这类真实的问题是非常不同的人员，这些公司职员身着他们自己的制服，很像幕间换场的，做舞台监督工作的那些人，不希望被人看见。在迪士尼乐园里，所有真正的问题都是由这些“看不见”的就业者解决的。迪士尼乐园的垃圾清理非常有效，20年前，我第一次参观阿纳海姆的第一个迪士尼乐园，此后，我很惊讶，我的洛杉矶的朋友们几乎都问过我，“看没看到迪士尼乐园是那么清洁，”相对我们对现实中的洛杉矶的感受而言，迪士尼乐园的清洁仿佛成了这个城市替代品的最引人注目的方面。

主题公园的主要功能似乎旨在宣称“一个国家基于美化差异和控制恐惧的大众文化，”[16] 而且通过回忆过去一段美好的时光，为各种各样游客提供一种共同的遗产。优美的传说，如格林童话和安徒生童话，1870 年战争以前的一般欧洲城镇，人们头戴大礼帽，身穿长礼服，留着连鬓胡子的那种法国—德国城镇，通常都成为主题公园提供给游客的一种共同遗产。城镇所特有的属性是产生这种感受的一个基本部分，是主题公园成功的不可或缺的部分，如果不用欧洲传说，也可以使用那些美国西部牛仔的美好故事来做主题公园提供给游客的共同遗产。

与以格林—安徒生童话为基础的迪士尼乐园不同，还有其他一些很不同的方式同样获得了成功。在巴黎附近的迪士尼乐园和戴高乐机场之间，有一个以法国很流行的《阿斯特里克斯（asterix）和他的伙伴们》动画系列书为背景营造的公园，书中描写了勇敢、机智、有趣、民主、法术高强的高卢人如何与强大但笨拙和无能的罗马人战斗的故事。19 世纪 50 年代，摩门教会把它的第一批传教士送到波利尼西亚，在夏威夷瓦胡岛建起了一个“波利尼西亚文化中心”，成为犹他州杨伯翰大学的一个分支，它允许那里的学生“保留，而且与访客分享他们的瓦胡岛的遗产”，随着夏威夷游客的增加,波利尼西亚文化中心也迅速扩大。正是在这个波利尼西亚主题公园里，游客可以通过舞蹈、音乐、乘坐用树干掏出来的木船、野餐和从村庄生活中挑出来的一些物品，来“感受”广义的“波利尼西亚”，当然，从许多岛上请来木匠，建设毛利人、汤加人、马克萨斯人和萨摩亚人的房子。波利尼西亚文化中心免除学费的方式支付“住”那些房子的装扮成波利尼西亚人的学生，不同岛屿上的人穿着不同，所以，波利尼西亚人必然是假的。

过去当然并非总是每一个公园的“主题”。欧洲的迪士尼乐园就建有科学幻想村，“未来世界展”，而整个法国罗亚尔河主题公园旨在让游客感受技术主导的城市，这个主题公园可能是关于过去和未来的，但肯定不是现在。一个代用的城市和随之而来的纪念物对这个主题公园的成功是必不可少的。这个企业网或多或少是从永久性游乐园开始的，现在已经发展成为世界旅游主要产品之一。

迪士尼本人曾经有很大的抱负，他在他的合伙人和银行都持反对意见的情况下，建设了收益颇丰的阿纳汉姆迪士尼乐园。阿纳汉姆迪士尼乐园使用了 160 英亩土地，让迪士尼懊恼的是，那些寄生于这个主题公园的其他生意人很快在附近做起他们自己的生意来，得益于迪士尼的吸引力。所以，迪士尼在奥兰多以南地区购买了 2.7 万英亩土地，把自己与周边地区隔离开来，这样，把主题公园的感受延伸到日常生活。迪士尼不满足复制或延伸迪士尼乐园的成功，1966 年年底，他宣布了建设“未来世界”计划，即建设一个“未来社区实验模型”（EPCOT），这是扩张版的迪士尼乐园。

“未来世界”会是一个没有任何城市问题的“社区”；那里不会有经济危机，所以，那里会是充分就业的，当然，也没有工会。产业会不断更新。儿童们的“创造”会不断得到鼓励，那里当然没有乞丐、没有懒汉，没有犯罪，实现这些目标的方式并非总是清晰的。在迪士尼去世多年以后的 1982 年，“未来世界”建成，不过，这个“未来世界”有了比较适度的目标。现在，“迪士尼世界”已经吞没了这个“未来世界”，但是，迪士尼的一部分设想还是在冠名“欢庆”（Celebration，迪士尼的另一个事业）的居住区里实现了，那里的所有居民要经过审查，住房租赁公司管理那里的基础设施，当然，对这个居住区的批判是关于新城开发的，而不是讨论大众旅游问题。

大众旅游是 20 世纪后期发展起来的；据估计，大众旅游成为世界上营业额最高的产业，这种估计有可能是编造的，但是，还是有意义的。因此，大众旅游的需求和相关游说还是难以抗拒的。旅游业产生了各种各样的就业机会，而且发展了全新的制度。旅行者变成了走向 18 世纪末的旅游者；1800 年以前，英语里没有旅游这个词汇的记录，旅游这个词后也进入了其他语言。旅游者一开始都是个人的。1841 年，一个名叫库克（Thomas Cook）的传教士与铁路公司签了一个协议，让他的教徒得到便宜的车票。这件事的初步成功鼓励他组织了第一个国际旅行团，1855 年，到巴黎参观世界博览会。19 世纪 60 年代，他走得更远了。就像旅游出现之前的旅行一样，旅游者总是需要指南的，第一批去罗马的旅行者出现在印刷术发明之前，所以，他们只有手抄的旅行指南。就在库克组织他的旅游团时，伦敦的出版商默里（John Murray）已经开始出版用红布包裹起来的一系列大众指南，德国出版商贝德克尔（Karl Baedcker）很快模仿了这种旅游指南。“库克旅游”的游客们，默里和贝德克尔旅游指南的使用者，经济宽裕，也有知识。默里和贝德克尔还有另一个模仿者：米其林（Andre Michelin），法国汽车胎制造商米其林（Edouard Michelin）的兄弟，在 1910 年开始印刷旅游指南，用来为他兄弟的产品做广告。当这个产品被证明很有收益时，米其林便成为重要地图和旅游指南的出版商。

在过去的半个世纪，旅游业呈不同类型的指数增长。过去 50 年发展起来的旅游是休闲的副产品，比较长的假期和比较短的工作周影响了北美、日本和欧洲的许多就业者，当然，现在受到休闲影响的人群更广泛了。因此，过去 50 年发展起来的旅游很不同于早期看看景点和获取信息的参观式旅游，它需要高度发达和分散出去的基础设施，主题公园是这种基础设施的一部分。若干国家建筑业的很大一部分现在正在建设滨水、靠山以及大都市里的高层酒店。高层酒店现在已经成为一种一般建筑类型，几乎成为最一般的新住宅形式。酒店不能依靠常住需求，如同人口增长可能产生的常住需求，而且，酒店的运行和维护是很昂贵的。酒店必须有变化的顾客的连续供应。所以，旅游业需要持续不断的广告服务，刺激旅游和增加旅游人数。航空承载了大部分旅游的长途出行，旅游业支持了飞机制造，也支持了商业车辆的制造，大型游览汽车和一般大汽车。从看，旅游对任何经济的长期收益都是可靠的贡献方。旅游业受到气候、任何自然灾害的制约，如洪水、火山爆发、地壳运动、极端降雨或极端高温，传染病。旅游业也受到政治不稳定和恐怖袭击的影响，一旦政治不稳定发生，会导致大量解约，进而造成旅游企业的破产，人们常常把旅游业看成对长期经济问题的一个有吸引力的和错误导向的短期解决办法。

新旅游者常常避开大城市，当然，他们还是要通过大都市中心，如伦敦或巴黎，纽约或罗马，目睹他们乘坐的旅游车对拥堵交通所造成的干扰。在一些比较小的城镇，旅游车可能完全堵塞了那里的交通。导游举着旗子或一把伞，甚至一个标牌，失去方向的旅游团跟在导游的后边，挤过那些到此一游的参观者。

这里所谈到的现象是历史遗产保护计划始料未及的。[17] 历史遗产保护计划旨在展开大规模旧城改造，以地方产业或农业，甚至园艺为代价，[18] 使用“历史遗产场地”来吸引旅游业的发展。总之，保护起来的历史遗产会产生一些虚幻的东西，那些幻想和幻影总有可能会妨碍现实，游客会妨碍工人，妨碍那里人的正常生产和生活。在伦敦，巴黎，有些游客可能不会引起多大麻烦。可是，那些相对小的城镇里，如人口分别为 50 万，30 万和 22.5 万的布拉格、德累斯顿或威尼斯，游客会把市中心挤得水泄不通，游客们实际上改变了这个城市本来的属性。威尼斯已经集中为游客提供餐饮服务，从而伤害了适合于它的和让它实现某种经济独立的产业（玻璃、养殖渔业和精密机械）。餐饮业和广告业一直都很成功，所以，威尼斯人自己担心起来了，开始谈论限制游客数量的问题，把游客限制在他们希望接受的水平上，但是，即使限制游客数量的法规真能得到实施，那种法规也是难以制定出来的。

自从蒸汽机发明以来，人类的旅行速度一直都在不断增加。现在虽然还没有行星之间的旅行，然而，太空旅行不无可能。当然，我们的身体不能突破的速度依然是一个不可逾越的障碍。我们现在不能超出火箭允许我们的旅行速度，这就意味着，我们需要许多年的旅行才能到达离我们最近的行星。然而，科学幻想作家告诉我们，我们现在还没有发现如何让我们的身体非物质化，一旦我们找到了它，我们就可以在通讯隧道里，带着其他的信息，以近似光的速度旅行。许多小说、电影、甚至电视连续剧中已经展示了这种奇迹。显然，网络空间的居民只需要稍微把握感性的现实世界，而感性的现实世界对普通人意义更大。但是，对于一般的男人和女人来讲，这些复杂生物的存在提出了实施技术革新的可能领域。

辉煌的信息技术已经成为这个千年的工具，可是，通过通讯线路运载活着的生命这样一种想法依然留在科学幻想中的未来世界里。我很怀疑，当我们试着用线路运载生命的时候，在拿人类志愿者做实验之前，许多实验室的家伙会在某个网络世界里终其一生。至于我，我仍然还是一个硬件，通过线路送出去的不会超过我现在用来撰文的可以使用却无生命的个人电脑。对很大一部分人来讲，面对电脑屏幕仍然是再平常不过的事儿。电脑既是一种帮助，也是一种支撑。我们可以用它来投票、玩游戏、订购家用设施、食品杂货，与银行和交易人联系，或者与世界上的朋友联系。大部分新建筑都是利用电脑绘制的，电脑还可以让建筑师想象步行，观察建筑体量，设计许多建筑细部。电脑已经暗示存在

> 两个“平行宇宙”(parauel universe)——一个是我们居住其中的日常模拟宇宙，一个是人类创造的比较新的数字宇宙，数字机器设置在那里。——我们的机器直接操纵数字宇宙，但是，我们的机器几乎不了解环绕它们的网络空间的那个模拟世界。[19]

计算机可能几乎不了解我居住的那个模拟世界，它们思考它们的软件，不过，没有一个有意识的操作者，它们是不能展开它们复杂的交换，这个有意识的操作者需要上厕所，走路、探望朋友，去剧场，或者泡咖啡馆，看着人们在他面前走过。事实上，扩大电子服务的一个结果可能是，

> 服务费用下降。同时，那些不能自动运行的或遥控传送的手工服务的价值会相应上升。厨子、花匠、保姆和水暖工都会相应很受欢迎。[20]

当计算机屏幕的确如我们被告知的那样可以提供服务的话，可以肯定，我们城市里的那些巨大的办公楼会面临一个萎缩的时代。或者，像最近有人说的那样，当电脑的电子存储能力在工厂里每增加一个字节的时候，摧毁城市中心一些平方米建成面积的病毒也会增加。[21] 我们对此有准备吗？

就像任何技术进步一样，信息技术进步也包括某种感觉经验的丧失，这是一种不可避免的和相应的倒退，许多世纪之前，柏拉图在谈到使用字母写作所带来的记忆丧失时，他谴责了这个过程的倒退部分。[22] 这种变化是不可逆的，如果有可能，推广信息技术设备的人们需要考虑他们的设备或发明可能引起的“不足”。

计算机是已经展开的全面信息化的序曲。有关信息化过程的更为复杂的看法已经提出来了，嗅觉和触觉会传递和繁殖，这样，如可以实现远程的“满意的”(没有

确切定义）性生活。模拟刺激（simstim）是描绘模拟刺激所需要设备的科学幻想术语。[23] 富于幻想的科学技术观察者们进一步断言，网络世界的无限愉悦会替代我们对现实模拟环境的需要。

网络空间（是）一种每天数十亿人合法的操作者在不同的国家感受到的交感性幻觉，一种数据的图示表达，这些数据从每一个电脑的存储器中抽取出来。[24]

尽管我们可以让我们自己很容易地就住进了这种数字形式的空间里，可是，我们会冒险忽略了以实体形式存在的社会生活，遗忘了现实生活的愉悦。网络空间最著名的先知，吉布森（William Gibson），看到了他的英雄和反英雄在网络空间里过分投入的效果，吉布森的英雄和反英雄在网络空间里的过分投入生产了破坏性的实体空间缺失。在乘坐火车的旅行中，他们其中一个不得不盯着看。

火车车窗的外边月球般荒凉的工业景象，地平线上那些闪烁的红色信号灯正在警告飞机避开冶炼厂。……碎矿渣和生了锈的炼油厂厂房，这样的景象挥之不去。[25]

在未来生活中，住宅已经成了一种个人的假体，在那些荒漠的、碎屑般散布的景观中，公共空间是一种不安全的和暴力的空间，于是，人的社会交往能力减退了，我们必须把这种可能看成一种警告，当然，像未来学一样，我们是从现在推断出人的社会交往能力的减退，这种隐含的威胁当然会面对我们现在还无法预测的条件。

以前的一代人，麦克卢汉（Marshall McLuhan）提出了“全球村”的观念，在这个同样大胆的早期判断中，也推断人的社会交往能力的会减退。白领工人和经理们源源不断地迁徙到郊区，这种迁徙与铁路技术的发展分不开，而电子技术会让高层办公楼不再挤在城市中心，消灭最黑暗的郊区生活方式和它经久不衰的符号:割草机。麦克卢汉想，

这种未来的巡回城市（the circuited city）不会是铁路创造的那种高度聚集的城市。……这种未来的巡回城市会是一种信息大都市。原先“城市”所剩下的遗产可能非常像世界博览会，展示新技术的地方，而不是工作或居住的地方。把它们保留下来，像博物馆，作为铁路时代鲜活的纪念物。[26]

麦克卢汉的这个预测进一步提出，迅速地建设一种连续的准田园风光，在这个

准田园风光里，所有的商务活动都由执行官，甚至助手和办事员在他们的计算机上来完成，他们在家里就可以做这些商务活动。麦克卢汉 30 年前做出了这个预测，这个预测至今还没有实现，许多其他的发展让这个愿景不可能成为现实。通过相当原始的技术，电子产品，如随身听和手机，当然强化了空间的私有化，在公共空间里，这些电子产品把它们的使用者孤立在一个私人的声音世界里。另一方面，这个预言对房地产的预测是不正确的。在麦克卢汉做出他的预测时，除开纽约和芝加哥以外，美国只有 3 个城市有两座建筑的高度超过 25 层楼，底特律、费城和皮茨堡。30 年以后，每一个有规模的城市至少有十几座建筑的高度超过 25 层楼。[27] 就在我写本书的时候，中国和南亚地区甚至老欧洲的高层建筑都在增加。

所以，20 年后，环境压力是非常不同的。电气化让独处进一步发展了，不过，郊区仍在继续增长。城市的褐色场地依然荒芜在那里。麦克卢汉本人提出警告，不要对他的这个预测太认真：

> 通过 200 英寸的天文望远镜观察宇宙的天文学家惊呼，天要下雨了。他的助手问："你怎么知道的？""因为我脚上的鸡眼疼了起来。"

不能指望先进技术提供自动解决城市问题的办法。只能通过政治机构才能获得解决城市问题的办法。我们依然受到区位的约束，我们每一个人都受到他的或她的独特的身体约束。我怀疑，我们真有一天会找到把我们变成信息比特的方式，我们依然会是有感觉的生物，因为

> 眼睛 - 眼睛只能看，不能做选择；
> 耳朵始终都在听，我们不能吩咐它；
> 我们的感官在那里都可以感受
> 不顺心或顺心。[28]

这就是为什么未来某个时期的观念，网络空间将履行有形的公共领域的职能，一定还是空想。现在没有可能，不久的将来也不会。

第 6 章　郊区和新首都

19 世纪和 20 世纪，那些试图治理城市的人们所面对的重大问题，如交通问题、卫生问题，通常一次全力解决一个问题。不切实际的人们总想通过建立一个紧密联系起来的社区，尽力一次解决所有的社会问题和建设问题，在这一点上，那些试图治理城市的人们与此不同，他们的方式更温和一些，通过提供就业和资金，引导新的和理性的合作的人们建设一个完全规划出来的城镇，建立一个如何在那个城镇更好生活的范例。

如神话里或历史记录里描述的那样，新城建设自古有之。我们大部分人都听说过雅典王忒修斯（Theseus）、罗马的罗穆路斯（Romulus）和雷穆斯（Remus）、耶路撒冷的大卫王（King David of Jerusalem）的传说。更近一些的著名城市是阿拔斯王朝哈里发曼苏尔（Abbasid Caliph Mansur）的巴格达，或中世纪法国和英国的“矮屋城”（bastides）；宗教改革后出现了许多难民城，地理上的或政治上重新安排所需要的新首都，马德里、华沙、堪培拉，北美和南美的所有城市。还有一些工业和矿业发展所需要的新城，如马克尼土哥斯克（Magnitogorsk，苏联城市）。我有兴趣考虑那些提供了新城市形式和产生了不同聚居地的那些新城，而不是那种企业直接为其就业者提供的居住区。郊区的增长明显失控，基本上没有规划设计，甚至没有事先策划，郊区的增长是一个现实问题，它推动一些改革者提出这样一种新城镇。只要城市有边或边界，就有郊区，也就是说，夜晚宵禁或关门意味着，在宵禁或关闭城门之后到达的人必须在城外留宿，所以，郊区是城镇本身的副产品，郊区与城市同时存在。中世纪以来的欧洲，为滞留旅客提供食宿的客栈和城镇强制实施税收所促进的避税市场，都吸引了赌博和卖淫之类明显违法的活动。这样，市场和客栈产生了它们自己的聚居点。

英语中的 suburb（郊区）没有确切地描述法语词汇 faubourg（城外）或 banlieue（这是拉丁语中的 banlauca，banleuca 的传讹，在一个有自己规则、禁令的城镇的界限以外距离 1 里格的地区，1 里格大约为 3 英里）所描述的情景。随着中世纪和以后的城镇成长，新的扩大的城墙会包围原先的郊区地区，那些郊区的规模变大，地位变得重要，以致没有原先那么舒适了。18 世纪，巴黎的圣日耳曼郊区（Faubourg Saint-Germain）成为大贵族豪宅区，所以，法语词汇 faubourg 暗示那些不同于新贵的衣着时尚的贵族；而英语词汇 suburb 保留法语词汇 faubourg 的贬义，拜伦（Byron）在描述不时尚的妇女时，说她们“粗俗、不时髦和郊区人。”[1]

郊区的确一般都是寄生于一个城镇的。甚至在它有了一个独立的行政管理权时，它也从不会成为一个金融中心，或权力中心。郊区几乎不意味着农业，或不意味着工业。18 世纪，市民们发现他们的城市越来越拥挤和污染，道路和交通正在持续不断地得到改善，这时，郊区开始呈现出新的和资产阶级的方面。所以，可以承受得起郊区生活的市民们搬到了城市边缘地区，甚至搬进了城镇附近的乡村地区，那里空气清新，有着乡村生活的景观，又处在上下班可达的地方。英国人乐意选择独立住宅，开发商开始通过提供住宅的方式迎合这种时尚。甚至在 18 世纪中叶，铁路线的延伸也刺激了这种郊区增长。伦敦人开始住进汉普斯特和克拉珀姆。在巴黎，铁路发挥了它的作用。1850 年以前，巴黎西部郊区的扩大促进了巴黎以西的开发商法路（Alphonse Pallu）所倡导的郊区规划，与皇家宫殿相对立。这个开发商希望把混合收入的公众吸引到建筑设计和规划得到严格控制的居住区来。然而，随着郊区的发展，它很快成为一块资产阶级的飞地。前一章我提到过的伦敦的贝德福德公园也是开发商对新火车站做出的反应。纽约沿着新的道路和铁路，向外延伸到了长岛以及新泽西；费城延伸到坎登，延伸到特拉华，不仅如此，沿铁路向西发展，这条铁路延伸到宾夕法尼亚的首都哈里斯堡。这个上流社会“主线”既保留了它的标签，也保留了它的一些社会特征。芝加哥附近的郊区，如奥姆斯特德规划的优美的河滨（Riverside）同样是对铁路线的延伸做出的反应。

随着交通线的延长，工作出行的时间延长了，上下水管网也扩大了。富人栖息的郊区出现了另一幅面孔，巨大的工人阶级连排式住房区，高密度聚集人口居住的红砖蓝瓦住房绵延数英里。随着 20 世纪的发展，地方法规或多或少地控制着郊区的发展，而且日益严格起来，随着密度的减少，独立住房进一步蔓延开来，但是，这种蔓延取决于和保留在工人可以到达工厂或矿山的范围内。工厂是工人阶级的中心，而城市是中产阶级郊区的中心。

19 世纪的许多城市规划师对这种发展感到忧虑。马塔提出的“带状城市”（Ciudad Lineal）就是为了应对这种蔓延式的发展。他的追随者许多项目都是在对此做出反应。但是，霍华德（Ebenezer Howard）提出的设想十分不同，霍华德也许是最有影响的新改革者。霍华德出生卑微，早期学习速记，在伦敦的一间律师楼里工作，他甚至在内布拉斯加州指望开农场发财。在开农场亏了本之后，他到了芝加哥，一个所谓

“田园城市”，他在那里第一次知道了超验主义思想家朗费罗（Longfellow）和艾默生（Emerson）的观念。他回到英格兰，开始在议会里做速记员，以此为生。1881年，他听到了美国重农主义者乔治（Henry George）在伦敦做的一次讲演。乔治认为，真正的阶级冲突不是资本家与劳动者之间的冲突，而是工业家和地主之间的冲突。乔治关于土地所有权的观念和乔治关于阶级冲突的信念深深地吸引了霍华德。

不像莫尔斯，霍华德热情地读过贝拉米（Edward Bellamy）1888年出版的《回首》（Looking Backward），霍华德会成批地买这本书，然后把它送给那些可能会改变信仰的人。即使霍华德否定贝拉米的中央集权主义，青睐克鲁泡特金更人性的无政府主义的愿景，霍华德还是对《回首》宣扬的合作精神和欣赏技术进步产生了印象。霍华德还遇到过苏格兰裔的美国哲学家，“新生活团”的“大师”，戴维森（Thomas Davidson），“新生活团”提出了在大湖区建设一个合作聚居点的设想，这是政治版的贝德福德公园。但是，1883年，“新生活团”的一些成员转到了费边社（Fabian Society），假定放在现在，我们可以把“新生活团”称之为左翼智库，倾向工党思想的分支，当然，在那个时代，“新生活团”没有指望拥有土地或解决土地问题。

那时，霍华德正在制定他的计划，一个他认为科学和可以实施的计划，白金汉（James Silk Buckingham）笔下的乌托邦“维多利亚”是霍华德计划的一个基础。霍华德的想法一成熟，他就很快地写出了他的设想，并在1898年用题为《明天：通向真正改革的和平之路》（Tomorrow：A Peaceful Path to Real Reform）的小册子公布出来。虽然费边社的人不接受霍华德的观点，但是，许多人还是热情地接受了霍华德的观点，并在随后的数周里建立了“田园城市协会”，在许多有社会影响的人的支持下，立即开始筹集资金和寻找土地，支持者中有莱弗汉姆勋爵（Lord Leverhulme），还有伯恩维尔的吉百利（Cadburys of Bourneville），他为他的企业的工人营造样板房子。

1902年，霍华德把他的小册子扩大成一本题为《明天的田园城市》（Garden Cities of Tomorrow）书，创造了“田园城市”这个术语，而霍华德的名字“田园城市”联系在一起。自从“田园城市”与花园环绕的芝加哥和新西兰的基督城相联系以来，“田园城市”的标签就遭遇了厄运。大约在1870年前后，纽约的绸布大亨斯图尔特（A. T. Stewart）在长岛上建设了一个郊区住宅区，而且命名为“田园城市”，随后，“田园城市”成为美国小城镇和郊区的一个流行的名字。在英格兰，1880年以前，贝德福德公园就已经因为“田园城市”而出名了。

霍华德不是建筑师，自学成才，他总是非常有独到之处。土地公有、市政府或集体所有对“田园城市”都是必不可少的。霍华德首先关注的是城市空间和乡村空间的关系。他的著作中的许多插图详细描绘了这类问题。那些插图显然是示意图，他对那些插图有过明确说明，“注意，仅为示意”。那些插图描绘了一个采用同心放射状空间布局的区域，其中，“中心城市”的居民人数为 5.8 万，中心城市周边环绕着 6 个“田园城市”，每一个田园城市的人口为 3.2 万，所以，整个区域的总人口达到 25 万。每个“田园城市”需要的土地面积为 1000 公顷，而每个“田园城市”还有 5 倍以上的农业用地和公有土地。铁路线标志着这个区域的边界，在这个边界内，会有一个远离中心区的工业带，这个工业带使用电力，而不使用蒸汽动力。

霍华德对田园城市如何生成的想法还是模糊的。按照霍华德的设想，在铁路线内，会有两个同心圆的住宅分区，一条大道把它们分开，它们的人口规模足以承载教堂和学校。在这个中心，市政厅、博物馆、图书馆会形成一个公共空间，通过带状公园与住宅分开。“水晶宫”式的艺术画廊会在公园和住宅之间提供另一个分割开的分区。

霍华德是一个优秀的演讲者，因为熟悉世界语，他还可以在国际舞台上宣传他的主张。1904 年 9 月，田园城市协会在赫特福德郡的莱奇沃斯（Letchworth, Hertfordshire）购买了土地，聘请了建筑师昂温（Raymond Unwin）和帕克（Barry Parker）来为这个田园城市做规划设计，实际上，他们成为了田园城市思潮的建筑师，他们简化的安妮女王式的建筑风格成为田园城市思潮的商标。项目起步不错，但是，进展缓慢：一开始，协会仅能支付基础设施建设费用，但是，1905 年火车站落成后，建成了若干个样板间，这些样板间吸引了不少参观者，当然吸引了更多来此居住的人。工业企业开始设立起来。1914 年，莱奇沃斯就被认定为建设成功了，它的成功维持至今。当时，伦敦的内城郊区正在沿着地铁线延伸。汉普斯特一些了解莱奇沃斯田园城市实验的居民设想在戈尔德斯格林新火车站附近建设一个“花园郊区”（garden suburb）。他们设想的这个“花园郊区”是社会混合的，但是，没有生产性意向，或者没有设想一个围绕“田园城市”的农业区，实际上，这个设想更像贝德福德公园，而不是莱奇沃斯。还是由昂温和帕克来对这个花园郊区做总体规划设计。昂温和帕克再聘请了青年建筑师鲁琴斯（Edwin Lutyens）在主街区里设计若干个教堂，一个圣公会教堂，其他“随意”，在这个两层楼高的圣公会教堂外，有一个学院和学校。但没有任何商业，甚至小商店都没有，所以，这个街区死气沉沉。在这个街区的规划之中是有一个市场的，但是，因为修建新的道路，那个市场的用地被削减了，所以，那个市场始终没有建设起来。这样，“汉普斯特花园郊区”不能提供工作，那里的房地产价值很快就超出了工匠们可以承受的水平。然而，那里的住房产生了一个很有吸引力的建筑环境，很能向公众展示田园城市观念的魅力和可行性。汉普斯特的“花园郊区”比莱奇沃斯的“田园城市”发展要快得多，所以，在埃塞克斯郡的罗姆福德和萨里的伊舍公园很快开发了其他花园郊区。

虽然欧洲城市垂直的郊区有着非常不同的结构，相当不同的问题，可是，法国城市规划师，列维（Georges Benoit-Levy）还是在1904年发表了他的《田园城市》（La Cité-Jardin）。列维的这本书介绍了他实现霍华德理想的建设开放郊区的计划，以后，他在马德里把霍华德的观念与马塔的“带状城市”结合了起来。

法国和意大利独立地生长出了另外一个相当不同而且更具体的工业城市发展模式，当然，与霍华德的田园城市思潮有很对相同之处。来自里昂的青年建筑师加尼耶（Tony Garnier）已经在1898年获得了令人羡慕的巴黎美术学院罗马奖。1901年，加尼耶没有按照要求对一个古代场地展开常规研究，而是去设想工业城市（Une cité industrielle）的详细计划，这样做不仅违反了巴黎美术学院的规则，而且与巴黎美术学院有关新聚居地不可取的理念相悖。所以，加尼耶受到巴黎当局的严厉处罚。不过，他的工业城市设想还是在1904年展示了出来，而《工业城市》（The Cite Industrielle）的出版则拖到了1917年，1932年，《工业城市》作为他的作品集的一部分重新出版。[2] 加尼耶依然以此为荣。

加尼耶设想的新城市的人口为3.5万人，与霍华德的中心城镇相似，布置在一个弯曲的河流和山峰之间的平原上，尽管没有具体指出是那里，但是，实际上是法国圣艾蒂安以北地区。那里有一个不大的古镇，一个支流在那里与一条大河汇合，人们在那里拦河筑坝，利用水力发电来生活和发展工业。在加尼耶做出这个设想的时候，水力发电刚刚出现10年，所以，加尼耶的建议是大胆新奇的。水力发电用来炼钢，炼钢是这个城镇的主要产业，其次，水力发电用于纺织业，纺织业是这个城镇的第二产业。沿着这个城镇的主要街道，利用电力驱动有轨车。这个城镇集中了一组公共建筑，包括会堂、剧场、艺术和手工艺学校，成为公共建筑群的核心的体育场。一个“医疗中心”俯瞰这个城镇，它下边的山崖伸展到河边，这个城镇有一条供汽车行驶的道路和一个小机场，这些在当时都是很新奇的。在加尼耶的设计中，这个城镇没有教堂、法庭、警察站和监狱。住房的建筑密度要比英国的田园城市高，当然，这个建筑密度还是很低的，建筑是平顶的，有柱廊，由攀缘植物覆盖，“地中海式”。

在搬到罗马去之前，加尼耶参加了巴黎左翼文学圈，“左拉之友”，这个团体支持伟大的自然主义作家的左拉【（Emile Zola），塞尚（Cezanne）和马奈（Manet）的朋友】，当时，一个犹太裔的法国军官德雷福斯（Alfred Dreyfus）因间谍罪而被捕，左拉则因发表了《致共和国总统费利克斯·富尔的信》，揭露国防部和军事法庭陷害德雷福斯的阴谋，而被判刑入狱一年。左拉因此流亡英国一年，在此期间，左拉沉迷于我前面提到的那些乌托邦思想家，尤其是傅立叶（Fourierist），开始撰写他的自然主义小说，《四福音书》的第二部，《劳动》，1900 年出版。《劳动》描写了一个傅立叶主义者和乐善好施的工程师和建筑师建立一个合作的制造厂城镇的故事。加尼耶的城镇未必是左拉小说的精确再现，但是，他明显得到了左拉的启示，依靠电力就是这类启示之一。另外，加尼耶在后来出版的工业城市设计中，大段引述了左拉的话来描绘工业城市中心的公共建筑。

与左拉相比，加尼耶所做的工作更实在一些，他预见了扩大水电能量的太阳能蓄电池和补充公共交通的私人两座电车，因为他有激进的里昂市长赫里欧（Edouard Herriot）撑腰，加尼耶的计划至少会实现一部分。资产阶级的赫里欧，反教会，左倾，后来成为议员，外交副部长，三次出任首相，当然，他拒绝出任法兰西共和国的总统。不像左拉，赫里欧被选进了法国科学院，他也是一个多产的作家。赫里欧在里昂的威望是绝对的，直到 1957 年去世为止，他当了 50 年的里昂市长。赫里欧了解德国和英国的发展。1909 年和 1911 年，他带着加尼耶去参观德国的医院，参加规划会议，带着欣赏的态度谈论“德国所说的城市设计”。在列维和霍华德的指导下，里昂的代表团参观了英国的田园城市和花园郊区。

里昂市雇用了加尼耶，在巴黎美术学院里昂分院里开设了自己的工作室。1905 年以后，他推动了里昂的“大型公共建设”。首先，在里昂南部的拉穆什建设了巨大的牲畜市场和屠宰场，然后，建设了体育场、新医院的主体部分，大量的住房，一些学校和小型公共工程。1925 年，他设计了巴黎装饰艺术博览会的里昂馆，然后，他设计了他一生中最后一个大型建筑，巴黎外的布洛涅 - 毕岚古尔的市政厅。加尼耶的这些设计都是在实现“工业城市”的某些设想，而“工业城市”构成了他的早期事业，从这个意义上讲，加尼耶的“工业城市”并不是乌托邦，而是一个实实在在的新城，加尼耶努力让这个新城成为里昂的一部分。1914 年，在屠宰场建筑里举办了大型规划展览，当然，因为第一次世界大战的爆发，这个展览的影响没有达到预期。杰出的苏格兰生物学家和城市规划师迪格斯（Patrick Geddes）认为，他从未见过如此优秀的规划展览，年轻的纳雷（Charles-Édouard Jeanneret），即柯布西耶，也参观过这个大型规划展览和布洛涅 - 毕岚古尔的市政厅，而且在第一次世界大战后很快遇到了加尼耶，并且总是承认自己笃信这种有意拆开的地中海建筑，它清除掉了他的欧洲北部建筑的倾向。

虽然加尼耶和霍华德的规划方案看上去很不同，他们的方法也是不同的，但是，加尼耶和霍华德都是实干家，都相信通过土地全民所有实现城市改革。加尼耶和霍华德的规划都不需要一场革命，他们也没有提出任何具体的法律支撑力量，加尼耶和霍华德都对 1918 年以后的城市发展道路实施了巨大的和积极的影响，当然，他们的影响还是不够的。

尽管法国的社会思想在很大程度上是独创的，甚至富有远见，但是，建筑和规划法规还是落后英国的建筑和规划法规大约半个世纪。19 世纪 90 年代，一个私人的城市研究和游说机构在法国建立了起来，具体地发展了法国的住房和城市规划政策，推动法国规划师协会（Société Française des Urbanistes）在 1909 年的成立。1919 年，巴黎大学建立了城市学院。法国规划师协会的大部分成员和巴黎大学城市学院的毕业生在法国本土之外的地方工作，许多人在法国的殖民地工作。然而，20 世纪 20 年代和 30 年代，社会党的副职塞利尔（Henry Sellier）打算成为巴黎西郊叙雷讷的市长，后来，他成了布拉姆手下的卫生部长，倡导以社会为基础建设称之为“廉价房”（HBM）的低成本住房，在这个行动中，他还与赫里欧合作。1914 年以前，这个最早期的工作以英国为模式，在拉斯和卡其恩建设低密度住房，这些当年盖起来的住房均在 1960 年至 1970 年间拆除掉了。塞利尔没有考虑把公共资金用来支持霍华德式的实验，而是采用田园城市的观念，郊区组团建设高度不一的宿舍性公寓楼群，当时建设了 16 个这样的住宅群，大部分在巴黎以南地区：斯坦斯、普莱西斯 - 罗宾逊、培圣 - 吉外、沙特奈 - 马拉布里。1933 ~ 1935 年，这些项目中最后完成的一个，德朗西的拉穆特（La Muette，Drancy），成为第二次世界大战之后住宅区建设的原型。5 个使用钢架和预制混凝土面板建成的 15 层楼高的塔楼，以类似方式建设的三层楼的住宅环绕着这 5 幢塔楼。5 幢塔楼建成后立即被宪兵征用为军营，而相邻建筑成了那些二战期间会死在集中营里的人们的集会地点。霍华德的田园城市愿景在那里化为泡影。

鲁琴斯（Edwin Lutyens）和其他一些参与田园城市思潮的建筑师们显示了英国对世界范围城市设计与规划的重要影响。1910 年，伦敦曾经召开过一次国际规划会议，霍华德是那次会议的主要发言人之一。这次会议的代表来自世界各地。一个澳大利亚的代表在会议上说，澳大利亚政府已经决定建设一个新的首都。1901 年，澳大利亚成为一个大英帝国的自治领地，当时的首都设在墨尔本，不过，悉尼已经在规模上和经济实力上都超过了墨尔本这个老的首都。在经过激烈的辩论之后，决定像美国和墨西哥一样，在新南威尔士州划出一个首都区，其地理位置在墨尔本和悉尼之间的直线上。因为那个地方本来没有地名，所以，澳大利亚那些爱开玩笑的人建议叫，“党团会议城”，甚至叫“骗子区”，“破产”，最终还是选择了土著人的地名，堪培拉。

参加这次伦敦世界规划会议的澳大利亚代表已经暗示要建设一个新的首都，1911 年，澳大利亚政府举办了首都设计竞赛。虽然受到英国建筑师的抵制，最终还是产生了高水平的入选设计方案。最终胜选者是美国建筑师，格里芬（Walter Burley Griffin），他与赖特（Frank Lloyd Wright）联系紧密。尽管存在令人厌恶的官僚障碍，

1911 年之后发生的 4 年战争，以及与此相关的金融危机，堪培拉的建设成为两次世界大战之间的重要建设成就之一。虽然在最近的建筑史上或城市史上，格里芬的名字都令人不解地被忽略了，但是，格里芬毕竟还是因此而成为一个国际人物。

格里芬生于伊利诺伊州的奥克帕克（Oak Park），他和他的妻子马奥尼都被赖特那些众所周知的设计所吸引，他们俩也很了解芝加哥。在格里芬的那些堪培拉设计公布出来时，西特创办的杂志《城市设计》认为，格里芬的那些堪培拉设计太形式化，太像 1893 年的“芝加哥博览会”，太浓重的“城市美化”思潮。堪培拉建在一个人工湖上，而这个人工湖 1964 年才完全建成，堪培拉有许多以纪念物为中心的交通环岛和主要大道，这些大道一览安斯利山顶和布莱克山的美景。堪培拉必然可以与新德里相比，它们的确是同一时代的产物。但是，堪培拉与新德里在尺度上和方式上都是完全不同的。格里芬是在租赁的土地上规划霍华德式的堪培拉的，这样，减少了土地投机收益，维持控制标准。当时设想的堪培拉仅有 2.5 万人，然而，那个人口数量不能维持一个首都的运行。现在，堪培拉的人口达到 33 万，自 1972 年以来，卫星城镇不断建设起来。公立大学、艺术馆、图书馆、科学博物馆以及议会大厦（老的议会大厦是在 1927 年 5 月由约克公爵，即以后的乔治六世揭幕的，澳大利亚的歌手梅尔芭夫人唱英国国歌，“天佑吾主”）和高等法院一起构成一个都市的适当设施。一些小型的轻工业企业逐步进入堪培拉，带来了有限数量的蓝领工人，不过，堪培拉没有国际机场，没有一流酒店。堪培拉虽然有了这类增长，有很好的气候条件，低犯罪率以及大量访客，但是，堪培拉没有大都市的嘈杂。堪培拉的高层建筑至今还是适度的，不过，游客似乎发现堪培拉的建筑都很低调，甚至新的议会大楼也藏在一个巨大交通环线围绕起来的山脚下，所以，它的绰号叫“掩体” – 对堪培拉的景色来讲，新的议会大楼在尺度上恰到好处。像其他城市的鸽子一样，堪培拉随处可见成群的凤冠鹦鹉和粉色灰色夹杂的鹦鹉，采取适当尺度建设公共建筑是田园城市理念的一种很有吸引力的因素，它暗示了权威所具有的宽松态度。

同样在这次伦敦国际规划会议上，新的印度首都的选址首先是德里的老卧莫尔中心。直到 1910 年，英国政府都把首都放在加尔各答，不过，在 1911 年德里举行的“加冕大会盟”上，乔治五世宣布把英国政府搬到德里，并且为这个新首都奠基。1912 年，鲁琴斯被任命为这个新首都的建筑 - 规划师，当时，他正在与帕克和昂温一起建设“汉普斯特花园郊区”，而在 1914 年第一次世界大战爆发之际，这个项目已经准备完毕。实际上，直到 1930 年以后，新的印度首都的建设事实上也没有完成。

格里芬为澳大利亚的联邦民主制度下的政权机构设计了一个适度的中心，而他所面对的客户是一个官僚行政管理机构，条块分割，障碍重重。而鲁琴斯这几乎没有遇到格里芬在澳大利亚所面临的那些问题，他直接与总督甚至国王本人接触，他为一个强制性的、独断专行的政权，设计了一个纪念性的和盛气凌人的首都。

甚至在德里被选择成为首都之前，印度总督寇松（Lord Curzon）在1904年卸任印度总督时曾经宣布过建设首都的计划："对我来讲，这个信息是刻在花岗岩上的，我们要把这个信息从这个花岗岩上凿出来，这个作品合情合理，它会是永恒的"。[3] 但是，他的继任人占据这个专横跋扈的宫殿不过15年而已，1947年，把这个宫殿交还给了印度共和国的总统。在交出这个宫殿之前，甘地曾经提议，这个宫殿应该变成一个医院。

在1870～1905年间，英国的设计让欧洲人羡慕不已，然而，在此之后，这种令人激动的工艺美术能力似乎消耗殆尽，都被爱德华时代的富足吸收掉了。鲁琴斯是从安妮女王时代走出来的，有着田园城市的背景，他改变了风格，与新德里为伴，他遇到了贝克（Herbert Baker），1911～1913年期间，贝克已经在南非的比勒陀利亚设计建造了政府宫殿，当然，现在人们记得贝克主要还是因为他在1921～1937年之间汲取了索恩（John Soane）英格兰银行建筑的精华。在贝克和鲁琴斯的作品中重新出现了安妮女王时代那种处于绝境的老掉了牙的风格，世界上许多与他们同时代的人当时都把这种重现作为古典主义的高级游戏。虽然贝克和鲁琴斯认为他们自己是琼斯（Inigo Jones）和雷恩（Christopher Wren）的继承人，但是，他们在德里还是受到官方压力，要他们以适当的印度风格来做他们的设计。所以，他们努力在已经很难看的"新巴洛克"风格上，再嫁接一些印度色彩。这一点在他们的设计中是明显的：总督府（有圆柱的）门廊本来就比任何一个罗马皇帝或文艺复兴时期独裁者（有圆柱的）门廊还要深和宽，然后，把一个复制的桑奇佛塔当作皇冠不协调地戴在这个门廊上，两侧再加上或多或少莫卧尔式的小凉亭，试图满足本土化的要求。通过一个莫名其妙的国王大道，可以到达这个总督府和它周围的各部，这条大道大约长2英里，经过一片不毛之地，孤立的办公建筑矗立在两边，既不能用来避风躲雨，也那么索然无味，那些建筑在夏季被烤成了褐色，而在季风到来的季节里，则终日湿漉漉的呆立在那里。只有在军事检阅和国葬（尼赫鲁的葬礼，甘地夫人的葬礼）时，这群建筑才露出它的真容。这个总督府与莫卧儿红堡前的那个老集会空间形成鲜明反差，那个广场周围都是商业建筑和集市。

除此之外，种上了行道树的宽阔大道把新德里划分出来，新德里不是一个步行者的城市。新德里最初是严格按照不同阶层做分区规划的，皇族、官员和公务员，然后，再对英国人和"当地人"所占空间做划分。这种划分虽然随着独立而改变了，但是，封闭性至今还保留着。在新德里的规划中，大道之间的地块并没有设计成"街区”。1960年以后，旧德里亦即沙贾汉纳巴德的人口密度要比鲁琴斯和贝克的新德里高出50倍，规划师的确最初试图制定田园城市类型的规划，但是，这个规划师很快就被解雇了。

因为人们遗忘了西特和霍华德，所以，德里的社会中心又回归了学院派建筑风格。德里的社会中心实际上是在同一个交通环线上，但是，它由两个同心圆的建筑区域和柱廊式的购物廊道组成，中心是康诺特广场（connaught place），德里的社会中心离总督府和国王大道很远。德里的社会中心成为旧德里和新德里之间的一种连接轴。即使这种轴、圆屋顶和（有圆柱的）门廊在那个时代似乎是永恒的建筑元素，然而，那个混乱的、汽车化的20世纪很快就要把全部注意力放到一种纯形式的城市问题解决办法上。

最近的“后现代”辩护者们热情地重新评价了新德里。他们不是那么倾向于拿出同样的理由来解释新德里比意大利、德国独裁政权，比苏联更有野心但类似的规划。田园城市在历史上不无影响，就这种影响而言，对那些国家做比较，或者与新德里做比较，田园城市所代表的那种规划似乎对解决两次世界大战期间的严重城市问题不过杯水车薪而已。

在英格兰，在第一次世界大战结束后的短暂时期里，1919 ~ 1920年，建设另一个田园城市，韦林（Welwyn）的计划提了出来，韦林是第一个称之为“卫星城”的城镇，韦林也在赫特福德郡，但是，韦林主要铁路线以北。1925年，韦林的第一批建筑完成，但是，第一次世界大战之后的萧条和1929年的股市崩盘，让韦林的发展受阻。1939年，政府贷款付清，若干个企业建立了起来，人口也达到了1.85万人，当时的最大规划人口为4万，1948年实现了；也就是在1948年，韦林被官方“指定”为规划围绕伦敦发展的新城之一。在以后的理论中，“卫星城”这个术语替代了“田园城市”；美国规划师泰勒（Graham Romeyn Taylor）创造了“卫星城”这个术语，拿圣路易斯的卫星城，格拉尼特城（Granite City）、亚拉巴马州的费尔菲尔德（Fairfield）和芝加哥为例。泰勒特别提到了印第安纳州的加里市（Gary）。许多第一次世界大战之前的卫星城没有土地使用政策，很快就被合并到它们临近的母城里，但是，加里是一个例外，它围绕钢铁和水泥工厂于1906年建设起来。加里从无到有，到1912年，人口达到3万，到2000年，人口达到了11.65万。加里以美国钢铁公司董事长盖瑞（Elbert Gary）的名字命名，当然，加里不是一个始终仅与一个产业相联系的公司城镇。加里制定了法规来阻止土地投机和买卖酒（现在，这两类法规都不再执行了），可是，它并没有成为规划文献中的一种模式；之所以如此的一个理由是，工厂完全占据了这个城市的滨湖地区。美国规划的真正革新出现在两次大战期间和两次大战之间。

当田园城市在英格兰悄然兴起的时候，美国却出现了另一个观念，由年轻的社会学家佩里（Clarence Perry）提出的街区原则，佩里始终都是在为纽约的塞奇基金会工作。足以维持一所小学运转的人口构成一个街区；主干道环绕一个街区，适当的开放绿地空间组团式安排在学校和其他机构中，而满足基本需求的商业设施环绕着街区的边缘地带，而街区内部街道仅仅用于当地的交通。通过1929年的纽约区域规划，这些街区原则分若干次公开发表。[4]

街区和移植到美国的田园城市常常结合在一起。康涅狄格州布里奇波特市外的黑岩街区（Black Rock，Bridgeport，Connecticut），新泽西州卡姆登市外的约克村，现在叫美景镇（Fairview，Camden，New Jersey），都建于第一次世界大战期间，供海军工厂的工人居住。艾克曼（Frederick Lee Ackerman）在那里工作之前，到英格兰参观过田园城市，他的团队中包括小奥姆斯特德和青年赖特（Henry Wright）。尽管美景镇的开发者当时因为提供了很高标准的住房而受到责备，然而，那个区至今完整地保留了下来，在衰退的卡姆登中保持自己的价值。弯曲的道路，与一所学校共享的街区绿地仍然保留了下来。诺伦（John Nolen）是这个项目的合作者之一，他后来成为圣迭戈的规划师。

这些战时和第一次世界大战一结束时所做的实验导致"区域规划协会"（Regional Planning Association）的成立，佩里、小奥姆斯特德、赖特，以及另一个熟悉英国实验的规划师 - 建筑师斯泰因（Clarence Stein）都是这个协会的成员。"城市住宅公司"（City Housing Corporation）是区域规划协会的分支，成立于1924年，目的是建设美国的田园城市。区域规划协会取得了部分成功。在皇后区，斯泰因和赖特设计了"向阳花园"，他们让每个部分不同高度的住宅，围绕内部绿地组团，通过这种方式改变了纽约方格式的规划体制，当然那里与纽约中心区保持着很好地连接。"向阳花园"至今还存在，成长为一个邻里单元。斯泰因和赖特接下来设计了新泽西的"拉德本"（Radburn Village），拉德本的设计方案成为了以后广泛沿用的规划设计方式，如建设交通环岛，避免出现交叉路口，节省道路表面建设成本，在不切断与建筑相通的道路的前提下，实施人车分流。这种方法在美国和欧洲的城镇都得到了应用。"向阳花园"和"拉德本"都因为1929年的经济危机及其后果的影响而没有得到充分发展，而且，无论怎样，"向阳花园"和"拉德本"都没有做任何产业开发。

1929年的经济危机对城市建设的影响是灾难性的。围绕纽约的住房建设下滑了95%。就整个美国而言，85%的建筑工人失业了。当时采用了许多办法，让私人投资建筑业。当时计划在纽约拿骚县的谷溪（Valley Stream）地区安排1.8万人，虽然这个计划没有成为现实，但是，这个计划成了"重新安置署"（Resettlement

Administration）“绿带城镇”的实验方式：马里兰的绿带（Greenbelt in Maryland），新泽西的碧溪（Greenbrook in New Jersey）、威斯康星的绿谷（Greendale in Wisconsin），私人企业建设的洛杉矶的鲍尔温山庄（Baldwin Hills Village in Los Angeles），就在珍珠港事件发生前几天，那里住上了几户居民。所有这些绿带城镇建设项目都由“国家住宅局”担保。[5]但是，这些聚居点一般都是清一色的中产阶级居民区，并不做产业开发，而且也不能始终如一地保护他们的绿带，所有这些开发都与郊区化相联系。

股票市场坍塌之后出现了农业危机，而农业危机之后正在出现巨大的失业，于是，1932 年，罗斯福（Franklin D. Roosevelt）在大选中承诺推行新政，以应对这个巨大的失业问题，国家住宅局就是罗斯福推行新政的一个臂膀，尽管如此，国家住宅局并没有拿出公共资金。随后 10 年里，巨大的投资用于道路和道路交通，牺牲了铁路或其他形式的大规模交通。道路建设和道路交通的发展标志着美国城市远远不是受到规划和建设限制的绿带城市。区域规划是新政的一大成功，甚至这个成功也是一个不幸的丢失掉的机会：田纳西河流域管理局产生了一个壮观的工程结构 – 电站、大坝和道路 – 刺激了整个区域，但是，没有与此相关的城市发展。

美国从不缺少土地，然而，类似的郊区开发却让历届英国政府忧心忡忡。1918 年之后，曾经出现过高出生率的时期，但是，官方鼓动的“为英雄建房”成效甚微，1925 年以后，它便渐渐消失了。私人开发商插手贝德福德公园、图海姆格林 - 汉普斯特德花园郊区、戈尔德斯格林的连接（The Bedford park/Turnham Green-Hampstead Garden Suburb/Golders Green connection），建立了与公共交通的联系，尤其是正在发展起来的地下交通系统。一个新的车站会与一群商店一起建设，这些商店上边常常是公寓，尽管没有教堂，但是，附近可能还有一两家电影院；围绕这个核心，可能会很快发展起一个住宅区，主要是半独立的住房。主下水道上面的道路已经建设完成，而主下水道通常决定了这类住宅区的布局，宅基地地块按照详细规划划分，而不是按照田园城市的布局来划分，当然，不排除个别住房采取削足适履的田园城市版本。大部分业主都不富裕，负担不起私人汽车。所以，出现了从家到车站的公交车网络。20 世纪 80 年代，这种公交车服务私有化了，如同住房建设质量下滑一样，这类服务的水平现在也在下降。那时，这些开发意味着，围绕伦敦建设起来的表面正在侵蚀着绿带，而且还在蚕食着农田。

尽管对霍华德来讲，绿带观非常重要，但是，霍华德一直都没有形成绿带观，而且，绿带观以后也没有成为一个常见的规划概念，1930 年左右，雷蒙德·昂温第一次提出围绕伦敦形成一个“绿环”的想法。在这种“环”变成“带”之前，在形成“环”的问题上就出现过很大的不安，出现过很多报告，敦促政府和“大伦敦规划委员会”（the Greater London Planning Committee）行动起来，张伯伦（Neville Chamberlain）曾经在 1921 年担任这个委员会的主席，1939 年，作为英国首相，张伯伦宣布对德宣战。

所有这些政府报告都推荐某种形式的田园城市作为解决城市问题的办法，但是，直到 1940 年里思（John Reith）担任工程部长后，真正的行动才开始，里思勋爵是 BBC 的创始人。在那些报告之后，又出现了两个重要报告，敦促政府强制执行土地使用政策，尤其是乡村土地使用政策，同时，由一个中央机构监督土地使用政策的执行。新的规划部和伦敦县议会负责项目，最重要的是，伦敦县议会自己的总建筑师福肖（J. H. Forshaw）与阿伯克比（Patrick Abercrombie）一起工作，成为英国最有权威的规划师。他们提供了英国战后规划政策的基础，而这个英国战后规划政策引导了英国战后的新城建设。

但那时，田园城市思潮与保守的建筑联系太紧密了。不仅是专制政府，甚至欧洲和美洲的民主政府都庇护某种夸张的古典主义。最耀眼的青年建筑师们正在从国际联盟角逐的集体失败中变得聪明起来。他们在瑞士的拉萨拉兹城堡（Château La Sarraz）建立了他们自己的协会，“现代建筑国际大会”（Le Congrès international de l'architecture moderne，CIAM），目标不仅是改革建筑设计，而且还要改造当代城市的整个结构；这些青年建筑师们的重心是城市道路，当时，那些城市道路不能承载汽车引起的巨大交通流量，城市道路是城市无序的罪魁祸首。“现代建筑国际大会”成立后，1928 年，在德国的法兰克福举行下一届大会，会议主题是住宅。接下来，“现代建筑国际大会”又在布鲁塞尔和巴塞罗那分别举行了会议。1933 年的“现代建筑国际大会”是在莫斯科举行的，但是，那次会议的组织者被涉及苏联的新宫殿的角逐所困惑。他们给斯大林去信表示抵制这次会议，斯大林没有发表意见，于是，会议搬到了一条船上举行，这条船从马赛到希腊的比雷埃夫斯和雅典，然后再返回。在旅行中，111 位代表一起制定了“雅典宪章”（the Athens Charter）。“雅典宪章”为未来半个世纪提供了规划基础。“雅典宪章”宣称，我们应该把每个城市分解为 4 大功能。

1、先于其他形式，首先选择住宅—居住地—以及空间适宜的高层公寓。

2、工作—包括办公和工厂。

3、休闲和娱乐—重点放在体育运动上，所以关键是公园和体育场。

4、交通—交通作为一种独立的分区。

补充判断承认，现存的老建筑是重要的，但是，应该鼓励清除掉那些紧邻老建筑的比较小的、时间上比较近的和不重要的建筑，这样，允许具有重要纪念意义的建筑表现为独立建筑，这种方式似乎可以追溯到 19 世纪比较无情的修复者的想法和方法。

以“雅典宪章”为基础，设计一个方案，一个“方格”，任何一个城市都可以按照这种模式来规划。鲁琴斯和与他同时代的人曾经提出过“学院派对称轴”（Beaux-Arts axialities），而“雅典宪章”提出的这种方法与“学院派对称轴”一样，对城市产生根本的和普遍的影响。这种方法比较极端的后果之一是，给城市规定了一个非常严格的功能分区。严格的城市功能分区严重影响了让旧城市持续下来的社会和功能混合。

昌迪加尔是在田园城市项目上唯一一次直接执行“雅典宪章”的城市。1947 年，印度旁遮普邦的旧首府拉合尔划归了巴基斯坦。经过长时间的犹豫之后，建设邦的新首府的决定送至最高层，尼赫鲁是那个时期印度的最高领袖。斯泰因在绿带城镇上的合作者梅亚（Albert Mayer）当时正好在印度，所以，他对这个新首府的设计提出了他的看法。新首府选在喜马拉雅山脚下，紧挨德里至拉合尔的主要道路，靠近两条河的交汇处。梅亚计划分两阶段来建设这个城市：第一阶段建设容纳 15 万人，经过第二阶段的建设，让那里的人口达到 50 万。旁遮普邦独立的行政中心放在这个城镇的东部边缘上，拉德本式的超级地块环绕商业中心，商业中心成为昌迪加尔规划的重心。梅亚很快让一位年轻的波兰建筑师马修·诺维奇（Matthew Nowicki）参与进来，他把他相当呆板的田园城市布局转变成一个流畅的、叶状的形式。所有这些都发生在 1950 年。就在这一年，诺维奇在一次空难中丧生，印度卢比对美元疲软，于是，印度政府开始寻找欧洲合作伙伴，那时，印度政府不认为任何一个印度建筑师可以有能力承担此项规划设计工作，这个判断可能是对英国殖民政府的教育政策的一种看法。经过一些协商后，柯布西耶成为昌迪加尔项目的首席建筑师，合作者有一对英国夫妇，弗莱（Maxwell Fry）和德鲁（Jane Drew），他的表兄，让纳雷（Pierre Jeanneret）。虽然他们维持了梅亚的总体布局，但是，他们把梅亚的总体布局以及诺维奇的叶状形式转变成了直线网格。这时，昌迪加尔行政中心被布置在较高的地方，而且具体化了。政府办公楼、议会、高等法院以及省长官邸背靠一个莫卧儿几何形公园，当然，这个公园至今也没有建成。柱廊式的民用和商用建筑环绕一个开放的广场，它们一起构成昌迪加尔中心商务区，占据整个昌迪加尔布局方案的中心。在一条流经那个地区的河流上筑坝，建设起一个人工湖，形成了城区的边沿。

在昌迪加尔的若干个地方，永久性纪念建筑物是展示这个规划本身，同时还展示柯布西耶反复使用的用黄金分割表示的人体形象，这是柯布西耶做设计时使用一种模数理论，即柯布西耶模度，柯布西耶把它用于他的所有设计中。在昌迪加尔，“人体形象”似乎引导人们把这个城镇看成人体。把行政中心“看成”头，把中央大道“看成”脊柱，把城市中心“看成”肠胃和心脏，横跨这个场地的河流象征着人体的生理过程。[6] 无论是偶然的，还是设计的，“展开的手”这个具体的人体象征是可以接受的，被融化到了印度的文化背景中，柯布西耶使用“展开的手”象征互助和宽容，而且，昌迪加尔当地人把“张开的手”（open hand）解释为跳舞时使用的一种手势。

行政中心和商务中心之间的距离也意味着，昌迪加尔是双体城市，也许仅仅半刻意的，双体城市里每个部分内部，不同社会阶层和收入水平的人群混合在一起，主要道路、院墙和篱笆把部分与部分分割开来，产生某种意义上的“街区”。拉德本体制意味着对道路和流动实施分类，而这种分类源于现代建筑国际大会所主张的分区规划。昌迪加尔需要面对 7 种不同的交通流，昌迪加尔的主要交叉路口都采用了环岛，对小汽车和自行车不错，但是，对步行者、骆驼、大象就不方便了，当然，行政区和商务区都有步行区。大部分住房至今仍然维持 1 ~ 3 层的高度。4 ~ 5 层的商业建筑正在开发，大部分建在环岛附近，但是，围墙围起来的大院式街区还是让昌迪加尔的街道暗淡和不友好。

省长官邸原计划建在“头”顶上，没有德里总督府那样巨大和专横。但是，那时的省长愿意一个谨慎和适度的住房，他的继任想法一样，所以，计划中的省长官邸并未建设起来。1999 年，为了庆祝昌迪加尔 50 周年，用竹子和纤维面料制造了与设计规模一样大小的省长官邸外观模型。不幸的是，因为旁遮普邦的省长若干年前在立法院外遇刺，所以，行政中心一直都戒备森严，安排了保安警察和金属探测装置。曾经供步行者使用的开放区已经变成了停车场。总之，这个行政中心至今依然保持着开放的步行环境，也许尺度太大了。

昌迪加尔担当起省城的功能，有自己很兴旺的大学，除此之外，它还出现了很大的公务员和军官退休社区。宜人的气候，建筑的尺度和相互联系，对于它的种种弊端，通往德里的高速火车，让它的居民可以在那个地方找到一种身份，找到一种骄傲，一种霍华德希望田园城市的居民会感觉到的那种品质。那些不希望发生任何改变的人倾向于使用“别碰我们美丽的城市”之类的空号，昌迪加尔这类人不少，当然，增长必然给昌迪加尔的布局带来威胁，而这个威胁也是让昌迪加尔成功的一个矛盾的因素。

昌迪加尔把现代建筑国际大会（CIAM）的思想观念嫁接到了田园城市模式上，而建设巴西新首都巴西尼亚规划遵循的仅仅是“雅典宪章”原则了。里约热内卢一直都是作为殖民地和主权国家的巴西的首都，也是巴西最重要的城市，但是，人们始终认为，权力中心应该迁移到这个国家的内部去。尽管慈幼会的创始人，意大利的圣约翰斯科其实从未横跨大西洋，但是，他 1883 年预言，巴西的中部蕴藏着无限的财富。1891 年，新的共和国的宪法要求搬迁和指定一个联邦区来承载巴西的新首都。1922 年，一个总统为巴西尼亚奠基，实际上，那里是现在的巴西利亚的一个卫星城，当然，1960 年才真正展开巴西利亚的规划建设，比昌迪加尔规划整整晚了 10 年。库比契克（Kubitschek）总统在担任巴西米纳斯吉拉斯州州长时就已经与年轻的建筑师尼迈耶（Oscar Niemeyer）一道工作了，而尼迈耶在帕普哈（Pampulha）就为库比契克做了一些他的最好的建筑设计，对柯布西耶的几何形状做了一个自由的、抒情般的解释。库比契克直接指定尼迈耶来设计巴西利亚的建筑，不过，还是宣布对巴西利亚的城市规划展开竞争，最后，尼迈耶的好朋友，柯斯塔（Lucio Costa）的巴西利亚规划胜出。

柯斯塔的巴西利亚规划大体呈现为十字形，人们一直把它比喻成一把弓上的箭，或一只张开双翼的鸟，甚至一架飞机。认为克斯塔正在使用控制古代城市正交布局的十字形，所以，这个场地的奠基仪式选择在 4 月 21 日，传说这一天是罗马诞生之日，直到今天，人们依然在庆祝这一天。无论是间接的或半意识的，人们都承认这个社会的神话。

柯斯塔的巴西利亚规划充分显示，在所有城市中，巴西利亚的分区规划做得最为详尽。箭，或者这只鸟的躯体，有时称之为“纪念轴”（Monumental Axis），是“工作”区。这个轴的起点是这个场地的最低点，在这个区域里布置了三大权力机关：总统官邸，行政；两院，立法；高等法院，司法。在巴西利亚规划的早期版本中，这个区域呈三角形。“纪念轴”继续延伸到一个区域，那里有一组办公楼，国家各行政部门云集此地，大教堂在这个区域的一边，当然，我说不清它的功能究竟是工作还是闲暇，那个区域的制高点是一个电视塔。库比契克总统的坟墓呈现埃及风格，在一个红色的玻璃穹顶下，摆放着他的厚重的花岗石棺，而这个红色的玻璃穹顶延续了这个神秘起源的史诗，但是，这个建筑物对于鸟或箭的总体布局形式几乎没有什么意义可言。

那个区域的沿“纪念轴”两边对称布局，用于工作，大使馆、酒店、商业、医院、公共服务、银行，用于文化，假定把文化看成休闲。只有广播和电视有它们自己的部分。所有这些必可避免地意味着，在每一个分区中，大部分步行者一定步行相当长的路才能进入不同的氛围。例如，如果一个人在大使馆就业，从大使馆（大部分是严格保护的和非常汽车化的）步行出来，他可能需要走半个小时以上，才能看到其他的活动，而非又一个大使馆。

如果我们继续拿弓箭或鸟翼做比方的话，在柯斯塔的巴西利亚规划中，住房都在它的弓或翼里，分别安排在“纪念轴”两边的两个区域里，合计60个超级大院；每一个大院都是一个四方单元，240米 ×240米，公寓楼高3 ~ 6层，居住2500人，大部分公寓楼的底层是架空的，绿地环绕公寓楼。4个大院组成一个街区，街区里有商店、电影院、社会俱乐部、学校和教堂。

虽然这个安排有切尔达（Idelfonso Cerda）的扩建区甚至佩里的“街区”的影子，但是，科斯塔的目标是十分不同的。在每一个超级大院里，所有的屋顶高度和外部装饰都是统一的。这样做的目的是，

> 防止社会分化，——所有的家庭享受相同的生活。因为不存在社会阶级歧视，大院里的居民仿佛住在一个大家庭里。因为巴西是新文明的起源地，所以，在这样的氛围中长大的孩子才能建设巴西的未来。[7]

通过城市的实体结构和实施统一的建筑高度和外观，来避开恶劣的阶级制度，这种想法显然充满矛盾，它不可能得到预期的结果。

在柯斯塔的巴西利亚规划中，另一个观点也是清晰的：在这个联邦区里，没有贫民窟，没有非法的聚居区，也没有法定的郊区。甚至在1958年开始建设这个首都之前，附近的贫民窟已经在非法占用的土地上发展了起来，而且称他们的聚居地为“萨拉别墅”（Villa Sara），如果他们知道库比契克总统的夫人会来保护这个地名的话，他们是会事先防止把这个名字消除掉的。这个贫民窟的居民们与政府协商他们的法律权利。许多类似的聚居点随后也开始做同样的事情。有些通过没收和协商，勉强得到许可，另外一些通过颁布法令来解决。实际上，一个把功能定位为行政管理的城市不可避免地需要各类社会服务：市政设施的运行、卫生、运输和交通，但是，柯斯塔的巴西利亚规划没有为这些方面留下空间，所以，从一开始，就必然允许郊区存在。这个城市以及它的郊区的人口设想限制在50万。因此，贫民窟必然在规划为绿带的农业土地上生长起来，到1996年，这个联邦区的人口发展到182.1万，我想这个数字还是低估了的，实际人口会更多，而这182万人口中的绝大部分人是居住在贫民窟里。但是，首都的人口却在下降，从1990年的21.3万人，下降到1996年的19.9万人。

上层官员也打破了这个城市奠基人的目标，一旦可能，他们就会扔掉他们的超级大院，在人工湖的另一边建起他们的独立住宅。这样做必然造成许多城市问题，包括高犯罪率和暴力，当然，官方并不承认这一点。我自己的向导就生活在一幢这样的日本风格的住宅里，他养了两只罗威纳犬来看护他的家。

当时，巴西利亚日益严重的社会犯罪迫使一些居民搬到一种不同的分区里，即那些围起来的和有保安把守的大院里，那里的住宅更为昂贵。里约热内卢和圣保罗也模仿了这种大院的做法。20世纪80年代，美国的加利福尼亚州、内华达州，芝加哥的郊区，华盛顿特区、纽约和波士顿的郊区，都先后出现了这种围起来的和有保安把守的居住区，用文雅的语言来讲，就叫“封闭式居住小区”。“基本上与世隔绝，但接近高档生活，”[8]整个街区都被墙围合了起来，有了真正的大门，有时还有令人恐惧的武装保安。现在，封闭式居住小区已经在中东和亚洲，如孟买、加尔各答等地流行起来，报纸为这种封闭式居住小区做广告，这类包含大规模住宅的封闭式居住小区中意味着它们需要自身的维护。1990年以来，这种封闭式居住小区在中国大量出现，而且数量还在增加，通常用院墙围起来。中国的广告上显现了保安和成组的闭路监控视频。[9]封闭式居住小区里的独立住宅和别墅的风格各异，乔治亚式的、都铎式的，西班牙殖民地式的，甚至高科技风格的，贝德福德公园和田园城市莱奇沃斯的遥远的和粗糙的衍生物似乎最流行。新形式的这类“社区”正在生长起来，或多或少“封闭”起来。

随着它的封闭式居住小区和混乱的贫民窟，巴西利亚已经逐步发展成为一种非常不同于它的奠基人所期待的那种城市。博斯克（Saint John Bosco）的预言至今没有实现，巴西利亚的整个发展似乎都在拷问城市功能分区的概念。

巴基斯坦的首都伊斯兰堡是与巴西首都巴西利亚同一个时期建设起来的另一座城市，不过，它是一个非常不同的首都。巴基斯坦原先的首都是卡拉奇，卡拉奇是一个相当现代化的港口城市，甚至比加尔各答和孟买更现代一些，但是，巴基斯坦人认为卡拉奇太小，太拥挤，不能承载首都功能。1958年，阿尤布·汗（Field Marshal Ayub Khan）元帅担任巴基斯坦总统，建立了一个军事管制专制政府，否定了编制过“伦敦规划”的阿伯克比（Patrick Abercrombie）所编制的卡拉奇规划，决定让这个国家的政府在形体上远离腐败的商业影响。阿尤布·汗选择了靠近拉瓦尔品第旁遮普城的一个地方来建设巴基斯坦的首都，在印度统治期间，那里是英军在印度的最大军营。那里存在明显的弱势，那个选址位于两个麻烦和冲突地区，白沙瓦和开伯尔山口之间，开伯尔山口向西通往阿富汗的，向东通往克什米尔。

虽然伊斯兰堡一直都被认为是拉瓦尔品第的一个卫星城，希望它们之间的关系逆转过来，但是，整个政府搬到那里去意味着那个地区的增长，所以，伊斯兰堡现在的人口接近35万。有些旅游作品声称，伊斯兰堡的人口最多50万人，远不是规划所期待的250万人。伊斯兰堡的规划师没有任何昌迪加尔规划团队的改革热情，但是，他们说他们纠正了昌迪加尔和巴西利亚的错误。伊斯兰堡规划似乎是一个有严格功能分区的规划，与新德里总统官邸的规模旗鼓相当，但建筑设计很一般，没有鲁琴斯的那些补偿性的华丽氛围。推土机把这个场地的小丘推平，而6个车道的道路把这个场地划分成超大规模的四方地块，每一个地块3万～4万人。不像巴西利亚，伊斯兰堡一开始就购买了郊区村庄来安排因为城市建设而搬迁的人口。

与昌迪加尔对比，伊斯兰堡的规划建设还有另外一个经验。无论昌迪加尔的规划建设存在何种错误，昌迪加尔的规划建设还是极大地推动了印度建筑，它启迪的年轻印度建筑学派对印度产生了重大影响。然而，伊斯兰堡对巴基斯坦的建设并没有产生任何整体影响，从这个意义上讲，伊斯兰堡没有担当起作为首都的标杆作用。

在20世纪，全球大约建设了350个形式和规模各异的新城。英国的新城可能是最早和最富有想法的。第二次世界大战一结束，首先围绕伦敦建设了7个新城。韦林（Welwyn）是一个样板项目，与田园城市思潮有着十分清晰的联系。实际上，我们可以把霍华德看成“新城之父”。[10] 英国的新城数目现在已经上升到了32个，当然，大部分新城在英格兰，威尔士有1个新城，苏格兰有3个新城，北爱尔兰有4个新城。它们的建设一直都没有得到普遍的热情欢迎。对新城不满的人批判了把城镇划分成街区的政策，批判了那些新城的平庸的建筑，批判了那些新城的居住密度，所有这些方面似乎都是霍华德的遗产。[11] 可是，所有这些新城毕竟已经成为实际的城市单元，而且都维持了下来。新米尔顿·凯恩斯（Milton Keynes）是其中一个比较新的城市，它一直都是一个扩散实验，米尔顿·凯恩斯的人口密度非常低（1482～2470人/平方公里），它表现为一个汽车主导的迷你洛杉矶，围绕购物中心布局。格拉斯哥外的新城坎伯诺尔德（Cumbernauld）是与米尔顿·凯恩斯情况相反的新城，1962年完成建设，1975年扩大，人口密度为50635人/平方公里，在英国新城中，坎伯诺尔德的人口密度最高的。坎伯诺尔德40%的住房是公寓，有些公寓还是高层建筑，许多独立住房有庭院，以避免大风的侵扰。坎伯诺尔德的市中心沿格拉斯哥-爱丁堡公路展开，处在这个新城的制高点上，而且还是英格兰的第一大巨型建筑。这个巨型建筑长0.5英里，高8层，像护城河环绕古堡一样，草坪环绕着这个巨型建筑。这个巨型建筑的脊柱是一个横跨道路的天桥，这个天桥是一个封闭的、室内商业街，人们通过它进入这个城市的主要社会机构：地方法院、市政厅、警察站、体育中心。这个新城的主导色彩是灰色和绿色，花岗石和草的色彩，我们在苏格兰常常看到的就是这样的色彩，我在参观那里时发现，这个中心还是有生气的和正在运转着。当坎伯诺尔德的人口达到7万时，它必须有它自己的郊区。建设坎伯诺尔德的一个目标就是给英国的新城提供一个标志，但是，没有那个新城步了坎伯诺尔德的后尘。

法国的新城建设与英国的新城建设很不同。法国1948年的房租控制法没有推动住宅投资，对战后住房危机的第一个官方反应是开发“大型社会公租房住宅区”，建设廉租公寓（HLM，Habitation à Loyer Modéré），一个小区的居住人口达到 2 万人以上。1954 年，在巴黎中心以北 10 英里的萨塞勒（Sarcelles），首先开发了一个这样的大型社会公租房住宅区。与这种大型社会公租房住宅区相联系的反常社会生活形式都被贴上了“萨塞勒式”的标签，给戈达尔（Jean-Luc Godard）的著名电影之一,《我知道的关于她的二三事》，提供了素材。

这些大型社会公租房住宅区当然不只是产生了社会反常，它们还给城市住宅提供了一个负面的形象，一种劳动力市场的储备库，所以，它们成为极左翼选民手中的武器。1973 年，颁布部级法令，禁止继续建造大型社会公租房住宅区，把资源转向新城建设。

法国新城计划也是法国中央政府支持的，但是，推迟了整整 15 年。建设新城的书面行政决定和规划似乎都值得赞赏，也考虑到了新城的布局和交通。那时的英国建筑师错在谨小慎微上，看上去唯唯诺诺，与此相反，法国建筑师倾向于大手笔，那时并非法国建筑的好时机。巴黎当时已经发展了 5 个卫星城,在一开始的几十年间，详细规划和建筑几乎都是专断的和令人失望的。似乎可以把这些新城看成没有联系的对象的堆积，所以，那些新城不可能发展成为功能混合和社会混合的城市，而功能混合和社会混合恰恰是城市健康发展的基础。在新城建设的最后 10 年里，尤其是埃弗里市（Evry）的戈丁（Henri Godin),埃弗里市和马恩拉瓦莱市（Marne-La-Vallee）的西里安尼（Henri Ciriani），都提高了建筑标准，创造了城市环境和人性化的城市氛围。一些新城恢复了一些城市文脉感。

有些城市，如布拉格和布达佩斯，新城发展计划很不协调。波兰克拉科夫市最东部的胡塔区（Nowa Huta,意思是新钢铁厂）就发展成为了这个城市工人阶级聚集的、工业的和污染的部分，成为团结工会的第二中心。瑞典追随了英国模式，斯德哥尔摩建设了 2 个卫星城，瓦林比市（Vallingby）和泰比市（Taby）。也许最成功的新城是芬兰赫尔辛基外的塔比奥拉（Tapiola）。这个卫星城的开发不是政府推动的，而是由一家私人非营利的住房协会开发的，这个住房协会负责筹集建设塔比奥拉基础设施的资金和产业发展资金。塔比奥拉距离赫尔辛基仅 6 英里，当然，把塔比奥拉与赫尔辛基隔开的不是绿带，而是深深的海湾，这个新城的建设者们打算把塔比奥拉建设成霍华德所说的那种田园城市。塔比奥拉的开发成功和迅速发展都是毋庸置疑的，除此之外，由企业组织新城建设也是很有意义的尝试，实际上，在同一个时期里，美国也有企业在这样做。第二次世界大战以来，美国建设的所有新城都是私人开发商推动的，许多新城沿用了霍华德的田园城市的名字。所以，美国建设的那些新城都打破了霍华德开发田园城市的最基本的条件之一，即田园城市的土地所有权依然是全民所有的，开发所获得的增值收益会再返回到社会组织。

> 如果真的承认土地全民所有，占用者或使用者给国家缴纳租金，那么，就没有土地可以使用、改善和像现在这样安全吗？只能有一个答案。答案当然会是，——完全承认对土地的共同权力不需要妨碍承认个人的发展或生产。两个人拥有一条船，而没有把这条船锯成两半。[12]

在第二次世界大战刚刚结束的那个时期，美国的首要任务不是城市组织。给复员军人提供便宜的贷款，鼓励他们购买住房，振兴战争中萧条的建筑业，因为同样的理由，推动他们借钱买车。这样便导致了城市边缘地带的大规模住宅区开发，如莱维顿（Levittown），莱维顿这个名字来自开发商莱维特（Abram Levitt），他的两个儿子，威廉和阿尔弗雷特，也追随他成为房地产开发商。也正是在那个时期，迪士尼开始考虑建设他的“未来世界”（EPCOt）的可能性，我在最后一章会重新谈到这个“未来世界”，实际上，直到1982年，“未来世界”才成为一个房地产开发意向。

这些准城市开发从美国的东北部开始，然后蔓延到整个国家，这样，战后的最初10年里，已经存在的道路不能承载那些住宅区产生的汽车交通量。1956年，美国建立了“州际公路制度”。通用汽车公司的总裁威尔森（Charles Wilson）正是在1957年提出了他的著名论断：“对通用汽车公司有利的也是对美国有利的，反之亦然。”[13]这是第一批购物中心的时代，人们只有驱车才能去这些购物中心，在20世纪60年代末和70年代，购物中心随着交通变化而繁衍开来，就在后现代建筑师们声称，“大街几乎没什么问题”的时候，购物中心正在摧毁大街。在美国，中心城区衰退最严重的城市恰恰是汽车之城底特律，1967年的暴乱是底特律内城衰退的标志，而就在10年前，威尔森还在那里踌躇满志。

当时，正在偶尔发生反向运动。加利福尼亚的欧文（Irvine）就是第一个美国的新城，1950年，这个新城从洛杉矶以南的奥兰治县接管了3万英亩归殖民当局所有的土地。加州大学在欧文建立了校园，规划了欧文的市中心。宅基地相对比较快地就卖了出去，效仿帕克和昂温的市中心规划把那里的场地划分成为若干非常低密度的“街区”，因此，需要建设大量的道路；市政府相关部门提供住房设计，严格的规则禁止对个人房地产做出重大改变，所以，人们抱怨，欧文的规划政策导致比莱维顿（Levittown）更为整齐划一的城市面貌。尽管东海岸没有效仿欧文，但是，在欧文建成后不久，华盛顿特区建设了第一批卫星城。1961年公布的华盛顿特区卫星城规划显示，首选的卫星城选址是朝巴尔的摩方向的北部地区，朝弗吉尼亚的费尔法斯特县方向的西部地区。新城里斯顿（Reston）当初是第二选址，而马里兰的新城哥伦比亚（Columbia，Maryland）是第一选址。里斯顿距华盛顿特区以西约 10 英里，设想为严格白领阶层生活的地方，所以，在规划上避开了工业，而发展休闲娱设施，如高尔夫俱乐部和划船的港湾，然而，这个计划没有足够的资金支撑，于是，"海湾石油"成为里斯顿的主要投资者之一，把里斯顿变成了它们的公司镇。在里斯顿以西 4 英里的地方开发建设杜勒斯机场，在这种情况下，里斯顿的资金和设施状况发生了巨大的变化，现在，里斯顿被卷进了大华盛顿的蔓延大潮中。但是，里斯顿的市场街还是具有一种城市风格，而大部分沿街的开发并不具有这种城市氛围，各种让里斯顿城市化的举措正在展开。

在华盛顿特区和巴尔的摩之间开发的新城哥伦比亚的规划更有创新。哥伦比亚规划成为新城规划的模板。作为所有规划开发的指南的"哥伦比亚经济模型"（CEM）"实际上给了新社区作为商务企业的合法性。"[14] 哥伦比亚吸引了主要产业，尤其是通用电气公司。给不同收入、不同种族或族群的家庭提供住房，1200 ~ 2000 人构成一个街区，4 ~ 5 个这样的街区结合成为"村庄"，这种"村庄"是一种可与追溯到佩里的组织，当然，也可以追溯到英国的新城。

虽然新城哥伦比亚比起其他新城要更成功一些，居民已经按照它的开发者（劳斯，James Rouse）的愿望（从看门人到公司老总住在一起）实现了混合，[15] 但是，还是没有避免土地投机。实际上，每一个城市基础设施建设的投资者都希望提高土地价值，而土地价值的迅速上升一直都是哥伦比亚新城成功的明确条件。从借贷方看，对这个新城持批判态度的人们注意到不同族群和不同收入群体的欠资状况。对于哥伦比亚中心的商业设施来讲，依然是汽车导向的，没有开发一个适度的公共机构中心，也没有开发一个适当的交通体制。

里斯顿和哥伦比亚都是在"新社区法"（1968）[16] 通过之前设计和建设起来的。一个有些保守的英国评论家对这个法令做出了这样的评论，"把土地所有权和土地开发都交给一个可以与商业开发公司抗衡的公共机构，而把建筑主要交给商业开发者，只有这样，才有可能建设好的新城。"他们的看法可能是正确的。上百个类似的新城规划随着"新社区法"（1968）的出台而编制出来了。

因为战后的困难和那个时期的紧张关系，哥伦比亚新城建设延续了很长的一段时间。哥伦比亚新城没有实施分区规划，人口密度非常低，而且依赖私家车。哥伦比亚新城一直都是很开放的，然而，它毕竟不是权力中心，它是按照华盛顿特区的卫星城设计的。其他一些或多或少成功地实现了田园城市观念的新城也建设了起来，如德克萨斯州的新城伍德兰（Woodlands），20世纪60年代，伍德兰的新城规划就编制出来了，但是，它的真正建成时间是1972年9月，而且，按照“新社区法”（1968），给伍德兰的新城建设提供了相应的政府帮助。尽管有组织和资金上的问题，伍德兰还算是成功了。但是，不像都是卫星城的比较小的英国新城，美国没有任何一个聚居地在形体结构上形成它自己独特的城市特征。在1973年的能源危机以后，旧城当局坚持它们应该首先得到联邦资助，就在福特总统选举失败之前，他撤销了联邦政府的新城建设资金，而他的民主党继任人，卡特总统没有试图恢复联邦政府对新城建设的资助。

20世纪80年代后期和90年代，另一个与“新城市主义”相联系的思潮悄然兴起。这个思潮的支持者也喜欢缩写字，旧金山的规划师卡尔索普（Peter Calthorpe）倡导的“步行区”（Pedestrian Pockets），缩写字，PP，而杜安尼（Andres Duany）和他的妻子兹伊贝克（Elizabeth Plater-Zyberk）则推动“传统街区开发”（Traditional Neighborhood Development），缩写字TDP。“步行区”和“传统街区开发”都在呼唤霍华德、奥姆斯特德、佩里和诺兰的观念。事实上，卡尔索普和杜安尼都认为他们正在完成这些先驱们的未尽事业：

> 20世纪20年代，城市规划达到了能够发挥作用的水平，这真的是难以置信的，——而我们现在所能发挥的作用远不如他们。但是，1929年的经济危机打击了这些人，从此，他们一蹶不振。[17]

不像那些人，杜安尼和兹伊贝克按照正常的公司财政发展战略来经营。实际上，杜安尼更青睐作为公司世界里的一个客户而不是一个国家或州的公民来经营。[18]

杜安尼自己最近在一个新城里买了一块地，那个新城不是他们设计的，但是，是他们眼光中的一个具有代表性的新城，迪士尼公司称之为“欢庆”的房地产开发区，“欢庆”的规划建设使用了他所创造的一些原则。这个老的“未来世界”（EPCOT）中心靠近奥兰多，“迪士尼世界”刚刚成为老的“未来世界”主题公园的另一个部分，当然，“迪士尼世界”在老的“未来世界”主题公园以南4英里的地方。一个纽约的建筑师团队把“欢庆”设计的具有“地方特色”，我必须称这些建筑师的工作是一种无休止的“古香古色的”风格。结果还是令人耳目一新的。正如迪士尼公司经常指出的那样，迪士尼公司已经排除了米奇和米妮；没有它们的形象，在迪士尼的旅游品商店里没有米奇和米妮形象的纪念品，自从这个古香古色的世界被广告推出以来，“欢庆”社区里就有了旅游品商店，那里出售纪念品、复制的家具和玩具，这个古香古色的世界成了奥兰多的标志之一。那里现在的居民是 2500 人（计划达到 12500 人，这个人数依然与霍华德的田园城市相距甚远），当然，那里的餐馆更多的是面向游客的。

"欢庆"坐落在"不过才一代人就已经半废弃的商业街和数英里衰败的住房之中"。古香古色的市场街从广场一直延伸到湖边。在"欢庆"的中心，有一个非常低矮却有许多立柱的市政厅，在市政厅的对面，是全镇最宏伟的建筑，上边有一个华丽的观景塔：销售办公室。这似乎显示了"欢庆"的整个"社区"商务是"关于"什么的–"欢庆"也就是关于房地产的。

如同许多快速建成（所以装修简陋）的聚居地一样，"欢庆"必须依靠过客，常常是移民和没有专门技能的劳动力，他们住在便宜的房子里，那些设想要建设的住房要比他们暂时住的房子昂贵很多,那些住房适合于给这个"新城"的服务人口居住。在"欢庆"附近还有一个名字很奇怪的城镇，基西米（Kissimmee，据说曾经是牛城），许多迪士尼的员工住在那里。

像"欢庆"这类聚居点不可避免地要面临的危险是,它们会变成封闭式住宅小区。在一个时间里，我们在那里看不到穷人，当然没有"无家可归者"。如果那里有一个警察的话，他也肯定藏起来和看不见的。

大部分参与"欢庆"的建筑师—规划师都在宣传,任何新建筑的主要目标在于"营造场所"，所以，他们在奥兰多留下的缺陷意味着他们要重新审视他们的政策。新城市主义似乎回到了霍华德和诺兰，它并不是在解决城市问题，相反，新城市主义是在建设一个躲避城市的避难所。因为"欢庆"没有公共取向（没有坚持"社区"因素），而是一个不折不扣的房地产开发，所以，"欢庆"不同于美国原先的新城，美国原先的新城是为了阻止郊区蔓延，凝聚莱维顿的影响，削减城市道路，缓解美国东北部地区（Bos-Wash）城市圈和加利福尼亚城市圈（San-San）中心城市人口外流的趋势。

尽管城市有这样那样的问题，人们对城市进行了这样和那样的批判，城市还是岿然不动。纽约可谓城市中最强大的一个，虽然不断受到袭击，依然维持着它的奇妙和生命，不是从波士顿到华盛顿的东北部地区，而是曼哈顿，才是世界首都。

第 7 章　城市核心和全球首都

无论是从欧洲，还是从亚洲、拉丁美洲或太平洋沿岸国家看，纽约似乎都是一个世界首都（金融、管理，甚至文化）。正如我在本书一开始时所说的那样，让到达纽约的人兴奋不已。当新的首都出现或建立起来的时候，其他城市总是很羡慕，而且试图模仿它。所谓“曼哈顿化”就是对城镇或多或少模仿纽约的过程的反映。其他任何城市都没有得到这样的美誉。[1] 当罗马帝国处在顶峰时期的时候，也没有“曼哈顿化”意义上的“罗马化”。这就意味着，对曼哈顿的任何处理和改造都必然会被别的地方模仿或复制。

纽约有一个特别优越的地理位置，一个片岩的岛，阳光充足，让那里可以展开强度很大的农业活动。这个岛的两边各有一条河流（伊斯特河和哈得孙河）流向布鲁克林和史坦顿岛的防波堤环绕着的那个海湾。在北边，第三条河哈姆姆河把曼哈顿与大陆分开来。所以，水上交通成为纽约规划、纽约经济和纽约增长的基本特征。

韦拉札诺（Giovanni da Verrazano，弗兰科 - 佛罗伦萨号船的船长）1524 年“发现了”这个海湾，当然，他既没有声称他的发现，也没有给这个海湾命名。这个天然港湾的优势逐步变得明显起来，17 世纪初，一个调查这个区域的英国旅行者在他的地图上给这个岛贴了个地名，曼纳哈塔和曼纳哈亭（Manna-Hata and Manahatin，大概是印第安人的地名，也许指有山的岛），[2] 亨利 · 哈得孙（Henry Hudson）当时按照这张图驶进了一条河，后来，这条河在 1609 年用他的名字命名为哈得孙河。[3] 荷兰商人资助了哈得孙的这次旅行，希望找到一条从西北方向到达中国的海上通道。两年以后，哈得孙又以英国皇家的名义继续寻找，这次探险让他发现了巨大的北极海湾，同样也用他的名字命名了那个海湾，他最终死在了那次探险中。

除开一些地名和一些在东海岸有名望的家族名之外，荷兰人几乎没有在那些他们曾经占据的旧北美土地上留下什么痕迹。但是，1620 年以后，荷属东印度公司为了从咸鱼辅以生毛皮的贸易中获利，控制了这个哈得孙河边上的“新荷兰”区。生毛皮生意很快替代了咸鱼生意，成为荷属东印度公司在这个地区的主要产品和获利更高的商品，这种贸易的发展让荷兰东印度公司减少了在哈得孙流域的捕猎活动，而且在曼哈顿的南端建起了一些木屋，最初是一批瓦隆人在那里住了下来。恰恰有可能是“新荷兰”区的领导人哈斯特（Willem Verhulst），而不是他的继任人米卢伊奇（Peter Minuit），从一些印第安人手里，花了价值 60 荷兰盾的干货，就买下了曼哈顿岛，这些印第安人中可能有雷纳佩族人（Lenape）、特拉华人（Deleware）、阿尔衮金人（Wappinga Algonquins），当然，他们都没有具体声称他们拥有曼哈顿岛的某个地方。荷兰人在曼哈顿南端建起了要塞、栅栏，称之为“新阿姆斯特丹”。新阿姆斯特丹与波士顿和费城不一样，而与阿尔巴尼一样，是一个包括定居点的城堡，而不是一个协议的或公司的城镇。临时堡垒是为了与英国人对抗，说起华尔街的名字就让人想起那个炮台。米卢伊奇的继任人，一条腿的史蒂文森（Peter Sruyvesant）虽然精力充沛，但是，他是一个极端的加尔文主义者，不受欢迎，他没有给荷兰人留住这个定居点，1664 年 9 月 8 日，他向一只英国舰队移交了“新阿姆斯特丹”，随后，“新阿姆斯特丹”被重新命名为“曼哈顿岛上的纽约”，当时的人口约为 1500 人。按照 1670 年的布雷达条约，荷兰人愿意拿曼哈顿岛交换更有价值的新几内亚附近的伦岛，那里当时是世界上最大的肉蔻产地。“曼哈顿岛上的纽约”的人口增长到了 2200 人，成为矿产品、食品和皮毛的交易港口，后来还成了奴隶交易港口。1740 年，“曼哈顿岛上的纽约”的人口达到 1 万，1760 年，那里的人口数目超过了波士顿，达到 1.8 万人。

尽管亚当斯（John Adams）已经认识到纽约是“这个大陆的关键”，但是，直到 19 世纪初，纽约依然还是曼哈顿岛的倒垃圾的地方和布鲁克林河边的一个狭长地带。1810 ~ 1811 年曾经计划建设一条通往大湖的运河，但是，直到 1825 年，才真正开始建设这条运河，如果真在 1811 年按计划建设了这条运河，一定会强有力地推动曼哈顿的增长。当时，这个港口的重要性大大增加，之所以如此的原因首先是，在 1810 ~ 1815 年困难时期，英国商人选择了曼哈顿作为港口，向英国运送受到倾销限制的商品，这件事对纽约不错，但是对英国本土不利。[4] 随着蒸汽驱动的海船的吃水深度加大，特别是铁船的出现，都充分显示了这个港口的优势，1838 年 4 月 23 日，第一艘跨大西洋的明轮蒸汽船，“大西部号”，驶进了纽约海湾。19 世纪 30 年代，从联合广场到哈林的第一条铁路建成，1840 年，这条铁路线一直延伸到哈林河，进入布朗克斯，然后继续延伸。

城市当局必然关注了管理这个城市的可能增长。虽然城市扩大并非出乎预料，但是，的确没有对它的扩大做好计划。随着曼哈顿的人口越来越多，18 世纪末，干预曼哈顿岛的某种整体设计开始出现。1790 年，史蒂文森的后人把史蒂文森的大庄园放在了一个南北向的方格上。许多方案被提了出来，一些失败了，一些超过了能力，在此之后，纽约的奠基人们行动起来，任命了一个“大街委员会”，一个年轻的土地调查员小兰德尔（John Randel，Jr.）为这个委员会绘制了曼哈顿的地图。依据他所绘制的地图，规划了 12 条大道（30 米宽）和 155 条街（15 米宽）。这个规划产生了一个均匀方格状的空间布局，覆盖了整个哈得孙大街以北地区，不考虑土地所有者所拥有的不规则的土地及其他们的权利，而且马上镌刻出来。这个规划允许了一些例外。允许曼哈顿的格林威治村保留原先的布局，史蒂文森的庄园在纽约下东区，1836 年。纽约市从史蒂文森的后代那里继承了这个庄园。当然，最重要的一个例外是布鲁明戴尔路（Bloomingdale Road），这条路以后称之为百老汇大街（Broadway），一条随着印第安人路径的正式大道。百老汇大街时而与网格线平行，时而与方格线垂直，交叉路口允许蝴蝶状的空间安排。在最初的方格上，在第三大道和第七大道的 14 街和 30 街之间，开了一个最大的口子，一个“盛大的检阅场”，可以用来做军事演习，进行展示之类的活动。这个规划安排了另外 4 个广场。私人开发商早期介入，购买了相邻的地块，把它们当作伦敦模式的庄园。罗格斯（Samuel Ruggles）就是其中的一位，他骗取了私人的和城市的资金，在 14 街和百老汇建设了联合广场，在附近建设了格拉梅西公园。32 街和百老汇大街上的麦迪逊广场也是这样建设起来的。

因为这些私人企业，最初规划的 170 英亩公共空间，经过各种调整和侵占，到了 1850 年，公共空间萎缩到了 117 英亩。因为 1811 年预计要占用的地块如同费城一样基本上都是有花园的个人住房，所以，一开始认为无关紧要。但是，纽约随着亚洲和欧洲的海外移民的到来而增长，而欧洲城市那时正在因为吸收乡村人口而增长。1800 年，费城是北美的最大城市，人口约为 7 万，而纽约县的人口大约是 6 万，到了 1900 年，曼哈顿本身的人口就达到了 185 万。

随着街区填充上越来越高的和越来越密集的建筑，争取大型公园的呼声日渐高涨。纽约的先辈们坚持认为，曼哈顿岛如此狭窄，两边都有河流，所以，提供了充足的新鲜空气。大量的“绿色”公墓，尤其是布鲁克林以南的绿树公墓，总可以供人散步。其他美国城市也是这样。

但是，迅速的增长让纽约出现了种族暴力和阶级冲突。1835 年的大火烧毁了这座城市大部，1837 年，第一次银行危机发生了，20 年后，又发生过一次这种危机，这些银行危机让房地产价值下滑。暴乱和传染病，尤其是黄热病，十分普遍。频繁的动荡，传染病和 1848 年的欧洲革命，唤醒了美国的第一个重要的景观建筑师，唐宁（Andrew Jackson Downing），他提出为这个城市建设一个巨大的“肺”。他很快得到了上曼哈顿的房地产主的支持。

在若干方案遭到否定之后，1858 年，为此专门举办了设计竞赛，寻找资金开发这个项目。沃克斯（他撰写了著名的图案著作）和奥姆斯特德设计和领导了这个建在上曼哈顿裸露岩石上的公园。纽约的中央公园成为世界公园的模式之一。

因为当时公园周边的房子最高不超过六层，所以，围绕公园边缘种植了高大的树木，可以让人们在公园看不到城市，维持那里的乡村氛围。但是，公园的出现立即吸引开发商沿着第五大道开发。19 世纪 70 年代和 80 年代，（法国乡村）城堡风格的住房雨后春笋般地发展起来，当然，它们依然维持的相对低的建筑高度。1880 年至 1884 年期间，在中央公园西边的 72 街上，出现了高达 8 层的“达科他”公寓楼（北美的一种印第安人叫达科他人，起这个名字讽刺性地表明，这些公寓远离“文明”），那些建筑采用了孟莎式屋顶，这样，中央公园的边缘特征就被打破了，这些公寓成为我们现在在中央公园周边看到的那些后来发展起来的高层建筑的先锋，它们环绕着巨大的、准乡村的绿色空间，像一种不成比例的栅栏。正如“达科他”的名字所意味的那样，直到 19 世纪末，中央公园的边缘会一直维持郊区的氛围，而下曼哈顿的建筑密度变得越来越高，没有上曼哈顿的那些氛围。

开发商和建造商们应对工业中心的拥挤和那里紧急住房需要的反应有所不同。在英国，在伦敦和伦敦北部，应对的办法是建设联排的两层住宅，在广大地区，建筑高密度的展开，建筑师们发现，随着土地价值向外递减，高密度是最便宜的开发形式。甚至非常贫穷的人也能拥有自己的家庭住房，这种开发方式也间歇性地主导着美国的开发。19 世纪，曼哈顿就开始提高建筑高度，当然，因为移民，甚至比较富裕的那些移民，似乎找不到公寓式的住房，景观奢侈的美国城市安排了明显无限的和始终有效的开放空间。总而言之，1872 年以后，纽约的记者可能这样写：

> 我们都听说了欧洲人生活在公寓里的办法。因为在每一层和大街之间建造了用蒸汽推动的升降机来上下楼，所以，我们可以按照我们的愿望把建筑建的更高一些，人们选择最多的是顶层。[5]

曼哈顿的土层很薄，下边就是石头了，所以，可以让建造商节约很多资金，因此，19 世纪中叶以后，下曼哈顿的建筑迅速升高。在没有任何建筑规则的情况下，贫民窟住房太糟糕了，以致于，一个贵格会教派的慈善家在 1850 年出资建设了一个“改进的、改革的”五层房产——戈瑟姆法院（Gotham Court），成为贫困和高犯罪的代名词。19 世纪下半叶，这里的住房有了微乎其微的改善，尽管如此，仍然受到社会谴责，终于在 1890 年被拆除了。

1876 年，为了在一块 8 米 ×33 米的场地上建一幢公寓，业主举办了设计竞赛，最后的胜者是一个土地调查员，他提出的方案是，建设面对街道的联排住宅，每一层楼 4 套公寓，每一套公寓都有向外的窗户，让自然采光最大化。每层楼有两个厕所，由于它的内部形状像哑铃，所以，它以哑铃规划而著称。当时，纽约通过了一项法令，每一个卧室都要有一个向外的窗户，因此，开发商马上采用了哑铃规划，纽约建设了大量这类廉租公寓，通常 5 ~ 7 层。在 1901 年《公寓住房法案》(Tenement House Act) 宣布这种形式的住房是非法的之前，美国其他城镇也采用了这种形式的建筑，成为当时开发商和建筑商开发的最流行的建筑。当时，曼哈顿有 2/3 的人口，接近 200 万人，生活在这样的廉租房里，虽然 1901 年以后没有再建设这种形式的公寓，旧的廉租公寓依然保留了下来，继续出租。

曼哈顿当然不等于纽约。17 世纪，伊斯特河对岸的布鲁克林（Brooklyn，荷兰乌得勒支以北有一个叫 Breukelen 的地方，纽约布鲁克林的地名源于此）高地就已经有人居住了，一个叫布朗克（Jonas Bronck）的丹麦家族在那里种地，他们用他们的名字命名了布朗克斯（Bronx）。荷兰人和英国人在纽约的一些村庄里混合居住着，如新哈勒姆（Nieuw Haarlem），这个村庄可能是史蒂文森自己在 1650 年时命名的，当然，这个“新”字很快就不用了，这种民族混合反映了当时纽约的民族构成。18 世纪，长岛伊斯特河末端的其他行政区也组织了起来。曼哈顿的另一边，哈得孙河西岸是不如东河岸适宜居住，它是纽约州于新泽西州的边界。泽西城（Jersey City），所谓保罗斯胡克，直到 18 世纪才有人定居，1820 年才被管理起来。当然，对全世界和纽约人来讲，没有曼哈顿，也就没有纽约可言了。直到最近，居住在布鲁克林和长岛的人到曼哈顿去，都会说“进城”。这个感觉不再取决于人口或经济数字。1993 年的人口统计显示，覆盖纽约县的纽约统计区的人口为 731.2 万。1998 ~ 2000 年，美国之外的若干个城市，上海、雅加达、东京、墨西哥城的人口已经超过了纽约，它们的人口超出了 2000 万，但是，它们都没有撼动纽约作为世界首都的地位。

如同每一个城市，曼哈顿的交通从一开始就是城市增长的基本因素。18 世纪，横跨伊斯特河到布鲁克林的轮渡就已经成了正常的商务活动，被管理起来；19 世纪，这种跨河轮渡的数目大大增加。哈得孙河上也有类似的轮渡，跨过哈得孙河，把曼哈顿与新泽西连接起来；1764 年，这个轮渡商务活动就得到了管理。1830 年，仅靠轮渡的运输能力明显不够用了，于是，人们提出了建设桥梁，当然，所有的计划似乎都在技术上和资金上让人望而却步。从 1867 年开始，德国工程师罗布林（John Augustus Roebling）设计和领导了非常优美的布鲁克林悬索大桥的施工建设。大桥还在建设中，罗布林却去世了，这样，剩下的工作便由他的儿子华盛顿来完成，他也险些因“潜水夫病”而丧生。自 1883 年以来，甚至在 1954 年大修中，这座悬索大桥一直都在使用中。这座大桥把曼哈顿与布鲁克林连接在一起，于是，1898 年，布鲁克林成为纽约市的一个区。

悬索桥当然不是一种新型大桥。1819 年，特尔福德（Thomas Telford）就在梅奈海峡威尔士和安格西之间建设了一座拉索桥，中间跨度为 173 米。19 世纪 20 年代，法国物理学家和工程师塞甘（Marc Sequin）设计了若干座桥梁，跨越罗纳河，他是第一个驾驶热气球飞行的法国发明家蒙高尔费（Montgolfier）的侄儿。罗布林本人建造了一座新型的拉索桥，横跨 247 米的尼亚加拉瀑布，索链吊着加劲梁，以避免早期类似的建设问题。布鲁克林大桥的跨度是尼亚加拉瀑布大桥的两倍，而且，覆盖河床的是河流冲积下来的淤泥，因此，存在许多设计和施工问题。然而，布鲁克林大桥以及自由女神像成为曼哈顿的标记性建筑。因此不可避免地，布鲁克林大桥也变成了这两条河上许多后继建设起来的大桥的范例，包括世界上最大大桥之一的维拉扎诺大桥，桥梁宽度达 1298 米，它是进入纽约港的入口。1923 年，关于建设维拉扎诺大桥的设想提出来了，尽管遭到了环境保护组织的抵制，最终还是在 1960 年至 1964 年期间建成，在新泽西和长岛之间提供了一条绕道。

19 世纪中叶，大部分重型和耗能的工业都迁出了曼哈顿：钢铁厂和化工厂搬到了布鲁克林，那里曾经是世界上最大的蔗糖厂，加工从加勒比地区运来的甘蔗。横跨哈德孙河延伸到新泽西的铁路线的进一步延伸吸引了其他一些工业向史坦顿岛转移。继续留在曼哈顿的产业主要是手工基础上的产业，到了 1855 年，曼哈顿成了最大的成衣制造地，当时，辛格（Isaac M. Singer）把脚踏缝纫机引进了他的工厂。于是，他很快成了曼哈顿最富裕的人之一，他在莫特街上的工厂也成为纽约最高级的建筑之一。

巴杰（Daniel D. Badger）设计和建造了辛格工厂。巴杰还负责建造了纽约最堂皇的铸铁建筑，百老汇 488 号至 491 号，春日街角的那幢威尼斯风格的哈沃百货公司。这个百货公司安装了纽约第一个商业用蒸汽驱动的升降机。这种建筑框架结构原理的创始人不是巴杰，而是发明家和建筑师波加达斯（James Bogardus，他曾经设计过雕刻机，生产了英国第一枚邮票），他是开发美国铸铁建筑的先锋。至今尚存的波加达斯自己实施的建筑项目不多：运河街和拉菲逸街相交处的那幢建于 1856 年仓库，伦纳德街一个建于 1860 年的比较小的建筑，莫雷街 75 号的建筑是由他的专利构建建成的。早已消失建筑有哈珀兄弟（Harper Brothers）出版公司的办公室和仓库（在富兰克林广场，现在是翠贝卡）是波加达斯最有代表性的建筑。巴杰向美国其他城市输送了预制装配式铸铁建筑，包括芝加哥，波加达斯也这样做，预制装配式建筑铸件甚至运送到了哈瓦那。波加达斯建立的这种建筑框架结构原理预示了从此一直主导建筑的框架结构。

纽约的城市形象曾经而且一直有一个重要的和独特的元素：自由女神像。自由女神像屹立在纽约湾的贝德洛岛上，那里曾经是殖民时期一所孤立医院的场地，自由女神像是在美国独立百年时法国人民送给美国人民的礼物，当然，这个自由女神像的渊源并非如此简单。自由女神像的创作者，法国雕塑家巴托尔迪（Frédéric Auduste Bartholdi）一开始设想这个雕塑是给苏伊士运河赛德港的，一个真正的圣西蒙主义的纪念碑，作为一个灯塔，而且灯光是从她的额头上而不是从火炬中发出来的。在这个埃及项目最终没有动工新建的情况下，一群很有影响的法国共和派人士提出，在美国建国 100 年的时候，把这个巨大的雕塑送给美国人，这些共和派人士打算把这个巨大的雕塑即作为一种让法国人听的宣传，也作为一种外交姿态。结果，这个礼物并没有得到法国赠送者期待的那种接收者的热情欢迎。然而到最后，找到了场地和资金，技术问题也得到了解决：埃菲尔（Gustave Eiffel）设计了一个轧制钢框架，外表包裹上一种令人惊叹的薄铜片，中间是空的，安装通道和楼梯。"自由女神"手里的火炬最初太固定，所以不能成为航船的航标灯，而自由女神像打破常规的启蒙"皇冠"成为一个观景廊。这个皇冠和火炬后来上了釉，电气化了，现在亮起来了。自由女神像的墩座是建筑师亨特（Richard Morris Hunt）设计的，不过，人们大多只记得亨特设计和扩建了中央公园边上的大都市博物馆。

在整个建筑完成之前，甚至在确认实施这项工程之前，巴托尔迪就已经用铜铸造了 1/4 大小自由女神像模型。3 座迷你自由女神像之一坐落在巴黎以西塞纳河的天鹅岛上。19 世纪下半叶，在巨大的纪念性建筑还有很大的需求时，自由女神像也许是最大的，而且肯定是最著名的，成为纽约这个大城市唯一的一座雕像，其他大部分雕像都在乡下或在没有人居住的地方。虽然早期对这个雕像还有些疑惑，但是，它终究成为了纽约的标志性建筑，任何电影导演或民航广告都拿自由女神像来象征纽约。从烟灰缸到悬挂气球，各种尺寸自由女神像的复制品成为标准宣传品和旅游招贴画。自由女神像已经成不计其数的漫画的主题，而且成了一部音乐剧的主题。也有不少大尺度的复制品，百老汇、哥伦布大道和 64 街交汇处的林肯广场边，有一座仓库，它的屋顶上安放了一尊 55 英尺大小的自由女神像复制品，也许就是巴托尔迪迷你自由女神像之一，于是，这尊自由女神像成为那个广场的聚焦点。加上但丁的雕像，它们一起成为不远处哥伦布广场的对手。

相邻的埃利斯岛（Ellis Island）坐落在贝德洛岛以北的纽约海湾中，它原先曾经叫牡蛎岛，或吉伯特岛，1892 年，从下曼哈顿的城堡花园那里接管过来，成为新到移民办理手续的地方。[6] 1954 年以前，1600 万从海上到达美国的移民，都是绕过自由女神像，通过埃利斯岛上严厉的和不友好的关卡后才进入美国的，这一切随着航空运输的发展和新的移民程序的实施才改变。自由女神目睹来自欧洲的船只如何把污垢不堪的、失去方向的移民从船上倾泻下来；自由女神像的基座上镌刻着 1883 年拉扎露丝（Emma Lazarus）的十四行诗，《新巨人》：

一个举着火炬的非凡之女——她的名字
自由女神。她手里的那盏灯
洋溢着对全世界的欢迎：她温柔的眼眺望着
一桥飞架两城的港湾。
她呼喊着，"守住，古代的土地，你们的传奇！"
用她缄默的双唇："把你们的困乏，你们的贫穷，都留给我，
渴望自由的苦难游子——
我在金门边高举我的灯盏！"

自由女神像加上它的基座的高度为 92 米（305 英尺），1839 年厄普约翰（Richard Upjohn）重建了高度为 86 米（284 英尺）的三一教堂，当然布鲁克林大桥是在 1883 年对外开放的，加上桥墩，高度为 82 米，这些成为纽约城市形象主导元素的建筑物是当时纽约最高的建筑。当然，这个建筑高度没有保持多久。19 世纪中叶以后，纽约人渴望建设更高的建筑，波加达斯金属框架和 otis 安全电梯使高层建筑施工更为容易。城市土地价值是征收房地产税的基础，政府常常拿房地产税来调整城市土地价值，城市中心的土地价值不断攀升在某种程度上是开发商希望建设高层建筑的一种原因。但是，1920 年以后，清晰地出现了有关纽约之外发展摩天大楼的不同意见：

狭窄的曼哈顿岛迫使纽约发展摩天大楼，而像底特律这类对可能的城市扩展没有自然限度的城市来讲，就不需要建设摩天大楼了，这种呼声一直不绝于耳。这种看法是不正确的。人们喜欢摩天大楼，所以，他们建设摩天大楼。人们喜欢把摩天大楼集中在一个地区，所以，他们把摩天大楼集中在那里。在土地受到约束的曼哈顿不乏开发摩天大楼的场地，可是，那里并没有建设摩天大楼。西部城市的扩展是没有限制的，而摩天大楼还是集中在不大的地区。[7]

面对那些无限的空间，人们不由自主地会感到忧虑，会出现难以启齿的广场恐惧症，那时，是否真有这样一种推动所有摩天大楼紧挨在一起的因素呢？开始时可能真有这种因素。但是在摩天大楼兴起初期，更重要的因素不是这种担忧，而是竞

争，对于这种展示竞争，必然需要紧挨着。这段引述其实是在说，没有什么是非要“表现出来的”，或者说，没有什么是必然的，所以，摩天大楼的起源和发展并非是无意识的。从第一批摩天大楼的建设开始，摩天大楼始终都在彰显着城市的权力和财富。

纽约第一批真正的高层建筑是 4 ~ 5 层的仓库，如纺织品仓库、旅馆，以及 19 世纪 40 年代和 50 年代的保险公司，都使用了某种形式的金属框架。“公平人寿保险协会”（Equitable Life Assurance Society）大厦是当时最引人瞩目的建筑。当时，保险在纽约还是新事物，1830 年以前，纽约没有保险业。“公平人寿保险协会”建筑分别在 1875 年和 1889 年进一步扩大了，除开宏伟的建筑和蒸汽机推动的升降机，用石块砌成外墙，分解成两层楼的重飞檐，以及高大的双重斜坡屋顶，让这幢呈现第二帝国风格的建筑显得格外庄重敦实，这样，9 层楼看上去变成了 3 层楼加上一个阁楼。这类商务建筑，尤其是银行和保险，呈现的是可靠性而不是野心。然而，1912 年的大火还是烧毁了“公平人寿保险协会”的这幢建筑，尽管它做了防火处理，使用了铸铁建筑框架和石块外墙。

这种高层建筑大约在 1870 年发生了变化，当时，没有银行家或保险商约束的报业大亨想展示他们的成就、他们的新财富、他们的实力。1875 年的“论坛报大楼”是报业大亨们最早的高层办公楼，由亨特（Richard Morris Hunt）设计，亨特还设计了自由女神像的基座和大都会艺术博物馆，那时，即便不说“论坛报大楼”（Tribune Building）在炫富，它跋扈的外观让它看上也非睿智。尽管如此，“论坛报大楼”在商业上还是成功的。与“公平人寿保险协会大厦”一样，“论坛报大楼”也有 2 ~ 3 层楼高的双重斜坡屋顶，这种屋顶让“论坛报大楼”降低了它的高度，“西联公司（Western Union）大厦”也是这样做的，它建于 1872 年，由受过工程教育的波斯特（George B. Post）设计，后来，波斯特成为纽约高层建筑最重要的设计师。因为西联公司大厦不顾它的城市背景，所以，它最近被称之为“纽约的第一栋摩天大楼”，当然，在西联公司大厦建成的时候，公众话语中还没有“摩天大楼”这个词汇。

高层建筑并非首先在“历史性的”曼哈顿的石头地基上生长起来，而是首先在新兴的和迅速发展的城市芝加哥繁荣起来，那里的地基是不那么有利的黏土、砂土和砾土，地下 38 米才是岩床。美国南北战争（Civil war）期间，芝加哥成为中西部农产品的出口之都，来自密西西比流域的农产品主要是谷物和肉类。辛辛那提此前已经成为声称它是世界猪肉之都的城市，但是，南北战争近在咫尺，而且，辛辛那提远离（1852 年以后）建设起来的新铁路，远离从湖泊到大海的运河，如伊利运河（1848 年以后，密歇根和伊利诺伊州）可以提供的运输线。1830 年，芝加哥人口水平刚刚达到纽约 200 年以前的人口水平，但是，芝加哥的人口以惊人的速度增长，从 400 人增加到 1850 年的 3 万人；20 年中，芝加哥的人口翻了 10 倍。1865 年，这个迅速成为世界上最大的肉类加工和包装中心的集散地开张。大约与此同时，钢铁生产成为芝加哥富裕的一个因素；当然，直到 1870 年以后，供摩天大楼建设使用的工字梁才设计出来，大约在 1880 年，美国成为世界上最大的钢铁生产者。不像辛辛那提，芝加哥并非南北战争的直接战场。

1871 年 10 月，一场蔓延 9 平方公里的芝加哥大火灾难性地拖住了芝加哥的持续增长，那一年的夏季干旱无雨，大火烧毁了很多树林。这场灾难让炼钢生产能力锐减：实际上，炼钢是这场大火的罪魁祸首之一。与伦敦 1666 年大火之后的重建相似，芝加哥的重建也迅速展开，建筑防火成为当时芝加哥重建的基本关注点。因为建筑钢结构的工业化与这场大火相伴而生，所以，钢铁与防火砖以及后来出现的水泥一起成为主要建筑材料。虽然 1873 ~ 1874 年出现过经济萧条，但是，随着建筑的发展，钢铁、防火砖以及水泥等建筑材料已经有了很大的需求。对于芝加哥的土壤条件而言，金字塔式砌筑地基似乎可以支撑规模变得越来越大的建筑。芝加哥 16 层的蒙纳德诺克大厦会成为砖石结构建筑的顶峰，它建于 1889 ~ 1891 年，由伯纳姆（Daniel Burnham）和鲁特（John Wellborn Root）设计。蒙纳德诺克大厦仅仅使用钢铁作为内部支撑和防风拉筋，这幢建筑坐落在巨大平台地基上。但是，此后，芝加哥的整个建筑朝一个不同的方向转变。

芝加哥的经济依靠仓库和谷仓，当一个人考虑把仓库和谷仓结合起来时，他的脑海里没有闪现出成熟的和大众的精神，但是，芝加哥把它自己看成美国最“有文化的”城市，在涉足艺术和高等教育方面，如书店、图书馆和私人藏书的数目上，芝加哥胜过纽约。尽管芝加哥的建筑师之间必然有竞争，不过，他们是一个具有相当凝聚力的团体。他们的杂志，“内陆建筑师”，显示这些建筑师还是非常能言善辩的。芝加哥充满活力的经济增长无论如何都是让芝加哥的建筑容易获得优势，因为芝加哥的建筑工程量的确是巨大的。芝加哥云集了才华横溢的建筑师团队和客户，这是摩天大楼形成中的一个重要因素。他们都懂得他们所承担的任务的重要性和伟大：提供一个城市形象，这个城市形象通过跨越性的形式体现“美国梦”的雄心和成就。这个“圆环”，高架铁路以及铁路护墙环绕的芝加哥中心区，是芝加哥的核心，那里大部分高层建筑是在 1880 年和 1890 年的 10 年间建成的。

对于芝加哥的这群建筑师来讲，沙利文（Louis Sullivan）是最高产的设计师、作家和践行者。与他同时代的许多人一样，沙利文也受到他的客户的激励和启迪。所以，毫不意外，沙利文提供了建筑师会做出的最清晰的阐述；建筑师们会通过新的摩天大

楼形式来传播

> 那些更高形式的情感和文化，对于这种无生机的堆积，这种粗暴的、冷酷的、野蛮的聚集，这种鲜明的、耀眼的永恒冲突的惊叹，这些更高形式的情感和文化是善的。

沙利文1896年3月在利平科特发表他的“艺术地思考高层建筑”，大部分著名的芝加哥摩天大楼已经建设起来了；摩天大楼15年前就已经在美国成了英语词汇了。因为摩天大楼这个词汇被用来形容任何高达的东西，包括高楼，所以，1885年以后，这个词汇仅仅用于高层建筑，尤其是那些框架结构建筑。由一个服务“核心”贯穿的框架结构是一种全新的、完全美国式的建筑类型，上下水管道、电线、楼梯、电梯都或多或少集中布置在这个建筑的服务核心里。

詹尼（William Le Baron Jenney）是一个重要的革新者，他是马萨诸塞一个捕鲸人的儿子，在巴黎获得工程学位，曾经在格兰特和谢尔曼领导的联邦军里服役，官至少校。复员后，詹尼在芝加哥组建了合作企业，专门从事铁路工程：他甚至与奥姆斯特德和沃克斯在滨河规划项目上合作，这个规划设想把滨河建成伊利诺伊的郊区“社区”。1869年，詹尼更换了合作者，撰写了一本建筑手册，芝加哥大火后的十年里，詹尼成为钢架和砖石混合防火结构的第一人。他的办公室成为培养全新建筑师和工程师的摇篮，这些全新建筑师和工程师中包括伯纳姆以及沙利文；霍拉伯德（William Holabird）和罗西（Martin Roche）也与他一道工作。詹尼常常把铁，用铸铁制成的立柱，轧制钢材制成的工字梁，与砖石混合起来使用，成为真正使用金属构件作建筑结构，而把砖石仅仅用于装饰和防火的第一人。詹尼很快成功了；在或多或少按照传统方式使用这些建筑材料之后，1879年，他设计了他的第一幢采用框架结构和用防火砖砌成的7层楼高的建筑，“莱特大楼”，这幢建筑的立面几乎完全由薄薄的竖框玻璃窗构成。1884年，在“住宅保险公司大楼”建成一半的时候，詹尼提出使用一些钢梁，当时，美国刚刚开始制造钢梁。“家庭保险公司”（Home Insurance Company）大楼是摩天大楼框架的真正发端。

詹尼并非十分迷恋建筑，他对建筑外墙不是那么感兴趣，对建筑内部的规划和容量也不是那么感兴趣，他把这类工作交给他的助手去做。詹尼在芝加哥建设的办公大楼具有各式各样的外观装饰，那些装饰可能呈现出“经典”主题（例如，1889年完成的第二幢莱特大楼），或他在那一年设计的费尔大楼华丽的粗面砌筑。可是，詹尼并非没有文化修养，相反，他把自己定位为一个有文化的人。沙利文认为，詹尼的法语不好，可是，詹尼还是讲法语。他非常喜欢社交，而且饮食考究。

阿德勒（Denkmar Adler）也是一个联邦军退伍的军队工程师，德国犹太教神职人员的儿子，在芝加哥从事建筑行业，但是，他与詹尼很不一样；他是第一个使用木桩，木材和钢枕木做混凝土基础的人，鲁特（John Wellborn Root）青睐这种体系，他用铁轨延伸和加强了地基，从而保证建筑校准。这些浮动地基取代了老的金字塔式的砖石地基，这种方式后来用于芝加哥的所有高层建筑。

阿德勒寡言少语，十分严谨，而沙利文热情洋溢，才华横溢，阿德勒与他的这个合伙人形成了鲜明的对比，沙利文堪称19世纪最有创意的美国建筑师。一个睿智和专业的工程师与一个充满创意的设计师结合在一起是一个完美的成功，阿德勒与沙利文的合作关系在1895 ~ 1896年的萧条中才结束。1889 ~ 1891年间建成的"礼堂"（Auditorium）是他们的第一座重要建筑，当然，这个高层塔楼主导的建筑还不是摩天大楼，阿德勒与沙利文把他们的办公室设在这座建筑的顶层里。这个礼堂是对理查森（H.H.Richardson）圆拱风格的一个很好的发展。

沙利文最清晰地认识到了"礼堂"必须提供什么。这种办公楼，这种高层建筑（他在"艺术地思考高层建筑"这样写道）：

> ……是崇高的。这种崇高……是这种高层建筑令人兴奋不已的一个方面。这种兴奋一定是对（艺术家）想象的兴奋。让人兴奋不已的一定是建筑的高度，每一英寸高度。高度的力量一定蕴涵在那个建筑之中。洋洋自得的荣耀和骄傲一定蕴涵在那个建筑之中。每一英寸高度都是一个骄傲，一种提升——每一英寸高度都是始料未及的，都是对最无掩饰的、最险峻的、最令人却步的条件的最有说服力的概括。[8]

尽管这个阐述似乎很激进，很夸张，但是，沙利文的摩天大楼与并不违背相当传统的5个部分：有效的地下空间、坚实的地基、大厅，细条的躯干，以及一个"特殊的和结论性的"柱头或顶楼，当然，他蔑视和断然拒绝任何让摩天大楼看上去像一根柱子的想法。

就在他清晰地阐述他的观点时，芝加哥摩天大楼达到了自己的典型形式；它不是一个沙利文塔楼，而是一个矩形的或四方的方块，加上一个突出的檐口和一个内部的天井；如1888年建成的洛克里大厦，街面入口有时是一个大型的2 ~ 3层高的大厅，一种奢华的室内庭院。由丹尼尔·伯纳姆和鲁特设计，1889年建成的"共济会大厦"，在第22层楼的高度，像洛克里大厦一样，使用了斜坡屋顶，这个建筑是当时世界上人直接使用的最高建筑。1889年为“巴黎世界博览会”而建设的那个透明的和骨架的埃菲尔铁塔是当时世界上最高的建筑。

19世纪80年代末和90年代初，金融问题和劳工问题困扰着芝加哥。美国的建筑发展还受到1893年的“世界哥伦比亚博览会”的困扰，这个博览会旨在用大型展览的方式来纪念哥伦布环球航行400年，伯纳姆负责“世界哥伦比亚博览会”的总体规划，奥姆斯德特负责“世界哥伦比亚博览会”的景观设计（鲁特于1891年去世，当时，这项工程刚刚开始）。对未来半个世纪主导美国的官方建筑，“世界哥伦比亚博览会”提供了一个“古典主义”蓝图。“世界哥伦比亚博览会”在很大程度上受到了法国学术规划和刚性轴对称的影响，而朗方所做的那个轻松的、公园式的华盛顿规划对它的影响要小些。伯纳姆本人认为，这个博览会会引领一个可以与古代相匹敌的宏伟建筑的时代。

> 我们处于一个创新时代——但是，行动和它的对立面势均力敌。——设计师有义务放弃他们割断历史连续性的所谓创造，研究古代的建筑大师们。以后再说伟大的古典形式不受欢迎这句话是徒劳无益的。人们面前会有一个伟大的古典形式，它不受语言的影响。[9]

伯纳姆、麦基姆（Charles McKim）以及伯纳姆在芝加哥的新合伙人，刚刚从巴黎美术学院回到芝加哥的班奈特（Edward Bennett），在随后的10年里，通过一系列雄心勃勃的“城市美”项目，扩展了历史连续性的内容。第一个重大项目是华盛顿的总体发展规划，疾病缠身的奥姆斯德特参与了这个规划，实际上，他已经依靠他的儿子，小奥姆斯德特，当然，奥姆斯德特还设计了圣路易斯和旧金山的规划。伯纳姆和班奈特的芝加哥规划是在1906 ~ 1908年期间编制的，1909年，在“芝加哥商会”的支持下正式公布，而芝加哥市直到1917年才采纳了这个规划。按照芝加哥规划的推荐意见，扩宽了芝加哥的街道，种植了树木，编制了一些土地使用规则。芝加哥规划成为美国第一部“大都市”规划，涉及核心城市和它的腹地，这部规划预计到1950年，芝加哥大都市的人口为1320万，这个人口数字至今依然没有达到。

伯纳姆是一个喜欢开车的人：他自己就有3辆车，他与福特（Henry Ford）私交不错，他与福特讨论的降低生产成本的问题，希望实现汽车大众化（就在芝加哥规划公布前后，福特的“T型车”上市了）。把芝加哥建设成奥斯曼式的芝加哥，这个宏大的规划让芝加哥可以容纳正在到来的汽车交通，伯纳姆规划的芝加哥甚至比巴黎还要宏伟，恰当地印证了伯纳姆的名言，“不要把规划做小了”。芝加哥市政厅的穹顶比华盛顿的国会大厦还要高，当然，它的规模没有国会大厦大，芝加哥无论如何是轴向主导的水平城市。直到现在，芝加哥的滨湖地区依然还是不可思议的单调，或者说的好听些，四平八稳。

芝加哥的这种水平状态与 1893 ～ 1894 年的金融危机不无联系。芝加哥的这种水平状态与沙利文和阿德勒分裂和首先终止建设芝加哥的摩天大楼相一致，当时，芝加哥的办公空间已经供过于求。当时规定的屋檐高度上限为 39 米，这个标准沿用了 10 年；1902 年对此上限做了调整。直到 1955 年，屋檐高度上限才最终取消。

这样，纽约承担了高层建筑的开发。1888 ～ 1889 年的“塔式建筑”预示了纽约的野心；从通常意义上讲，“塔式建筑”完全不是摩天大楼，不过，它非常高，狭窄的楼板横贯整个地块的宽度。百老汇大街 50 号就是这种塔式的塔楼，它是由吉尔伯特（Bradford Lee Gilbert）设计的，看上去很像一幢独立的塔楼，因此而得到这个名称：一个芝加哥风格的巨型拱门承载着这幢建筑的石材和玻璃的躯体，穿过严重锈蚀的地基。坚实的、壁柱支撑的转角和细小的窗框承载着一个屋檐式的顶楼和金字塔式的屋顶，几乎是微缩版的沙利文和阿德勒设计的芝加哥大礼堂，百老汇大街 50 号的建成标志了“塔楼”建设的开始。在几个月内，“纽约时报”新总部和西联大厦建成，这两个建筑都是波斯特设计的。这两个建筑虽然都很高，但都没有达到三一教堂塔尖的高度；围绕下百老汇和霍尔公园的那些建筑也没有超越三一教堂塔尖的高度。就在那时，“纽约太阳报”、“纽约论坛报”、“纽约时报”（帕克洛街和拿骚街相交的地方，那里可以鸟瞰称之为印刷厂广场的交叉路口，那个广场建于 1851 年）以及“美国福音协会”的办公楼相继毗邻而建。帕克洛更名为“报业街”。“纽约先锋报”、“纽约曙光报”、“明镜晚报”、“荷兰纽约人杂志”，都在那个街区了盖起了大楼。与芝加哥曼莎尔式屋顶或平屋顶建筑不同，纽约的报业和商务建筑采用了尖顶或穹顶，大部分建筑的屋顶旗杆上悬挂广告，成为公开的广告设施。芝加哥在滨湖地区显示出了它的集体的实力，而纽约 19 世纪末的天际线显示的不过是一个竞争的嘉年华。

纽约市中心天际线所产生的竞争给那些乘船而来的人们带来了这个城市不能忘怀的印象。因为大部分人是乘火车到芝加哥的，所以，滨湖地区的景观就不那么重要的了。纽约的天际线成为很多骄傲的和令人难堪的评论的主题，詹姆斯（Henry James）印证了这一点：

> 这些“高大的建筑”用它们的光怪陆离来吸引我们，赢得一种荣耀，这些“高大的建筑”，从河面上看，就像针脚奢侈的靠垫，鳞次栉比，超过了它们本该有的数量，它们在那里挣扎，如同它们在黑暗中挣扎一样，这些“高大的建筑”

有阳光，也有阴影，这怎么都是一种公平，它们不加掩饰地成了红利的支付者，这些“高大的建筑”上的窗户难以计数，窗户上的玻璃一闪一闪，金属的窗框忽隐忽现，就像“节日庆典”时常用的那些灯，光线在这些“高大的建筑”狭长的立面上鱼跃。[10]

本无争议的三一教堂的建筑高度现在面临挑战。波斯特为“纽约世界报”的老板普利策（Joseph Pulitzer）设计的纽约世界报大厦是第一个超出三一教堂建筑高度的。纽约世界报大厦建于 1889 ~ 1890 年，紧挨着“纽约论坛报”，尽管波斯特维持了一致性的水平衔接，但是，他给这个建筑加盖了一个镀金的穹顶（普利策把他的办公室安排在那里），这样，纽约世界报大厦的高度达到 106 米，成为当时世界上人所占用的最高建筑。“纽约论坛报”大厦相应增加了更多的办公楼层，由亨特设计，不过，这幢建筑没有达到 106 米的高度。

在下曼哈顿地区，商务活动是地方导向的，银行、保险、运输、管理形成了如地理学家所说的中心商务区或 CBD。虽然报业街有了最高的建筑，但是，在下百老汇和华尔街地区，百老汇的顶端，面对鲍宁格林，建设了建筑规模最大的“产品交易所”，这个建筑也是波斯特设计的。

19 世纪 90 年代中期的萧条之后出现了破纪录的高层建筑，这是金融危机之后打破建筑高度的第一个案例，20 世纪的城市建筑史多次重复这个模式。随着“纽约论坛报”建筑高度的挑战，争夺最高建筑高度成为一种公开的竞赛。

1906 年，精心设计和华丽的具有法国风格的建筑，“辛格大厦”（Singer building），最终在建筑高度上独占鳌头。它有 47 层楼，高度达到 186 米，它当时不仅是纽约而且还是世界上最高的摩天大楼，比普利策的“纽约世界报大厦”足足高出了 76 米，可是，还是远低于 300 米高的埃菲尔铁塔。一年以后，这个建筑高度再次受到冲击，“人寿保险”公司在麦迪逊广场建设的钟楼高度达到 213 米，这个钟楼的建筑规模是威尼斯圣马克钟楼的两倍。许多人认为，这个钟楼不同凡响的形式反映了这家公司老板对威尼斯先驱的崇敬。随着新千年的到来，辛格大厦依然是纽约没有拆除的最高建筑，拆除旧建筑的确在 1968 年发生过。

除了“大都会人寿大厦”之外，我所谈到的所有建筑都在休斯敦大街以南地区，基本上是市中心地区。“上城区”和“下城区”是曼哈顿布局的专门术语，在一般英语中，“上城区”意味着“边缘”，“下城区”是指中心商务区，它们体现了曼哈顿的主导地位，“西端”或“东端”用来指“上流阶层”或“中产或劳工阶层”。“上城区”首先是指郊区，涉及中央公园两侧的大道，而“下城区”意味着商务区，因为在纽约两条河的下游，因为商务区地处曼哈顿的南端，所以称之为“下”。梅尔维尔（Herman Melville）把“下城区”这个词汇用于很多非常不同的地方，芝加哥的环线以里是“下城区”，洛杉矶同等地区是“下城区”，实际上，梅尔维尔笔下的纽约不过是现在纽约市的东端。正是这个纽约状况的标志，让“下城区”这个词汇跨过了大西洋，现在，许多欧洲、亚洲和非洲城市都是使用“下城区”这个词汇来表示它们的中心商务区。虽然纽约“下城区”的许多中心商务区功能已经向北转移了，曼哈顿的地理和形象已经改变了，但是，纽约的“下城区”这个术语一直还在使用。

在这场博弈中，不是公司，而是投机的开发商，成为主要博弈者。百老汇大街斜穿正交的网格，从而形成了三角形的场地，所谓“领结”。伯纳姆和鲁特的芝加哥设计室，在 1901 ~ 1903 年，为一个芝加哥开发商，在 23 街、第五大街、百老汇大街，麦迪逊广场的交叉处，设计了“熨斗大楼”。在一个时期，这幢 20 层的大楼是纽约北部地区的最高建筑，5 ~ 6 年之后，“大都会人寿大厦”超过了“熨斗大楼”的高度。百老汇大街与 42 街和第七大街的交叉处还有一个同样的“领结”。1906 年，“纽约时报”会从“报业街”搬到另外一个意大利风格的“熨斗”大楼里，这幢大楼是用来回忆佛罗伦萨大教堂的乔托（Giotto）钟楼。“纽约时报”在庆祝它从“市政厅广场”迁出的一篇文章中这样写道，“这幢大楼的高度为 145 米，在 19 公里范围内，没有任何建筑比它高”，当然，在 1965 年的“翻新”中，这个建筑已经面目全非了。这幢建筑前的开放空间，“朗埃克广场”，在 1965 年以后也更名为“时代广场”，在第一次世界大战前，30 街以北地区，没有几幢高层建筑，所以，时报大楼是孤独的。

由于经济低迷的影响，城市本身也成了一个开发商。1907 年，在“报业街”的正北方向上，最著名的学院派建筑师，麦基姆、米德和怀特设计了新市政大楼。然而，就在新市政大楼落成和启用之前，1913 年，哥特式的“伍尔沃斯大楼”在百老汇大街上，面对着它耸立起来，其高度超过了“大都会人寿大厦”。正是伍尔沃斯（Frank Woolworth）本人决定，把他的大楼建成世界第一高楼，高度达到 242 米，地基高于人行道 0.02 米。因为这幢建筑在设计上显现为华丽的哥特式风格，所以，人们很快把它称之为“商业大教堂”，在 20 世纪 20 年代以前，它的确是世界上的最高建筑。无论是不是教堂，伍尔沃斯自己的房间是在这幢建筑的楼顶上，那里满是对拿破仑的纪念，伍尔沃斯的桌子面对一个真人大小的身着官服的拿破仑塑像。

纽约维持最高建筑记录的需要并没有以同样的方式影响芝加哥的客户们或芝加哥的建筑师们，但是，纽约的对手们在写字楼建设上处于领军地位，实际上保持着最高写字楼的记录。[11]

大约在1910年前后，纽约市当局日益关注“公平保险公司”的设想，用62层，277米高的巨型建筑，替代它的老建筑，这个建筑高度已经接近埃菲尔铁塔的高度了。不同于原先的高层建筑，不是在一个比较宽的墩座上，建起一幢沙利文式的大楼，它的整个高度要占据整个地块的表面。相邻地块的业主抵制这种设想（“……这个建筑会给许多相邻房地产业主造成不可挽回的损失，它会遮住4条街的阳光，它会带来不成比例的出租空间……”）。[12] 最后，“公平保险公司”仅仅建了一幢38层的高楼，但是，这幢大楼的确占据了整个场地。随后的不安导致1916年高度和分区规划规则。当时人们熟悉的分区规划是，按照土地使用对城市做的水平划分；由于“公平保险公司”的原因，纽约的分区规划有了一种新的意义，按照建筑占用密度来垂直地划分城市，这样，当建筑升高时，建筑实际上会呈现梯级状态，削减成塔状；这种划分通过法规具体推行了沙利首选的形状。这个形状如此鲜明，所以，一位纽约图形艺术家，弗里斯（Hugh Ferris）绘制了一系列绘画来描绘按照建筑占用密度垂直地划分城市的结果，当然，这些绘画并没有公开，只是到了整个城市建筑已经呈现出这种效果后，在1929年股票市场崩盘之前，才公布出来。“公平保险公司”大楼始建于1913年，1915年完工，它是纽约最后一个没有分区规划约束的高层建筑，带来了一个短暂的建设停滞期。无论怎样，第一次世界大战也抑制了纽约高层建筑建设上的竞争。

就在这个停滞时期，1922年，英国建筑师和城市规划师雷蒙德·昂温（Raymond Unwin）访问了纽约，昂温是莱奇沃斯的设计者，霍华德田园城市观念的鼓动者，他因此而著名。不像美国本土观察者，如伯纳姆，昂温在这个寻找真谛的旅行中，他发现，纽约这座城市很快会面临前所未有的压力，甚至早期高层建筑加剧的那些会问题，即由便宜汽车带来的问题。他认识到，饱和点还没有达到。他把这个看法归因为“福特先生，他对供应的影响比任何一个人都大”。从欧洲的角度看，这种现象是不能恭维的，昂温写道：

> 因为在美国使用汽车的是那些不雇司机的人，所以，停车场就已经成了解决不了的问题。[13]

昂温用伍尔沃斯大楼为例来说明他的看法，那时，伍尔沃斯大楼还是纽约最高的建筑。他做了这样的计算，假定14000在那里工作的人，10人一排地走出那幢建筑，他们会需要1.25英里的路面；如果其中1/10的人有汽车的话，他们会需要6 ~ 7英里的道路了来接他们的乘客。他的文章旨在对欧洲城市条件下出现这种交通状况的后果发出警告，然而，这个警告用了 30 年才在欧洲生效。昂温的英国听众认为，他在危言耸听。他们认为，欧洲不会摩天大楼林立，昂温在纽约看到的交通状况不会在欧洲出现。他们当时认为，曼哈顿化对欧洲来讲还是遥不可及的。

昂温访问纽约后几年，另外一批摩天大楼的开发改变了纽约的天际线。1926 年，巨大的"标准石油大厦"建成，"纽约电话大厦"也在同一年竣工。但是，新的核心正在时代广场，围绕 42 街形成。"纽约时报大厦"已经领先了这场开发，1928 ~ 1929 年，45 街上的"中央城市大厦"已经切断了帕克大道；通用电气公司已经在附近的列克星敦达到建设了一幢哥特式摩天大楼。总而言之，虽然伍尔沃斯大楼的高度还没有突破，但是，新的大亨们有意愿这样做。汽车大亨克莱斯勒（Walter P. Chrysler）决定，他要建设世界上的最高建筑。他已经了解到，市中心的曼哈顿银行已经委托赛弗伦斯（Craig Severance）在华尔街 40 号打破纽约的建筑高度。这个设想的大楼为 281 米，超过 242 米的"伍尔沃斯大楼"，比已经规划的克莱斯勒大楼高 0.6 米。克莱斯勒鼓动他的建筑师，艾伦（William van Alen），在这个建筑凸凹的和弯曲的冠状部分上再隐藏一个可以伸缩的塔尖。就在华尔街 40 号建筑完成时，克莱斯特的团队升起了那个尖屋顶，让整个建筑的高度达到 318 米，它不仅打破了华尔街 40 号的建筑高度，也打破了埃菲尔铁塔的建筑高度。直到 1931 年 381 米高的"帝国大厦"（Empire State Building）建成，克莱斯勒大楼一直都是世界上最高的大楼，"帝国大厦"的建筑高度维持了 40 年。所有这些摩天大楼都是被委托的，它们的建设都起始于一个高度乐观的状态。1929 年股市崩盘令人震惊，造成的影响是长期的。"帝国大厦"的绰号是"空空"大厦，大量的出租空间在一段时间里无人问津，它用了 20 年时间才宣称有了盈利。

哥特式、文艺复兴式、装饰艺术式，所有这些建筑的风格无论如何不同，所有这些建筑的表现形式都是垂直的。除开他的其他指令外，沙利文遵守了这一点。胡德（Raymond Hood）用一个加上了尖顶的垂直表达的哥特式设计，赢得了"芝加哥论坛报"举办那场最引人注目的建筑竞赛，胡德相当荒唐地用建筑顶尖上的飞拱来"支撑"这个加上去的尖顶。就在市场坍塌之前，胡德为"纽约每日新闻"设计了一个几乎无风格但强调垂直的建筑，但是，在随后的那一年，他在设计"麦格劳—希尔总部"时自己打破了这种模式，按照分区规划的要求，这个建筑是梯级的，尽管如此，这个建筑是一个框架式的笼子，它的装饰方式使它成为强调水平的建筑。不过，在 1931 年开始规划洛克菲勒中心（Rockefeller Center）时，胡德与他的最有成就的学生哈里森（Wallace K. Harrison）又返回到了垂直性，当然，胡德对洛克菲勒中心的设计贡献仅限于大纲规划（胡德于 1943 年去世）。

图 7.1 纽约的古根海姆博物馆。从1943年开始设计，最初的设计采用了亚述古庙塔的建筑外形，最后，设计成了倒螺旋的建筑外形，不顾及纽约的街道网格和正交性。这幢建筑1959年竣工。

图 7.2 新德里的国王大道，或拉杰大道，从总统府看"印度门"，"印度门"是鲁琴斯在1917年～1931年设计的，作为"纪念所有印度战争的拱门"。建设"印度门"的场地是1913年确定的。沿国王大道两边的建筑都于1929年投入使用，包括鲁琴斯设计的总督府，贝克设计的各部大楼。甘地当时想把总督府转变成一所医院，这个建筑完全不适合承担这个功能。

图 7.3　摩尔（Charles Moore）在新奥尔良设计的“意大利广场”，这是第一批后现代建筑之一。“意大利广场”背景是采用标准商业现代方式建设起来的写字楼，这样处理历史主题的设计产生出来几乎就是一张讽刺漫画。古典的立柱有实体的金属柱头，实际上，那些金属柱头是淋浴喷头，所以，在喷水池运行时，立柱会喷水。

图 7.4　进入“意大利广场”的总体画面，背景上就是那幢写字楼。

图 7.5 欧洲迪士尼乐园。“睡美人”城堡，迪士尼的设计师们青睐的尖尖的屋顶。因为这个建筑基本上是用来作为日常的庆典，迎接青蛙王子的到来，所以，这个建筑没有太大的室内空间。

图 7.6 佛罗里达的“庆典”居住区。图上可以看到摩尔设计的观景塔，矗立在这个居住区的中央，是小区销售办公室，成为庆典居住区的标志性建筑。

图 7.7　堪培拉·米切尔（Ehrman Mitchell）和吉尔格拉（Aldo Giurgola）设计的议会大厦；在规划堪培拉时，设计了一个巨大的旗杆，象征这个国家的“核心”。绿色的草坪，实际上是一个巨大的交通环岛，与相当正式的议会大厦前庭形成了对比，议会大厦占用了一个小丘，适当地呈现了首都纪念性的门面。

图 7.8　巴西尼亚的“三权广场”。总统府（行政）、高等法院（司法）建筑看不见，只有议会大厦（立法）可以看到。按照官方小册子的说法，通过 H 形的人行道联系这些大楼体现了“人性”。

图 7.9 巴西利亚的库比契克总统墓。这个墓建在一个制高点上，可以鸟瞰整个巴西利亚。这个墓地采用了埃及法老墓的形式，看不见入口。通过一个隧道，进入这个墓的内部，库比契克的遗体存在一个石棺里，放在楼上，石棺上面是这个建筑的穹顶，周围摆放了纪念品，那里实际上已经成为了一个博物馆，而不是一个纪念堂。

图 7.10 巴黎，拉德芳斯的达尔，1964 ~ 1969 年期间，巨大的建筑板覆盖了地铁和地下停车场，新凯旋门成为那里的聚焦点。1982 年，丹麦建筑师斯普雷克尔森设计了这个“新凯旋门”，现在，它成为历史轴的一端，通过凯旋门、香榭丽舍大街，与另一端的卢浮宫相呼应。

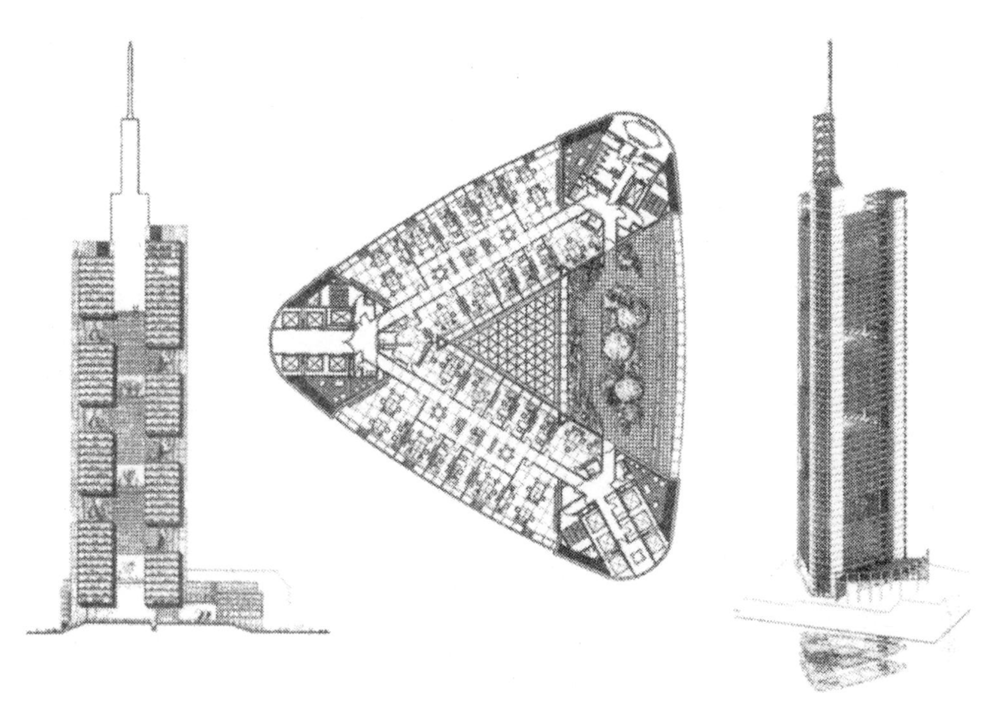

图 7.11　德国的法兰克福，福斯特设计的商业银行大楼，是第一幢按照生态原理规划和设计的大规模的建筑。建筑基本上是自然通风的，开放的建筑部分用来作为温室。

图 7.12　阿根廷的科尔多瓦，罗卡（Miguel-Angel Roca）设计的社区参与中心。所有这类社区中心都是对非常相似的因素做不同安排而设计出来的，从而让这类建筑可以很快识别出来，哪怕是快速通过那里的司机。这个特殊的中心被设计成为了科尔多瓦的城市大门，把主要公路与这座城市连接起来。

图 7.13　毕尔巴鄂的古根海姆博物馆，由盖里 1998 年设计，它已经起到了给这个巴斯克首府的经济萎靡注入强心针的效果成为许多希望通过旅游改变产业结构的城市树立了一个榜样。

图 7.14　伦敦的“伦敦眼”，靠近议会大楼，是由马克斯（David Marks）和巴菲尔德（Julia Barfield）设计。“伦敦眼”在经济上取得了很大的成功，多伦多、波士顿、约翰内斯堡等城市都在效仿这样做。

图 7.15　上海浦东。金茂大厦是由 SOM 设计事务所按照中国装饰艺术设计的。建筑设计上的这个中国选择其实只有象征性：设计方声明，这个大楼就像一个有些神秘的宝塔，实际上，这个建筑装饰性的尖顶就是一个清晰的信号。

图 7.16　伦敦泰晤士河上的港区，大量建筑正在那里兴起，西萨·佩利（Cesar Pelli）设计了那里的“加拿大广场”。

图 7.17　柏林，从国会大厦看到的情景；自 1990 年以来，这个城市新增了数百万平方米的新建筑。

洛克菲勒（John D. Rockfeller）在第 58 街，第五大道和第六大道之间，从哥伦比亚大学手中买下了一块土地。他希望在那里建设一座新的歌剧院。这个计划仅仅是胡德和哈里森以纽约前所未有的尺度绘制的宏伟蓝图的一小部分。虽然“洛克菲勒中心”包括两个剧场，但是，它们都不能容纳“大都会歌剧院”，这个歌剧院在 20 世纪 30 年代的大萧条中苦苦挣扎。洛克菲勒加紧开发他的那块土地：把附近一组摩天板楼组成一个综合体，如记者们后来会说的那种“城中城”；施工成了一道街景，甚至对纽约都是令人震惊的，到 1939 年 11 月 1 日，也就是第二次世界大战开始之后的两个月，估计使用了 1000 万颗铆钉。至此，洛克菲勒和洛克菲勒中心必须等待战争的结束，差不多 10 年的光景，洛克菲勒中心才获得经济收益。[14]

如果真的存在城市核心的话，那么，洛克菲勒中心现在已经成为纽约显而易见的核心了。许多准纪念性的功能似乎逐渐集中到了洛克菲勒中心。纽约市的 18 ~ 24 米高的圣诞树每年都布置在洛克菲勒中心，通常由某个名人点亮圣诞树上的灯，此项活动最初是由建筑工人发起的，从 1934 年到现在，这一传统节目始终保留着。1942 年，美国卷入第二次世界大战，盟军的旗帜围绕洛克菲勒中心的主要开放空间布置，联合国成立之后，洛克菲勒中心悬挂的旗帜扩大到联合国的所有成员国。中央空间本来一直是一个高档购物商场，但是，大约在 1945 年，中央空间被转变成大楼间的大型滑冰场。纽约市应该有一个冰的核心，这个判断没有什么不适当的。人们一直都试图在洛克菲勒中心以北地区开发一个文化中心，包括“纽约古根海姆博物馆”、“歌剧院”、附近的“现代艺术博物馆”，这些努力也是适当的，尽管得到了市长拉瓜迪亚（La Guardia）和市长公园委员摩西（Robert Moses）的支持，但是，洛克菲勒家族不能购买洛克菲勒中心以北地区的土地，所以，妨碍了洛克菲勒中心以北地区的开发。

由联合国旗帜建立起来的洛克菲勒中心非官方的“国际”性质再次肯定了这样一种普遍的认识，把建筑布置在主要道路两边，从第五大道一直延伸到溜冰场，这样，这条大道必然得到一个“渠道”的外号。这条大道的起点在圣派翠克大教堂，从建筑上讲，这个大教堂不如第五大道上的其他教堂，但是，却很被人们钟爱，它的台阶成为观看圣派翠克游行的非正式的观礼台，给那个地方一种向心性和令人敬仰，不需要沿着第五大道公园的边沿搭看台。

这些开发多没有像第一座高层建筑那样影响这座城市的形象。曼哈顿岛市中心区的顶端过去，实际上现在，依然解释为曼哈顿的“头”，集中了金融机构的摩天大楼。19 世纪中叶，纽约还在曼哈顿岛的中部得到了巨大的肺，中央公园，从 59 街一直延伸到 110 街，很容易看到。在百老汇大街横跨 59 街和第八大道的地方，建设了哥伦布环岛，中间树立着无名英雄的塑像。头和肺的对立已经意味着曼哈顿的躯干形象了。

这个形象，这个比喻，一开始仿佛这个躯体基本上是头和肺；如果延伸这个躯体，下一个关键点会需要心脏。纽约的问题曾经是，纽约的心，或核心，是游动的心。虽然现在或多或少固定在洛克菲勒中心，但是，这次固定下来时间并非很久远。17世纪和 18 世纪，纽约最初的心脏是在“阅兵广场”的镇公所。现在，那里成了巴特里公园（Battery Park）的一部分，面对着要塞。更加规则的和庄严的市政厅取代了“阅兵广场”的镇公所，在布罗德街与华尔街相衔接的地方。朗方把建筑改造成联邦大厦，第一次选举产生的国会在那里开会，在那个阳台上，华盛顿宣誓就任美国第一任总统。当联邦政府搬到华盛顿特区的时候，这幢建筑转变成了市政厅，1812 年，在穿越市政厅公园的百老汇大街的市政广场建设起来后，这个市政厅就被拆除了。[15]大约在 1860 年，报业街那些建筑高度高很多的写字楼与这座只有三层楼的市政厅挤在一起，当然，这幢建筑是有穹顶的，很堂皇。1900 年，随着相邻高架铁路的建设，更让这个市政厅相形见绌，1914 年以后，虽然新的市政府大楼通过悬挂相似的灯具，对它小巧的、年迈的邻居做出了姿态，但是，在巨大的“市政府大楼”下面，这个老市政厅实际上消失了。

那时，纽约已经有了另一个精神抖擞的心：在 26 街的麦迪逊大道上的麦迪逊广场花园。麦迪逊广场花园并非一个市政建筑，而是一个巨大的娱乐城。如果相信它的宣传的话，它是当时世界上最大的娱乐城。在设计上，它的威尼斯道奇宫经典版本的主会堂，比伦敦的阿尔伯特音乐厅或巴黎歌剧院，容纳更多的观众，而且，一个 92 米高的塞维利亚大教堂的钟楼与一个 90 米高的希拉达塔对峙，它们遮盖了这个主会堂的主体。它的设计师是怀特（Stanford White），1906 年，他在一家餐馆被他的情人的丈夫杀害了，于是，这幢建筑的知名度随之上升了，容易被人记住，尽管不是什么好事。但是，它的优势无论如何都是短暂的。“大都会人寿保险公司”213 米高的威尼斯钟楼横跨这个广场，让麦迪逊广场花园的希拉达塔相形见绌。当这个花园的开发商 1925 年宣布破产时，这幢建筑连同内部装饰和声名狼藉的单身公寓一起被拆除了。但是，还没完。就在附近，在第七大道和第八大道之间，宾夕法利亚铁路公司已经在委托麦基姆、米德和怀特建筑事务所在 1904 ~ 1910 年期间建设一个火车终点站，参照巨大的罗马卡拉卡拉浴池。1963 年，在拆除这个火车站建筑时，曾经引起了一系列抵制，进而形成了纽约的历史保护思潮，这种抵制也在曼哈顿发生过，在整个世界上反复出现，有时不过是推动了现存的事业罢了，如英格兰的古建筑保护协会。这两个宏伟建筑留下的名字现在被人们贴到了 1967 年在老终点站上建设起来的一幢写字楼和火车站环形过道上。[16] 所有这些骚动的积极结果来的非常晚，1998 年，有人提出把火车站背后的邮局建筑用来作为铁路的一个新的和有足够空间的车站建筑。

上城区是远离城市核心的地方，1918 年以后，城市的核心似乎落在了时代广场，百老汇大街在那里横跨 42 街和第七大街。时代广场（Times Square）显然是一个“娱乐”中心。纽约，用少数几幢公共建筑和世界上最大的广告牌，让人想起切斯特顿（G.K.Chesterton）的名言：“什么是美丽的奇迹花园，时代广场会是一个奇迹花园，对任何一个幸运的文盲，时代广场会是一个奇迹花园”。

第二次世界大战就要结束的时候，时代广场收到了另一个自由女神像的复制品。围绕时代广场和那里展示出来的即时新闻，无数的人们正在等待杜鲁门总统宣布日本在 1945 年 8 月投降的消息。时代广场（Times Square）那些用电子屏幕包起来的建筑无论如何都相形见绌了，它们的角色也会被替换掉。20 世纪最后那些年里，时代广场的“复兴”起始于迪士尼公司进入 42 街，这样，“家庭娱乐”替代了脱衣舞、色情窥视表演和取代老式滑稽剧场的那些 S&M 俱乐部。在 20 世纪的最后几年里，就在 42 街以北，百老汇大街上的新的和非常高的建筑吸引了媒体和报业，甚至律师楼。“家庭娱乐”似乎不是一种心脏功能，但是，时代广场给千禧年庆祝所提供的娱乐重申了时代广场旧的确定性和时代广场新的商业活动基础。

纽约向北部的上曼哈顿方向发展需要另外的、比较中心的、也许确定的“心脏”。市政府中的许多人，尤其是摩斯，纽约市的公园委员，纽约环境变更的独裁者，曾经希望，在“曼哈顿西区”清理贫民窟得到的场地上，重新建设老歌剧院和安排一些音乐厅，这个老歌剧院原先是在 40 街，附近是横穿第七大街的百老汇大街，所以，靠近时代广场，这些设施所产生的吸引力会是很大的，因为纽约市核心区的私有化步履艰难。

第二次世界大战一结束，就有了把哥伦布环岛转变成一个核的想法，包括一个歌剧院，一个交响音乐厅和一个会展中心，让那里成为一个高层聚焦点，与洛克菲勒中心对峙。这样做会推动开发曼哈顿西区相当破旧的地区。事情并非如愿。一系列误判和不幸事件困扰着这个计划，结果是交响音乐厅和歌剧院都没有在那里出现。现在，一个新的联合企业已经形成，本书出版（2000 年）后 1 ~ 2 年，新的开发方案可能会公布出来，一个会展中心和其他一些有吸引力的开发项目会让哥伦布环岛成为纽约的一个新聚焦点。但是，20 世纪 50 年代，纽约市政府把它的注意力从百老汇大街转向了 65 街。1955 年前后，清除林肯广场以西贫民窟而得到的场地成为城市中心的一个可能的候选场地；当时，这个场地是一个声名狼藉和拥挤不堪的贫民窟，如同很多贫民窟一样，那里生活着许多艺术家。20 世纪 40 年代，那里就开始通过建设条件大大改善的低成本住房来振兴那个地区，1955 年，纽约市政府宣布了一个计划，为“纽约市歌剧院”和“大都会歌剧院”，“纽约交响乐团”和纽约朱丽亚德学院，以及若干其他政府补贴的社会机构，提供建设场地。“林肯广场”建在一个高基座上，受到有限数目的公众的欢迎，以致人们把它看成一个享有特权的飞地。究竟为什么会出现这种状况，原因并不清楚：排斥零售业（除开博物馆的商店和博物馆的餐馆，不考虑其他零售业）可能一直是一个因素；周边建筑破坏性的特征，切断步行道的危险的交通通道，可能也是让那里不能吸引公众的一部分原因。纽约也许还没有把自己建设成为一个音乐首都。不仅伦敦、柏林、巴黎，而且，芝加哥、克利夫兰、波士顿和洛杉矶都有可能挑战纽约成为音乐之都的位置。

从另一方面讲，纽约目前在视觉艺术方面占据优势。1950 年以后，美国艺术家们经过 10 年的过程，逐步主导了视觉艺术，摆脱了欧洲人的、巴黎导向的霸道的品位，人们一直都在经常回顾这个 10 年的过程。在纽约和美国其他地方可以肯定有一支新的自信的支持者们，正在寻找美国本土的艺术家，作为美国成功和美国成就的标志，作为从欧洲人的支配下解放出来的标志。这支客户队伍为美国本土艺术家的作品支付大笔资金，希望决定了艺术家作品在世界艺术市场上的价值。甚至在拍卖行（事实上固定了所有艺术品持续上升的价格）依然盛行的欧洲（尤其是伦敦），这支客户队伍确实决定了美国艺术家的作品在世界艺术市场上的价值。

20 世纪 60 年代期间，摩天大楼的模式发生了决定性的变更。依据分区规划法令的那些摩天大楼十分类似于埃菲尔铁塔：宽阔的基础，梯级上升至一个尖端，那些摩天大楼的侧面接近抛物线。那些摩天大楼可能看成一种新兴经济巨大能量的表现，新的主导阶层抗争和野心的表现，新的主导阶层的开发商或制造 - 建筑商骄傲的表现。然而，新一代的高层建筑不再服从分区规划“附加条款”通过梯级方式上升，而是粗暴地拔地而起，常常通过一个广场与街道隔离开来。在一个意义上讲，这些没有使用的土地成为了纽约对财富的炫耀。“利华兄弟公司”就是一例。利华兄弟（Lever Bros）在第二次世界大战前就购买了帕克大道 390 号；这幢 1949 年完成的建筑主体结构是，建设在高立柱上的单层办公楼包围着一个四方的中庭，这个中庭面向大街。中庭的一个边竖起一幢相当薄的板楼，整个建筑完全封闭在一个玻璃钢骨结构中，完全使用空调。

另一个摩天大楼是位于 43 街和第五大道交汇处，1954 年建成的三层楼的“汉诺威信托银行”（Hanover Trust Company）大楼。尽管分区规划规定不允许在这个场地上建设非常高的建筑，但是，这个不加掩饰地展示了它朝向大街的巨大安全门，以此作为它的招牌，于是，这幢三层楼的透明的玻璃钢骨结构建筑立即成为一个地标，大获成功。这两个建筑都是由 SOM 事务所设计的，随后，这个事务所成为至今也许仍然是世界上最大的建筑企业。然而，跨过帕克大道，加拿大的制酒商，施格兰公司，购买了一个场地，在一段犹豫不决之后，1954 年，委托密斯·凡·德·罗（Mies van der Rohe）设计它们的总部。这个建筑以 0.5 英亩（约 4050/2 平方米）凝灰石铺装的高于街面的开放空间为先导，气度不凡；这个建筑垂直升高，以托起黄玉色（或青铜色）玻璃幕墙的铜竖框为特征。

这些都是威望的建筑，赤裸裸的金钱退居二线。洛克菲勒中心大约是在那个时期建成的，通过第六大道中段的高架铁路被拆除了，让周围地价攀升，当然，战争钳制了对明显深夜潜力的开发。人们为那个地区制定了许多优美的规划，这个时期与纽约争取世界艺术领带地位相一致，但是，最终结果是，那里出现了一群平淡无奇的大楼，对西格拉姆大厦（Seagram Building）无特色的模仿，在第五大道和 58 街之间，像西格拉姆大厦一样，向内退红，“时代生活公司”、“埃克森公司”、“塞拉尼斯公司”，甚至“麦克劳—希尔公司”，得到说服，扩大胡德曾经为它们设计的那些建筑。可是，当那些建筑不能让业主或它们的租赁户获得声誉时，它们也没有得到它们本以为可以得到收益。

1955 年，芝加哥放弃它对建筑高度的限制，1961 年，纽约修改了 1916 年的分区规划，在这种情况下，“容积率”，即 FAR，也必须改变。许多新技术也促进了人们去改变建筑高度限制，改变分区规划和容积率。例如，空调和日光灯可以产生与外墙的距离，通过窗户的自然采光并非那么重要了，框架结构得到进一步改进。作为那个时代最有利可图的做法之一，成本效益分析必须很快得到更新，这一点已经很明显。

从功能角度看，理想的建筑要求方形平面，每个边长大约在 44 ~ 53 米（145 ~ 175 英尺）。[17]

在纽约，世界贸易中心（The World Trade Center）有两个这样的塔楼，在不长的时间里（1972 ~ 1974 年），成为“世界上最高的建筑”，然而，两年以后，芝加哥的“西尔斯大厦”（Sears Tower）取而代之，成为当时世界上最高的建筑。就在本书写作时，“西尔斯大厦”仍然是西半球的最高建筑，这幢建筑竣工后，由 1973 年“赎罪日战争”引起的能源危机便发生了，随着而来的是经济萧条。

1976 年，“花旗集团总部大楼”（Citicorp Center）建于列克星敦大街、第三大街和54街之间，那时，纽约摩天大楼与街道的关系发生了重大改变。"花旗集团总部大楼"规划设计的困难集中在那个场地上的一座教堂，不能说服那个教堂搬迁。所以，"花旗集团总部大楼"建起10层楼高的大门楼，让建筑悬在那个教堂之上，在大堂区里，安排了一个购物中心。新的教堂建筑向这个"市场"打开。因为"花旗集团总部大楼"的设计旨在批判第六大街上20世纪50年代建设的那些建筑，所以，容易接近性是它一个重要经验。虽然这个场地是一个方形地块，但是，"花旗集团总部大楼"用水平交错的玻璃和铝合金幕墙取代了许多早期建筑所强调的垂直交错的幕墙。大楼顶部向南部分设计成45°，包括太阳蓄能设备，产生的电力可以驱动大楼的空调系统，当然，这只是设计，实际上没有安装。然而，从这个角度的屋顶上释放出来的一缕空调水蒸气给这个建筑一个地标性特质。

虽然人们有时把"花旗集团总部大楼"看成一种购物中心，向曼哈顿以北地区蔓延开来的另一座摩天大楼，不过，在我看来，它似乎是一个纽约天际线的一个有力的和新鲜的视觉制造者。"花旗集团总部大楼"肯定意味着让过路人考虑新的问题：

> 我们必须使用大企业的资源来开发新一代的写字楼，通过道德和社会观念增强社区意识，表达使用那些写字楼的个人的人的特征—这种建筑甚至可能成为其他城市的一种精神来源。[18]

建筑师斯塔宾斯（Hugh Stubbins）给一个银行家这样写道。但是，他的方式并未得到效仿。建筑市场虽然有了一些成功，然而，因为它的排他性而遭到批判。

那时，向北方向开发的摩天大楼不再簇团成组了，而是星星点点地散布开来，不再受到城市结构的约束，如休斯敦或沃斯堡的摩天大楼。大部分建于20世纪80年代和90年代新一代的高层建筑，通过它们微小的占地面积，有时叫作"铅笔楼"（Pencils），通过它们的单一使用模式，基本上用于居住，而与原先的高层建筑有区别。极端的例子是"川普世界大楼"（Trump World Tower），本书写作时还没有竣工。这是一幢90层的大楼，地块四四方方，包裹在铜色玻璃之中，它的广告这样声称，"川普世界大楼本身是添加在曼哈天际线上的最耀眼的建筑之一，建筑史上最重要的建筑之一。"因为"川普世界大楼"仅仅是更高版的旨在盈利的佩德森（Pedersen）公式，所以，几乎谈不上"意义"。当然，"川普世界大楼"的确给纽约的天际线重重地加上了一笔。"川普世界大楼"这个纯粹的摇钱树，会胜过"联合国大楼"和"花旗集团总部大楼"，这是它的两个最重要的对手，用资本让纽约复苏。

因为最后这一组基本上用于居住的建筑实际上是垂直的"封闭式大院"，成功的精英阶层居住其中，所以，它们的确反映了后工业社会的形势。它们的顶层豪华公寓，类似于 20 世纪最初 10 年里的那些敛财大亨们的办公室一样，可以看到全城，纪念这个新建立起来的“信息时代”不平等。如另外一个房地产广告所说，它们提供了“少数享有特权的人可以左右一切的居所。”[19]

纽约可能有一个漂泊的心脏，但是，纽约的边界或多或少是不变的。作为港口建设、造陆地、填埋的结果，实际岸线已经调整多次了，但是，有三条河划定的完整的曼哈顿一直都是固定的。增加桥梁、隧道、缆索的数目和面积并不能真正消除明显固定的纽约边界。这一点在北美城市中恐怕是独一无二的。

在这个边界内，曼哈顿的居民们可能知道他们自己是那个巨大建筑体的一员。但是，这种形象的力量单独是不会让曼哈顿成为世界首都。但是，它已经使它感觉它是一个有这种作用的城市，不久的将来，它可能保持这种感觉。

所有的世界城市，所有的首都，我甚至要说的所有城市，都有一个特殊的品格，一种俚语或称谓，一种形式的幽默，有时，一种与它的名字没有关系的特殊标签，如布宜诺斯艾利斯的“布宜诺斯艾利斯人”（Porteño），里约热内卢的“里约热内卢人”（Carioca），伦敦的“伦敦东区人”（Cockney）等。维也纳、巴黎、慕尼黑和柏林的居民，上海、孟买或莫斯科会向我们保证，它们的那个幽默也是体面的，即使那种幽默对局外人似乎没有什么味道。但是，曼哈顿人的幽默，他们的时装，甚至他们特殊美食，也通过电影和音乐，通过广告，通过快餐食品，在世界范围内传播。

所以，纽约人的幽默、时装和美食正在被模仿，虽然这种模仿很多，这种模仿不会需要任何特定的商业压力去支撑，但是，这种模仿随处可见，正如我一直都在说的一个观点，世界现在把一般意义上的纽约，特殊意义上的曼哈顿，看作世界的政治首都，甚至世界的文化首都，以及世界的经济首都。现在，纽约的文化主导权似乎比巴黎或伦敦当年所具有的主导权更完整一些。巴黎曾经通过法语、城市生活、妇女服装和烹饪来主导文化。当英语成为主导语言，伦敦还建立了工业和工程、男人时装、甚至设计的风格。大约到了 1950 年，正是在纽约讲的英语，甚至在好莱坞讲的英语，才是有身份的人讲的英语。

有“二流城市”国家总是有一个问题：米兰与罗马，里昂与巴黎，洛杉矶和芝加哥（它们称它自己“二流城市”）与纽约。纽约的世界霸权意味着，模仿必然是失败，因为模仿越大，更明确的是顺从，结果是，所有世界的“一流”城市都在纽约之后。造就曼哈顿的独特条件对纽约是独一无二的，任何国家的首都，甚至美国的任何一个州的首府，都不会成为全球化的世界的首都。造就曼哈顿的独特条件本身并不是正能量或优点，它们体现了 21 世纪任何城市发展所面临的重大挑战之一。

第 8 章　为了新千年?

曼哈顿虽然从来都不是一个首都，但是，曼哈顿肯定是资本的首都。它的天际线已经反映了曼哈顿土地价值的涨落，揭示了大亨们的野心，1890 年以后，纽约就从芝加哥那里拿走了高层建筑领军城市的头衔；投机和较量一直都在持续不断地转变着纽约。

曼哈顿的天际线当然是一个公共产物，但是，曼哈顿的天际线也是个人决策和企业决策的集合，在这样一种信念驱动下，建筑高度不仅仅显示建筑商的实力和成就，也供奉着推动美国梦的所有能量和事业。1914 年以前，每一个人还在做“美国梦”，那时的摩天大楼，以及 20 世纪 20 年代的那些摩天大楼，都有一个共同点：兴建大厦的宽阔的基础是透气的，充满着各种各样半公共的空间和商业空间。有时，那些摩天大楼豪华的大厅，用来承担公共展示功能，或多或少向大街开放，可以从街上进入那些摩天大楼的大厅；可以把那些大厅看成这个建筑富足和华丽的扩展。

但是，相比较而言，在 20 世纪 90 年代，即使许多大楼的低层也许真有商店，但是，整个曼哈顿蔓延开来的“笔尖”似的高楼是从人行道边陡然兴起的。那些高楼的门厅可能很雅致，然而，它们却被令人生畏地被守卫着。我猜想，那些高楼传递的美国梦是，你与其现在就做梦拥有它，还不如等钱够了再做梦吧。

许多国家的穷人，包括美国的穷人，做了 200 年的美国梦。他们蜂拥而至纽约、曼哈顿，指望发财，期待成功：全世界都想曼哈顿的大街是金砖铺的。其实这座城市的绝大多数人既没有成功，也没有发财，他们和他们的后代挤在纽约之外的那些行政区里。据说，纽瓦克曾经有许多讲不好英语的人，他们误以为他们的新家就是纽约。

现在，曼哈顿的财富是建立在华尔街的实力基础上，建立在房地产市场的运作上，越来越以信息技术为基础，然而，曼哈顿的财富不是建立在穷人梦想的基础上。在曼哈顿建立起来的一切，不仅服从某种内在的得失规则，而且在一个相当不同的博弈中，成为一种筹码，在那场博弈中，那些相同的梦和憧憬成为可一个重要因素。规划师和建筑师也许不是很了解，他们创造的形式必然会通过普通百姓而具有象征价值。总而言之，象征想象是一种基本的人类活动，很好地展示人们的认识。我在本书前几章曾经提出，如何可以按照人形（如昌迪加尔）或普遍地想象（如曼哈顿）来解释抽象的、明显中性的方格式规划。毫不足怪，开发商、规划师、建筑师，甚至建筑学院，依然忽略了这个事实。

上海浦东经济开发区的“环球金融中心”大厦为例，KPF（Kohn、Pedersen、Fox）建筑事务所是这幢大厦的建筑设计方之一，在本书写作时，这个大厦还没有竣工。“环球金融中心”共有95层，460米❶成为世界上最高的供人直接使用的建筑，比相邻的中国风格的金茂大厦更流畅，金茂大厦的高度为420米，“环球金融中心”可能会成为中国建筑高度排名第三的摩天大楼。“环球金融中心”占用了一小块土地面积❷，周围由一组低矮的、水平的入口大厅组成，棱柱部分为办公空间，再往上部分是酒店，逐渐向上缩窄于顶端的一个叶片。“环球金融中心”的顶部几个楼层开了一个50米直径的圆形风洞口❸，以减少大风对建筑产生的压力。“环球金融中心”顶部的直径与附近广播电视塔的圆形旋转大厅的直径相同，这个广播电视塔的正式名称为“东方明珠”，不过，因为“东方明珠”由三个细细的支柱支撑着，所以，当地有人称它为“鸡腿”。

这个项目是由日本人投资的，尽管众说纷纭，不过这次依靠的是资本而已，天圆地方体现的是中国人的宇宙图景。剪去太阳下面部分而成了一座桥，现在有人把它解释为中国的月亮门。平滑的外观本来是这幢建筑在形式上的主要长处，这座桥恰恰不可避免地损害了这幢建筑平滑的外观，而没有增加多少适当的联想。任何地方都会有的那种轻率的设计师和开发商都可能，在中性的商业建筑上加上一点点当地的或“民族的”风格，甚至包括了一种反映地方传说的装饰，而忽视了整体形式的象征价值。

外滩曾经是上海的亲水长廊，浦东就是外滩对岸的一个特别开发区，那里集中了高层建筑，浦东的开发效仿了巴黎和伦敦的模式，而没有效仿曼哈顿模式。上海的老中心已经存在，而且不同于巴黎的拉德芳斯，继续富有活力，在这样的地方，建设一个高强度经济活动地区。无论浦东开发在规划上与曼哈顿有什么结构性的差异，人们总会把高楼林立的景象看成对曼哈顿的模仿，摩天大楼承载着激动、实力和富裕。

巴黎和伦敦的中心商务区存在地方政府，它们对土地使用和建筑高度实施一定

❶ 2008年8月29日竣工时，“环球金融中心”大厦的最终建筑高度为492米，地上101层，地下3层。1997年开工初期，因受到亚洲金融危机的影响，曾一度停工，2003年复工。当时，由于原设计高度已经被香港和台北在建的摩天大楼打破，所以，投资方修改了原设计高度，增加了7层。——译者注

❷ 占地面积为14400平方米，用地面积30000平方米，建筑面积381600平方米。——译者注

❸ 最终设计方案把大楼顶部风洞由圆形改为了倒梯形。——译者注

的管理。可是，每个城市的这类政府在性质上，如同它们与中央政府的关系一样，有所不同。在蒙巴纳斯（Montparnasse）火车站附近的是中心地区，出现了蒙巴纳斯大厦，而正是蒙巴纳斯大厦刺激了巴黎的开发，巴黎的第一幢摩天大楼是巴黎大学科学学院大楼，它并不在市中心，巴黎的第二幢摩天大楼，蒙巴纳斯大厦是在 1958 年开始建设的，当时正在改造蒙巴纳斯火车站，改善进入巴黎的火车交通。蒙巴纳斯大厦是由法规建筑师设计的，他们与为美国开发商工作的美国工程师们相配合。虽然蒙巴纳斯大厦并不受到巴黎人的欢迎，但是，巴黎需要写字楼，实际上，蒙巴纳斯大厦最终还是被使用了。

有可能在巴黎的整个中心区复制蒙巴纳斯大厦，这个不祥之兆推动了巴黎西部地区的迅速发展，那里延伸了起始于卢浮宫的“历史轴”，这个巴黎的中轴线穿过香榭丽舍大街和凯旋门，延伸到纳伊以及纳伊之外。这个方案并非新方案。1931 年，巴黎市就试图开发这个轴，那个时代的一些最优秀的建筑师，佩雷（Auguste Perret）、史蒂文森（Robert Maller-Stevens）和柯布西耶，都参加了开发“历史轴”的设计竞赛。就像许多设计竞赛一样，最终优胜者是一个偏重学术的建筑师，比戈（Paul-Arsene Bigot），巴黎美术学院的新崛起的教授。

直到 1950 年，并没有什么实际进展，只是提出了政府预算，计划开发围绕 1870 年战争纪念碑的场地，也就是所谓拉德芳斯，处在历史轴的西端。1958 年，运作这个规划的商业中心的公司才建立起来，尽管如此，第一座公共建筑，蒙巴纳斯大楼的建设还是马上开始了。蒙巴纳斯大楼是一个大型的、相对低矮的三角拱形混凝土大厅。1964 年，拉德芳斯地区的最终规划得到批准，国家投入资金建设了大规模基础设施，包括新的东西高速地铁线（RER）的终点站，自 1990 年以来，这条线的东端是欧洲迪士尼乐园。那里还新建了可以容纳 2.6 万汽车的停车场和巨大的购物中心。车站、停车场和购物中心均由 1.6 公里长和 91 米宽的板（slab）覆盖，这块板太宽而不是一条步行道，它太长而不能成为一个广场。很快，若干高楼围绕这个公共设施建设起来。最初规划所允许的适度密度不能提供收益来调整公共投资，所以，1972 年，建筑高度上升了。那个地区基本上没有住房，工人们来自其他街区。如同任何一个单一使用开发一样，上班时间结束之后，那里便冷冷清清。

戴高乐将军（General de Gaulle）执政期间，这个综合体的主体就完工了，剩下的建筑问题留给了后继者，尽管那些问题不是很大。戴高乐钟爱这个拉德芳斯项目，因为这个项目不仅拯救了巴黎的核心，他认为，这个项目让巴黎以有计划和有序的方式去与混乱的曼哈顿竞争。戴高乐已经在洛克菲勒中心提到过这一点，“你在教堂的脚下看教堂，但是，在法国，我们从下面看教堂。”[1] 在戴高乐看来，巴黎应该发展成为一个“盆地”，这个“巴黎盆地”的建筑高度从巴黎的中心向外逐步上升。戴高乐的想法被并入了巴黎的规划法规，而从解除街道束缚的“雅典宪章”得到启迪进一步强化和调整了戴高乐的想法。源于这个政策的城市有时看上去像一个凌乱版的“光明城”,那是柯布西耶1925年提出的设想,他因此而受到很多批判和嘲弄,当时,他设想，巴黎被削减成一个由若干高层建筑地块组成的网格，所有的工作场所都会集中到这些高层建筑地块中，在这些高层建筑地块中，城市的纪念地或遗迹会提供一个随机的文化机构网络。似乎是为了强调老建筑的珍贵，戴高乐的文化部长，马尔罗（André Malraux）推进了一个积极的项目，清理和修复历史遗迹。

当时，许多行政部门认识到了它们的“重大工程”，所有的住房和办公室，不能复制巴黎的纹理或巴黎的荣誉。因此，新的公共建筑和新的公共空间是必不可少的。第一位的重大事务是，在波布建设称之为“文化中心”的图书馆和博物馆—画廊类型的建筑，1931年，波布曾经被认为是一个不卫生、拥挤不堪的地区。1971 ~ 1977年建成的“蓬皮杜中心”，是由皮亚诺（Renzo Piano）和罗杰斯（Richard Rogers）设计，以戴高乐将军的继任人，蓬皮杜的名字命名，“蓬皮杜中心”的设计曾经是引起许多讨论的国际竞赛主题，“蓬皮杜中心”成为了巴黎北部的文化活动聚焦点，雷阿勒地区是拿破仑第三建设起来的铸铁市场，一个世纪前就已经展开商业活动了。1961 ~ 1969年，就开始对那个传统市场的功能实施有计划的变更，批发市场迁移到了郊区，在大规模抵制之后，很受人们尊重的铸铁建筑悉数被拆除了。替代它们的是一个相当丑陋的地下购物中心，它的正式名字是“雷阿勒集市广场”，它直接与铁路交通枢纽相衔接，刚刚建成时，这个地下购物中心之上是一个没有任何装饰的水泥的变电站塔，高度为27米。后来，用公寓装饰起来，它的巨大体量预示着这个空间的前景不好，甚至雄心勃勃的希拉克市长，1995年的法兰西共和国总统，当时也不能解决它的问题。虽然蓬皮杜中心承担了它在巴黎北部地区的预计功能，但是，它也是麻烦不断。

1982年，新总统密特朗（Francois Mitterand）决定通过一些“重大项目”给整个巴黎留下他的印记，不像原先那些政府的“重大工程”，密特朗的重大项目涉及公共建筑和公共空间，而不是住房。密特朗首先试图发展拉德芳斯，通过在拉德芳斯建立某种地标性建筑，让那里具有凝聚力，这是拉德芳斯一直所缺少的，而这个地标性建筑会形成一个从卢浮宫就可以看到的非常长的景观系列的终点。这个地标性建筑旨在凝聚这个地区的公共空间，那里实际上已经建立了许多“艺术品”，然而，在空间形式上或在它的使用者那里都没有产生多大的影响。丹麦建筑师，斯普雷克尔森（Johan Otto von Spreckelsen）的“新凯旋门”在设计竞赛中最终胜出，“新凯旋门”

近似一个立方体，106 米上升到 110 米，外表用玻璃和大理石覆盖，在“新凯旋门”的基座上，安装了依靠悬索伸拉的帆，为了让“新凯旋门”的基础不与区域快铁（RER）线接触，“新凯旋门”的基座与“历史轴”之间有一个 6°的夹角。1989 年，这个严格的非纪念性的装饰性“拱门”建成，然而，周围无特征的办公区矮化了它。多种政治变更已经改变了“新凯旋门”的细部，当时，围绕它的玻璃场馆没有建设起来，斯普雷克尔森设想的屋顶花园也没有成为现实。“新凯旋门”有一个令人不快和始料未及的效果：对于任何一个在香榭丽舍大街上行走的人来讲，“新凯旋门”的屋顶轮廓线把凯旋门的景致削减了一半。虽然“新凯旋门”并不欢迎现代的闲逛者，但是，它却十分钟爱玩滑板的人，玻璃封闭起来的电梯主要为有组织游客服务。

密特朗的许多项目涉及改造历史遗址，如卢浮宫或巴黎植物园。但是，当巴黎不成比例的富裕的西部迅速发展起来时，政府开始关注巴黎的东部，那里产生了巴黎 1/4 的工作岗位，当然，却仅仅满足了东部地区一半的住房需要。[2] 1970 年，地方政府和规划机构着手振兴巴黎的东南部地区，很快就涉及了那些必然不一致的政治家。1982 年，以维多夫罗（Boria Huidobro）和舍梅托夫（Paul Chemetov）为首的一群建筑师设计了一个长长的“法国财政部大楼”，这个大楼像里昂铁路线和塞纳河之间的一座桥，这个建筑从视觉上表现了巴黎向东部方向的发展，总之，社会民主党人和戴高乐派行动一致。1984 年，巴黎的“万能体育馆”建成，成为法国设备最齐备的体育场馆。与这些建筑相联系的是混合住房项目，它包含了法国一些很有趣的新建筑。在巴士底广场，兴建了新的歌剧院，沿北岸建设了一个公园。

与财政部大楼隔河相望的新国家图书馆，所谓“巨大图书馆”（TGB），是最后一个密特朗项目，也是最引人注目和最具争议的项目。政治不满和劳工问题，不适当的书库大楼，乏味的、不愉快的公共空间，都让这个建筑里里外外皆不尽人意，这个“巨大图书馆”似乎是彼得·霍尔（Peter Hall）修正版《大规划灾难》（Great Planning Disasters）的一个不错的候选项。

现在，一些挤在塞纳河两岸的完全没有特色的摩天大楼，正待在从巴黎中心地区向东和向西延伸，出现在巴黎中心地区的边缘上，此时，巴黎中心地区的结构并未改变，这种状况可以看成戴高乐巴黎远景的一个胜利。

伦敦没有“凯旋大道”，没有“历史轴”，1980 年以后，组织混乱和块块分割的伦敦政府不可能承担任何建设项目，当然也没有“重大项目”。没有英国技术官僚传统，也没有在规划问题上的党内共识。但是，对于中央规划决策，英国存在一个良好的和成熟的地方咨询模式，有时，这种模式是有效的和成功的。保守党政府从原先行政当局继承下来的一个大型国家建筑项目，在布卢姆茨伯里建设国家图书馆的设想，那里靠近大英博物馆，但是，后继政府改变了对这个场地的选择，削减了国家图书馆的规模，所以，也削减了国家图书馆的容量。

作为担任首相最长时间的撒切尔（Margaret Thatcher）是依靠私人企业来为她的行政当局建设纪念性建筑的。与仅有“一平方英里”大小的伦敦市相邻的“褐色”区域曾经是19世纪的码头和仓库。1970年，这个伦敦港区提供了一个重要开发场地，但是，需要巨大的投资。1987年，政府同意投资建设一个精心设计的基础设施，包括道路、铁路连接、大规模上下水管道系统，类似于巴黎的拉德芳斯地区的开发规模。就在邓小平领导的中国共产党人不久就要开始建设深圳和浦东经济开发区的时候，撒切尔的政府决定把伦敦港区划定为不受规划控制的一个特别“企业区”，一个由开发公司控制的地区，实际上，推动“新城”建设的就是这种开发公司。

当时，关键的港区开发商是一个加拿大人，所以，“加拿大广场”成为一个地区枢纽，由一个方形的、采取金字塔形房顶的写字楼主导，这个写字楼高243米（800英尺），是当时欧洲最高的得到使用的最高建筑。因为这个高度，在天气晴朗的时候，从伦敦西部的希斯洛机场和温莎城堡都可以看到这幢建筑，距离大约为32公里。这个大楼由纽约建筑师西萨·佩利（Cesar Pelli）设计，而相邻的其他建筑则由其他一些北美建筑企业设计。

但是，事情不是很顺利。就在1991年的萧条到来之际，这个写字楼才完工，当时，伦敦市本身正在发送规划限制。当时的建筑空置率达到了峰值，曼哈顿的中部地区也是那样。所以，开发失败，大约欠下了20亿美元的债务。1999年，按照内阁的意见，政府为这个项目出资60亿美元（包括基础设施和信用担保），比做出开发商们投入的资金多3 ~ 4倍。相同的开发商们重组后返回港区，继续开发。那时，“加拿大广场”主楼的大部分空间都被占用了。规模与“加拿大广场”相差无几的2幢新大楼也在1999年竣工，其中一幢已经租赁给了“香港汇丰银行”。[3]

尽管从卢浮宫，沿历史轴线可以看到拉德芳斯，但是，拉德芳斯并没有以高楼为聚焦点，拉德芳斯也没有吸收或直接影响任何巴黎的历史遗迹。在伦敦，港区面对英国最优美的建筑之一，“格林威治医院”，一部分宫殿，一部分海军疗养院。17世纪的3位伟大的建筑师，琼斯（Inigo Jones），雷恩（Christopher Wren）和霍克斯莫尔（Nicholas Hawksmoor）都为这个建筑工作。“格林尼治子午线”（Greenwich Meridian），0度经线，穿过格林尼治医院，从格林尼治医院看河对岸，那里挤满了船只和港口建筑，而在它们的背后，就是“伦敦东区”，伦敦破旧的和贫困的地区，整个19世纪，贫穷的移民们一直都挤在那里；1980年，英国的一个议员曾经称这个地区为，“全球私搭乱建的首都”。[4]

投资巨大而完成的高层办公楼现在会让那些或多或少封闭起来的住宅与衰败的腹地形成鲜明的对比。经过 20 年，如同拉德芳斯，包含港区在内的哈姆列茨塔区 依然还是社会混乱。从格林威治医院向河对岸看去，那里是一个低矮的广场，势不可挡的港区高耸着一个永久性标志来提醒人们，很高的大楼与经济萧条相联系，大资本不能产生一种凝聚起来的环境。

吉隆坡的双子塔在新千年到来时还是世界上最高的建筑，它是由产生伦敦港区摩天大楼的同一个纽约建筑事务所设计的。在某些条件下，选择建设高层建筑甚至可能具有破坏性的政治意义。在 1998 年的一部叫作《诱捕》(Entrapment) 的电影中出现过吉隆坡的双子塔和肖恩 (Sean Connery)，肖恩是在乌烟瘴气的贫民窟里长大，所以，马来西亚的总理，马哈蒂尔 (Mahathir Mohamad)，公开禁止上演这部电影，实际上，那个贫民窟在南部的马六甲，“几百英里之外”。[5] 无论这个贫民窟在哪里，真正引起马哈蒂尔愤怒的是，双子塔可以看成社会不公平的象征，因为吉隆坡有很多很多贫民窟。

吉隆坡的双子塔也可能看成亚洲金融危机的一种征兆。1997 年，泰国然后是马来西亚发生了金融危机，然后波及整个东南亚地区，即使这场金融危机持续的时间不长，这场危机还是破坏了世界范围金融市场的势头。总之，“泡沫和崩溃的国际传播似乎并像一种倾向那样而成为一种规律”。[6]

泡沫和崩溃的相互依赖肯定会随着蔓延开来的全球化而加剧。但是，我不是一个未来学家，我所关注的是，应该如何，而不是什么必然会发生。

如果说对城市有一个“应该”的话，那就是，城市必须保证它的市民做事公正。让它的市民做事公正可能意味着，在细节上，在如何实现公正的问题上，肯定会有争议。那些人的公正？这是当今人们常常提出的一个问题。许多人会进一步推进这个判断，要求他们的城市还应该看上去公正，要求他们的城市知道，你所指的应该，你说提出的应该，是什么。正如传统的法律格言所说的那样，不仅必须做到公正，还必须看到公正真正实现了。[7] 就建筑而言，就公共空间而言，这个格言意味着，需要把公正表达出来，把实现公正的种种困难表达出来。

许多城市问题源于高层建筑，高层建筑在可以看到的未来还会伴随着我们。佩德森公式推算出，投资建筑收益最大的是正方形平面，其实也不尽然，圆柱形的双子塔就不遵从佩德森公式。实际上，我已经提到的上海“环球金融中心”，打算在芝加哥迪尔朋街 7 号新建的一个很小印记的圆柱形建筑，它的设计高度为 209 米，预计 2003 年竣工，将会成为世界上的最高建筑，是我在 1999 年底看到的两个对佩德森公式提出挑战的新项目。

现在，高层建筑的事务真的从建筑师的手中消失了，因为一个全新的设计师已经出现了。虽然许多全新的设计师还在使用“建筑师”的头衔，另一些人却选择了使用更时髦的头衔，“设计专业人士”；他们以大型设计所的方式操作，一年经手价值数百万的设计工作。这样的设计事务所给客户提供金融咨询、具有定量内容的调查、结构工程和服务工程，所有这些工作一起最终决定一个建筑结构和外形，而建筑师和装饰工程师的具体设计局限到了建筑表面（镜面玻璃、哥特式、文艺复兴式、中国的或某种从装饰派艺术图案中找出来的外部装饰细部）。文丘里（Robert Venturi）和他的妻子布朗（Denise Scott Brown）早就从理论上描述了这种变化。他们抽象出一个“装饰棚”概念，“装饰棚”是一种简单的直线构造，其外表可能是我已经列举过的任何一种风格，或者完全没有风格。“装饰棚”旨在取代旧“现代主义”建筑，“装饰棚”通过它的计划，从建筑内部塑造建筑，然后，按照它的符号要求去包装一个建筑。文丘里和布朗举了一个例子来说明“装饰棚”的错误方式，在新英格兰，有一个路边商店，出售加工好的鸭子和鸭蛋，这个商店的外形就是一只鸭子。20 世纪 70 年代和 80 年代，这种功能和建筑外形一致的“鸭子”与“装饰棚”之间的对立成为了一个标语。[8]

一段时间里，在高层建筑上使用各种各样的模式，形成了一种前卫思潮，那时，这种思潮称之为后现代主义。正如我前面所提到的那样，“后现代”这个术语的意义在 20 世纪的最后 20 年里一直都在改变，这个术语已经用到从食品、时装设计到哲学的每个事物上。[9] 西方建筑领域实际上没有重视后现代主义，而中国一直都以积极的态度采用后现代主义，印度次之。从印度的莫卧儿王朝到中国明清时代的地方衍生品都被用来做商业建筑的装饰，任何种类的历史细部都可以做到。我在深圳和广州，上海和北京，都看到对曼哈顿的可悲地模仿，2 ~ 3 层规模的公寓没有规划地拔地而起，形成中国式的公寓区，在印度，在中国，粗制滥造的、难以辨认的西方化的“古典主义”变种正在清洗掉地方的或民族的遗存。

在这种情况下，建筑师不再发挥一个独立顾问的作用，例如，他不能给客户提出忠告，劝客户放弃或修改他认为可能损害公众利益，或者与客户自身利益不一致的建筑计划。建筑师不再是塑造建筑内部和布置建筑外部的积极贡献者。总之，这种不再发挥独立顾问作用的全新的建筑师设计的仅仅是建筑的很小一部分。据估计，在 1918 ~ 1945 年之间，世界建筑存量在容积上翻了一番，而在 1945 年以后的半个世纪里，世界建筑存量在容积上则翻了好几番。但是，作为一个相对弱势的群体，建筑师们却总是充当更有力的城市病的生产者的替罪羊。

城市从来不乏批判，但是，超出对建筑环境一般不满的更尖锐的批判在 1970 年前后逐步出现了，那些批判者声称他们与沃尔夫（Thomas Kennerly Wolfe）和查尔斯王子（Prince Charles）不同，他们是在替“老百姓”说话，为“老百姓”的苦难伸张。虽然那些批判者主要是攻击建筑师，但是，那些批判者看不起的建筑其实一直都是那些在大型商业设计所里工作的人生产出来的，那些人不屈不挠，那些人已经发展到制造相同的巨型框架结构，当然，那些人现在也顾及那些批判者的批判，做起伪历史的装饰来。

过去，许多人实际上就不满意现代城市，不满意现代城市的建筑和建筑环境，但是，这种不满意几乎与“风格”或“装饰”无关，正如他们的代言人坚持认为的那样，这种不满意很大程度上与撕裂产生的和没有特色的建筑引起的疏远感相关。如果那些不满意的人停留在深层社会结构和社会关系问题的表面，停留在随之而来的假象上，那么，风格和装饰问题就会很危险地误导他们。

公众的绝望已经演变成了各种各样针对公司或市政弊端的群体行动，而且正在增加。例如，钟爱城市和曼哈顿，尤其钟爱市中心部分的雅各布斯（Jane Jacobs）已经在《美国大城市的生与死》（The Death and Life of Great American Cities）中描述了发生在1958年的故事，市政府计划让一条主要道路通过华盛顿广场，大众对此施加了压力，从而避免了对华盛顿广场的可能破坏。[10]最近，市民们已经把此类问题抓在了自己的手中。一个叫作“这块土地是我们的”（TLIO）团体掌握了伦敦旺兹沃斯市一块属于“健力士啤酒公司”的滨河废弃土地，1999年夏，他们邀请地主和政府主管部门参加土地使用会议。

这些都是孤立事件，但是，强有力地组织起来的公众意见常常有可能改变官僚机构所引起的重大错误。这种现象并不是什么新鲜事物，但也未必总是能够发生效力的。公司的错误，或开发商的错误，常常比市政当局所犯的错误更难早期得到发现，常常被拖延或得不到预防。社区行动不无负面效果，“别在我的后院”（NIMBY）就是一例。在选择解毒中心、无家可归者的收容所、交通通道的位置时，常常遇到那些富裕的和政治上很强大的群体的阻挠，不然这类事情发生在他们附近。1999年就发生过反对川普（Donald Trump）大厦的这类行动，这幢大楼设计高度为262米，90层，地处纽约第一大道和48街交汇处。这个行动失败了，因为这个行动可能成了一个“别在我的后院”的行动，富裕的和有实力的人们阻挡了敢作敢为的民众的行动，但是，这个群体行动正在引起人们反思纽约的分区规划法规。

社区行动，市民的首创精神，常常是英勇的。这种反对各种政府、市政当局、政府代理机构的集体力量发展得越来越强大了。涉及环境或其他公共政策问题而反对个人或组织的官司不计其数，这种官司通常包括对诽谤、阴谋和滋扰的指控。“针对公众参与的策略性诉讼”（SLAPP）中包括了零星的诉讼。法庭拒绝了大部分这类案子，其中 3/4 的赢家是被告。但是，这种社区行动可能导致 3 年以上的诉讼，无法承受的法律费用，导致个人或小团体很大的焦虑，耗费个人或小团体大量的时间。另一方面，政府机构或企业可以把法律成本吸收到正常的企业支出中。最近出现的“针对公众参与的策略性诉讼 – 恶意起诉”（SLAPP-Back）对此做出了应对。与此相关的一个最著名的例子是，麦当劳针对一个前邮局就业者和一个失业花匠所提出的诽谤诉讼，他们两人都是素食主义者，还是伦敦一个叫作“伦敦绿色和平”组织的成员（与国际绿色和平组织没有联系）。这两个人散发了一个小手册，声称麦当劳要对摧毁热带雨林负责，对濒危动物负责，说麦当劳是一个恶劣的雇主，麦当劳提供的食物没有营养或不健康。这个案子必然称之为“麦诽谤”，1990 年开始上诉，1994 年 6 月开庭，1997 年 6 月宣判，这是英国历史上历时最长的诽谤案。只要诉讼还在延续，这个诉讼就是一个免费的杂耍，比起美国，英国有关诽谤的法律让原告更从容一些。

被告曾经反驳，他们曾经被诽谤成骗子，这个声称复杂化和延长了这个案子。虽然对这两个撰写手册人的许多指控都被发现是不公正的，但是，法庭发现，这个手册所要承担的赔偿很小。随着这个诉讼的展开，对麦当劳的负面宣传是巨大的，特别是许多人把这个审判看成是“关于文化和信念制度全球化”的审判。因为“麦当劳是我们时代最重要的组织 —（麦当劳）已经完全改变了饮食，商业化人类活动的最基本的元素—（麦当劳已经把）盘子变成了纸和聚苯乙烯，省了餐具，去掉了厨师。”写这段话的记者的确看到了这个特殊的诉讼“不会解决任何问题。”[11] 虽然这种案子肯定会在其他地方引起类似的和反复出现的游击战，但是，这场官司似乎是一个可能已经输掉的战争中的一个微不足道的胜利。

1992 年，里约热内卢的地球峰会暗示了未来国际水平的发展，当时，许多压力团体有着足够强大的力量来推动签署一份有关温室气体排放的协议。1994 年，一群抵制者干扰了世界银行 50 周年庆典。1999 年 12 月，示威者以更为公开的和全球的方式干扰了世界贸易组织的西雅图会议。

这些事件至少产生了一个积极的后果：它们已经引导公众舆论关注对我们社会和环境有害的事情。这种团体，“非政府组织”（NGO）也能使用信息技术在全世界范围内活动，一些非政府组织在国际水平上结合成为一些经济学家所说的群体；实际上，这些非政府组织已经成为反对全球势力和政府的特殊群体。[12]“非政府组织”这个称号现在包括了巨大的和很有力量的群体，它们可能是政府完全资助的或部分资助的，如何红十字会，以及一些涉及特殊短缺或不公正的小非政府组织。在某些政府的帮助下，它们已经成功地禁止了使用地雷，现在正在鼓动免除贫穷国家的债务。

就城市而言，非政府组织的行动基本上是消极的：它们可能阻碍很好的结果，妨碍那些陷入困境的街区的振兴，但是，它们不能提出和反映形体上的新创意。正如一个“活动分子”所说：“人们并不为了什么事情而组织起来或为此而斗争，但是，人们会为了反对什么事情而组织起来斗争。”[13]

涉及城市事务的许多活动分子所说的已经受到意外事件的影响。例如，雅各布斯在华盛顿广场事件中提出了一个至关重要的、自发产生的变化中的城市，反对缺乏独创性的规划和有序的城市。20世纪80年代复兴起来的哈林区125街的市场和1994年的暴力镇压产生了一个很好的故事。[14]活动分子反对各种各样“反城市”和乌托邦的次序井然的城市，从霍华德到柯布西耶，而主张乱哄哄的“族群”的城市。交通工程师和卫生工程师“安排了”无处不在的和隐蔽的网络城市，开发商和投机的人去钻空子，城市效率指导利润，20世纪末的现实事实上是反对“设计的”城市的，这种设计的城市首先考虑的是城市形式和与市民的某种对话。振兴因为投机和经济变化破坏了的那一部分城市总是需要注入资本的（期待某种经济回报），需要一个所谓城市更新的过程。

城市更新并不是一个新口号；1954年，美国就出现了城市更新。城市更新的想法要比城市更新的口号要老得多；简单地把穷人驱赶到更边远和贫困的地区，1884～1885年英国的“皇家工人阶级住房委员会”就清晰地谴责过这种城市更新过程，我在第三章中谈到过这个问题。[15]美国的讽刺作品对此做了同样的批判，不过更简洁一些，“城市更新意味着驱赶黑人”，费城的一个滨河区，“社会山”曾经很兴旺，而在1945年左右，却陷入困境，对“社会山”地区实施的城市更新为现在所谓“中产阶级化”的过程提供了一个重要例子。[16]

1945年以后，在德国遭到战争重创的城市，如克隆、埃森和不莱梅的一些城市，开展了另外一些形式的城市更新。当时，交通工程师和店主都反对完全排除车辆在市中心某个区域通行，建立步行区，当然，以后他们发现，排除车辆交通实际上让那个地区的商业贸易活动上升了。

在拥挤的城区里实施步行化已经是许多国家采纳的政策，如英格兰、法国、意大利。在伦敦考文特花园项目成功之后，作为诺曼·福斯特（Norman Foster）实施的大方案的一个部分，有可能禁止车辆在特拉法家广场通行，最近组成的“英国城市特别工作组”的推荐意见之一就有禁止车辆在特拉法家广场通行。巴黎实施步行化政策要早一些。塞纳河两岸的快车道已经取消，而历史轴的主体部分，香榭丽舍大街，已经更换了地面铺装，车辆改道。这些零星的尝试提出了在城市中心地区实施一种不同于“中产阶级化”的城市更新。

对许多人来讲，哪怕是排除一部分车辆交通的项目似乎都是不现实的。从汽车进入城市道路，自从福特T型车出现以来，汽车已经成为一种自由的一般符号，至今还被人们普遍接受。在美国，在大部分西方发达国家，小汽车似乎是无处不在的。最近几十年，特别是1973年能源危机以来，汽车的好处已经受到怀疑。

在城市里，汽车已经成为一种重要力量。汽车的制造和营销构成了世界经济的一大块，它的游说势力相当大；这种势力一直都在抵制政府有关限制车辆道路自由通行或污染排放的法令法规。更恶劣的是，这种势力抑制公共交通；有时，小铁路和汽车公司还提高了地面道路交通需求。这种状况（如洛杉矶）导致了公路严重膨胀，破坏了现存的和充满活力的街区。[17]

建设道路、桥梁、隧道、交叉路口和高速公路都是一种通常的公共投资，而在公共交通上的任何一种形式的资金投入都被当作一种"补贴",所以,是一种隐藏的"温和社会主义"形式。因为企业主依赖连续不断的需求,依靠道路建设项目,不仅在北美,也在欧洲，道路正在成为主要公共工程形式。

现在，在东欧，甚至在中国，以道路作为主要公共工程的情况也在发生，实际上，过去几十年，中国大城市曾经一度挤满着自行车。实际上，一辆自行车占用的空间不足小型小汽车的1/10；中国人虽然在拼命地建设和扩宽城市道路，但是，中国城市道路现在还是充斥着小汽车和卡车，正在飞速发展的中国汽车工业生产了其中很大一部分车辆。东南亚地区的情况大同小异。政府没有采取任何措施来阻止和缓解车辆所带来的灾难。例如，有人劝说泰国的上班族，想办法把他们的小汽车变成"车轮上的家"，因为他们在小汽车上度过了太多的时间，而且，泰国的交通警还接受助产训练；在泰国的加油站还能买到便携式尿壶。[18]曼谷最终建设了高架单轨，当然，使用价格不菲，有私人公司运营。

对其他交通模式的需求依然很少。汽车制造商始终排斥已经成为机场专用设施的自动人行道、单轨列车、轻型电动列车等，[19]汽车制造商是全球化的最大推手。全球化这个词汇已经流行半个世纪或更长时间了，不过，全球化的效果正在日益凸显出来，日本的CEO发现，在澳洲或泰国打高尔夫比日本便宜，而德国汽车制造商乐于在韩国或印度尼西亚生产汽车配件。日本计算机使用的芯片可能是在华盛顿州或马萨诸塞州、剑桥郡或班加罗尔生产的。所有这些都被反反复复地讨论过无数次了。

对于全球化的效率，全球化的正当性之类的问题其实讨论并不多。事实上，全球化不能讲质量，但能够讲数量。效率当然可以计算，在工业化国家，效率是可以定量计算的效益，包括较高的寿命和提高平均收入。然而，全球化的真正指标是公司收益，也可以等于公司股票在股市的价值。如同所有的社会发展，全球化既不是与人无关的，也不是必然的，全球化是许多个人决策、选择、交易的产物，这些个人常常藏在国际机构面具背后。

全球化具有明显的收益，但是，全球化，加上它的推行的汽车文化，习俗、膳食和服装的同质化，都令人不安。新一代的CEO雨后春笋般地生长起来，当然拉动了平均工资在计算上的上升。正如鲍曼（Zygmunt Bauman）所说，"新的财富在虚拟的现实中露头、发芽、开花，这种虚拟的现实独立于穷人那种传统的实实在在的现实。过去，产生财富总是与做事、加工材料、产生工作和管理人相联系，现在，产生财富正在最终从那种约束中解放出来。往日的富人需要穷人来维系他们的财富。富人离不开穷人，这种依赖关系总是在缓解着利益冲突。—"[20] 作为投资的结果，向穷人承诺，繁荣是投资的结果。投资的条件是社会稳定，如果不能通过协商实现社会稳定，那么，可以通过强制的方式来维持社会稳定。

无论怎样努力，我们身边还是有穷人。然而，贫困现在也改头换面了：因为日益增加的流动，让穷人失去了身份，这是穷人的新脸谱之一，穷人的另一个新脸谱是，在许多似乎很繁荣的地方，囚犯人数正在增加。现在，反对世界贸易组织和"北美自由贸易协议"（NAFTA）的人进一步努力维护独立性，当然，他们的抵制未必可以影响到政策。

穷人反对劳动力市场全球化所带来的不确定性的一个基本武器是，重新维护地方的或民族的身份。纽约或洛杉矶坚持西班牙裔身份是这个过程的一个明显案例。在另一个世界，法国学术界努力维持法语的纯洁性，反对英语的文化霸权，当然，只要年轻的巴黎人穿戴美式服装，听美国的说唱节目，学术界维护发育纯洁性的努力很可能是徒劳的。19世纪，大资产阶级的省城，通过确定它们对阵首都的身份，从而保护他们自己的经济活力，里昂必须强调和培育它的特殊性来与巴黎较劲，米兰必须站出来先与维也纳，以后与罗马较劲，慕尼黑较劲柏林，或京都叫板东京，正是这个较劲的过程吸收了很大的能量。

随着全球化的增加，独立的欲望成比例地更为强烈起来。伊朗与"撒旦"的斗争就是一例，苏联的民族主义者，巴尔干人自己的民族主义者，都在为他们的较小族群在全球层面获得身份而战斗。19世纪民族主义者整理出来的区域语言，如欧洲的加泰罗尼亚语、加利西亚语、普罗旺斯语、布列塔尼语、巴斯克语、立陶宛语、拉脱维亚语，拉丁美洲的各种印第语，都在复兴起来。所有这些已经导致了令人惊讶的失衡：英语在魁北克，法语在比利时北部，几乎消失了，而丹麦语在强大的英语媒体冲击下努力生存下来。

这些语言现象展示了地方的历史，而与这种地方历史纠结在一起的困扰已经影响了城市，尤其是影响了城市中心，这种困然已经引导人们去提高和更新各式各样的历史遗迹。老建筑翻新常常被人误称为城市更新，其实，老建筑翻新是基于这样一个假设，几乎每一个地方都有许多值得看看的历史遗迹。拉斯维加斯这样的地方不存在这种历史遗迹，所以，过去只能进口或发明。进口或发明过去是城市更新或振兴的一种形式，它与推动各种旅游紧密联系在一起，它创造了一种新的建筑需求。

博物馆现在已经成为唯一一种普遍承认的公共建筑，所以，博物馆在现代城市里已经承担了前所未有的重要作用。在现代意义上讲，“博物馆”已经存在 300 年了或 300 年左右。学校的孩子们、艺术家、热爱文化的游客或多或少仔细地参观那些博物馆。然而，一种新型的博物馆 / 美术馆正在成为一种地标和城市吸引人的地方。中国、印度、俄国、巴西和阿根廷或加拿大，全世界的博物馆，尤其在周末，都会熙熙攘攘，人头攒动。许多收藏迅速超出了博物馆的容量，所以，博物馆正在裂缝。但是，那些博物馆已经在地方扎下了根，成为了一种全球宗教的崇拜建筑，这种全球宗教提出了推行一种既没有信念也没有任何生活规则的优势和劣势。

博物馆内部经历了很大的变更。就像老公共机构一样，现代博物馆依赖于捐献和遗赠，以此形成博物馆的资本，但是，博物馆能够通过餐馆、书店和收藏品交易而增加收入。这样做已经改变了博物馆的环境和可能性。博物馆的商店不仅提供了模子，也提供了复制品，博物馆商店很受欢迎，以致它们还建立了分店，如纽约大都会博物馆在曼哈顿中部和苏荷都开了分店。更有甚者，一些博物馆商店并没有与任何博物馆有联系，但是，它们使用了“博物馆商店”的招牌，向顾客暗示它的商品的高雅和品质。

19 世纪，一些收藏王侯藏品的建筑就向大众开放，目的在于“提高”大众的品位，现在，再开放这类建筑，已经完全改变了方向。申克日柏林老博物馆，伦敦国家美术馆的塞恩斯伯里博物馆，以及华盛顿国家美术馆，气势庄严，古老，也许还有些刻板。古根海姆博物馆第一次这种博物馆形象提出了挑战。1950 ~ 1955 年，赖特（Frank Lloyd Wright）在设计这个博物馆的最初版本时，他用他的巨大的螺旋体打破了纽约的棋盘模式。

现在，古根海姆博物馆已经在纽约市中心、威尼斯、萨尔茨堡和毕尔巴鄂开花结果了，使古根海姆博物馆成为一种世界现象。毕尔巴鄂古根海姆博物馆是由弗兰克·盖里（Frank Gehry）设计的，它是 20 世纪末世界上最出名的建筑。盖里的混凝土和钛材料制成的外壳支配了诺温河的弯道，这个弯道把中世界城镇从没有生气的 19 世纪的城镇分开，在海上贸易衰落下去，那里的矿产失去经济价值之前，毕尔巴鄂一直都是重要港口。20 世纪的最后 30 年，毕尔巴鄂还是巴斯克分离主义的中心。

纽约古根海姆博物馆的一些信托人在博物馆开张时已经讥笑过前来参观赖特建筑而不是博物馆艺术的访客。然而，现在这些都变化了。毕尔巴鄂市也非常关注建立这个博物馆，以及这个博物馆的收藏，大部分是美国艺术，毕尔巴鄂的古根海姆博物馆与纽约的古根海姆博物馆分享建设和运行成本。福斯特设计了一个新的地铁系统，卡拉特拉瓦（Santiago Calatrava）设计了一座桥梁和机场。风险已经优美地偿付了。分离主义现在正在衰落下去，毕尔巴鄂已经接待了他们自己所说的上流游客，而不是那些自带午餐的闲逛的游客，那些上流游客想住舒适酒店，而且还要购买地方奢侈品。他们参观展览和藏品，但是，最有吸引力的还是毕尔巴鄂古根海姆博物馆的建筑本身。

按照这个例子，其他博物馆已经决定，他们的建筑本身应该成为一个展示物，吸引新的观众。伦敦的维多利亚和阿尔伯特博物馆已经委托李伯斯金（Daniel Libeskind）设计一个非常不同的分形—螺旋形建筑，李伯斯金在柏林设计的“犹太博物馆”，尽管在我写这本书的时候，柏林犹太博物馆里还没有布置展品，但是，它已经成为一个标志性建筑和纪念性建筑了。毋庸置疑，李伯斯金设计的“帝国战争博物馆曼彻斯特分馆”也会产生振兴曼彻斯特的效果，索福特市也很希望从 2000 年开放的新的“世界文明博物馆”得到同样的结果。在罗马，市政当局决定在这个城市的北部地区建设一个收藏最近美术作品的美术馆，1999 年，市政当局选择了哈迪（Zaha Hadid）的设计，希望这个美术馆的建设可以成为一个催化剂，因为还没有太多的收藏品可以收藏。

这种对博物馆的热情，与在公共场所可以碰到的现代艺术作品的对立态度，形成鲜明的对照。塞拉（Richard Serra）的雕塑已经受到攻击，在纽约，已经受到制度性地诋毁，而塞拉创作的巨大的“克拉克拉”已经从巴黎中心的杜勒伊花园，搬到萧条的巴黎东部一个偏远的公园里。然而，塞拉的作品在毕尔巴鄂古根海姆博物馆里却成了最有吸引力的作品。可以认为在一个艺术环境中具有冒犯的东西，在古根海姆这样的博物馆里，已经转变成了一个完整的现代性的马赛克作品。

毕尔巴鄂曾经是一个采矿和从事铸造业的工业城镇，它缺少生机，麻木不仁，盖里的毕尔巴鄂古根海姆博物馆与它形成鲜明对比。毕尔巴鄂古根海姆博物馆并不完全是这种新型博物馆的先驱，纽约的古根海姆博物馆是这种新型博物馆的先驱，然而，没有任何建筑像毕尔巴鄂古根海姆博物馆那样把注意力的焦点放在毕尔巴鄂这座城市，强调了这样一个事实，博物馆的制度可以创造一种新型的公共氛围。公共机构所在地，如法庭、市政厅、中小学、大学，甚至火车站，必须得到一种关注，这种关注可以给这些公共机构所在地一种吸引力，也就是说，可以在城市生活里效仿古根海姆博物馆提供给毕尔巴鄂的那种宏伟的景观。

巴塞罗那，另外一个西班牙或加泰罗尼亚城镇，采取了一种完全不同的方式。巴塞罗那过去从来就不是一个“博物馆”城，因为它的基本纪念物都是相当不起眼的，当然，巴塞罗那一直都是这个半岛上的主导工业中心，它一直都承办国际展览。西班牙内战让这座城市伤痕累累，弗朗哥政权并不看好这座城市，把它看成分离主义的中心。在新的民主—联邦的西班牙王国，巴塞罗那这个加泰罗尼亚区域的首府把它自己看成一个独立的都市，甚至在申请举办奥林匹克运动会之前，它就采取了一个政策，加泰罗尼亚的建筑师和政治家波希格斯（Oriol Bohigas）已经把巴塞罗那描绘为一个这样的城市，“传承历史的郊区和消除不良印象的市中心”，用马塔的话讲，波希格斯想要的是，“让乡村城市化，而让城镇乡村化”。[21] 1981 ~ 1982 年，在最偏远和无名的住宅区找到了空间，邀请美国和欧洲的艺术家阐明广场和公园。塞拉几乎是第一个做出响应的，他创作了一个很优美的弯曲的石膏墙，即使现在它看起来有点邋遢，塞拉的这个作品也没有引起巴黎和纽约那种敌对情绪。更多的艺术家，巴斯克的奇利达（Chillida），两个加泰罗尼亚艺术家，以及米罗（Joan Miro）和塔皮埃斯（Antoni Tapies）参与了纪念碑设计，围绕他们的雕塑安排了一个广场。

从当地居民的角度看，更重要的是改造滨海地区，那里一直是废弃的码头和仓库，很像伦敦的港口地区。巴塞罗那有一条著名的滨海步行街，“兰布拉斯大街”，它是一条宽阔、人头攒动的步行大道，车辆交通相对很少，地处中世纪城市核心哥特式建筑区的西边，围绕这个中世纪城市核心，我曾经在第三章中提到过，苏涅尔规划了他的“扩建区”。就在拉布拉斯大街结束的地方，一幢破旧的老人临终医院被改造成一个会展中心。与它相邻，建起了新的“现代美术馆”，这是城市更新中必然会出现的设施。这也是美国建筑师迈耶（Richard Meier）设计的。然而，朝巴塞罗那延伸的港口大道成为了巴塞罗那最热闹的公共空间，那里咖啡和餐馆鳞次栉比，车辆交通进入一条大道。

巴塞罗那的规划师还引进了若干纽约艺术家（奥登伯格，Oldenburg，李希登斯坦，Lichtenstein，凯利，Ellsworth Kelly）的作品，当然，许多艺术家还是当地的。这个项目肯定成功地树立起了巴塞罗那的形象，在 1992 年的巴塞罗那奥运会上，得到全世界的认可。

柏林是 20 世纪最后 10 年中发生最大动荡的城市。柏林举办的两大“展览”实际上都是重建柏林的大规模建设项目，利用公共事业向私人投资。第一个展览，1957 年在西柏林汉莎区举办的国际建筑展（Interbau），建设了许多高层住宅，一些项目的规模堪比巴黎的“重大工程”，第二个展览是在 1980 ~ 1984 年期间举办的，提出了在那些从战争破坏中恢复过来的一部分地区实施小规模干预。在苏联占领区和美国占领区之间的老边界上建起了柏林墙，1963 年开始，在西柏林，建立了一个新的“柏林文化广场”，比任何一个法国文化中心的规模都宏大，包括柏林爱乐乐团的音乐厅、国家图书馆，这两个建筑都是由夏龙（Hans Scharoun）设计的，还有斯密·凡·德·罗设计的国家美术馆。虽然这个乐团和两个建筑师都有巨大的声誉,但是，柏林文化广场太不成形，太多的争议，距离成为西柏林的核心太遥远了。随着 1989 年柏林墙的倒塌，这个“文化”规划的应急性质变得明显了。如果要让柏林紧密地结合成为一体，与柏林相邻的那些废弃的地区必须利用起来，如“巴黎广场”以及对着“蒂尔花园”的“勃兰登堡凯旋门”，“国会大厦”和它朝北的前庭，波茨坦和莱比锡广场及其向南道路的衔接。1999 年，由福斯特（Norman Foster）设计的重新安装玻璃穹顶的“国会大厦”成为从玻恩迁来的德国议会的所在地。“巴黎广场”通过菩提树大街以及相邻的街道与老城连接起来，巴黎广场现在聚集了酒店，重新恢复成柏林的使馆区。在柏林文化广场和波茨坦广场之间会出现最宏大的改造，世界上最好的建筑师会创造他们的很有影响的作品。

柏林墙留下了许多伤痕。柏林过去受到如此的动荡,柏林的公共机构都被改变了，所以，柏林曾经在一段时间里不能得到重新塑造，虽然柏林打算成为新欧洲铁路网络的枢纽，但是，对规划的怀疑意味着，那时的柏林政府不能颁布一个重新布置整个柏林的规划，更不用说对这样的规划做出具体安排了。柏林当然有它的交通问题，但是，强大的德国绿党主张发展铁路而不是公路。绿党的压力一直都在德国有着直接的影响。1991 年，福斯特赢得了“商业银行大厦”的设计竞赛，要在法兰克福为德国商业银行建设一幢新的摩天大楼。1997 年，这幢三角形摩天大楼竣工，成为当时欧洲的最高建筑，这幢摩天大楼不再沿用四方形平面以及把建筑置于场地中央的美国高层建筑模式。在这幢建筑的每一个角上，都有电梯和楼梯，主体办公空间处于塔楼之间。每一个办公区（大部分是 8 层楼）建设一个三层楼高的花房。这个大楼的内部是空心的，承担供热、采光和自然通风的功能。这种方式当时还没有在欧洲和美国出现，但是，马来西亚建筑师杨经文（Ken Teang）已经于 1998 年在槟城设计建成了一幢“绿色”或生态高层建筑，这个设计还引来了许多高层建筑，包括为 2005 年名古屋世界博览会建设的 600 米高的摩天大楼（是埃菲尔铁塔高度的两倍）。让高层建筑具有生态意义可能解决不了城市问题，但是，在生态已经成为主流政策一部分的时代，让高层建筑具有生态意义是一个很有远见的变化。

“绿党”已经成为德国和其他国家执政联盟的一员；绿党不再是非政府组织。成为执政联盟的成员可能削弱绿党的直接行动，但是，也让它们从抵制向筹划。我不能确定进入政府是不是这个相当重要阶段的唯一途径。但是，从抵制变成筹划是一个决定性的转变，对我来讲，在这个世纪转变之际，所有喊着口号的和麦当劳的示威者们并没有考虑到这个转变。

现在可能比过去更紧迫地需要这种转变。我们几乎在北半球的任何一张报纸上都可以看到有关过分拥挤的长达数公里交通瓶颈的报道，或者引起疾病的污染灾难的报道。但是，同一张报纸会认为越来越高的建筑，越来越大和越来越远的超级市场，是一种凯旋式的胜利，仿佛交通拥堵和城市污染与高楼和超级市场的兴建是不相关的两种现象。城市不稳还有其他一些原因：反复展开的统计调查显示，城市犯罪正在减少，但是，犯罪传闻依然充斥美国，其他国家也必然紧随其后。“越来越多的封闭式社区，消费者主导的城市服务，保证孤立那些横跨城市边界的那些人而建设的郊区几乎必然是加速私有化的结果。”[22]

我在第 6 章谈到的“新城市主义”提出的另一种方案吸引了许多不关注郊区或封闭式社区，又对高层公寓不感兴趣的人。虽然这个从后现代主义中发展出来的思潮提到了作为一种理想的“田园城市”，但是，“新城市主义”放弃了霍华德（一个温和的社会主义者，如果真有这种社会主义的话）所倡导的基本规划原则：公共土地所有制。

强调规划程序私有化的“新城市主义”凸显了公共计划中的这个最重要的缺陷：地方政府不能给任何社区提供好的服务，地方政府总是缺少资金，过低估算公共开支。虽然新城市主义者承诺通过企业方式来工作，但是，他们还是在实践中引入了一种重要的特征：由专家协助的问题研讨会。

“由专家协助的问题研讨会”（charrette）这个法国词汇涉及的是这样一个小组，它围绕巴黎高等美术学校分散的工作室收集学生提交的绘画。如果你不及时把自己的绘画提交给这个小组，那么，你就不能提交了，后果相当严重。所以，对于设计师和建筑师，由专家协助的问题研讨会意味着所有紧急的工作和集思广益。新城市主义者所说的包括出资人、居民和地方官员在内的集思广益的小组会借用了这个法国词汇。这种专家协助的问题研讨会其实也出现在英国的新城里，规划申诉在英国也采用的是专家协助的问题研讨会的形式。也许这种由专家协助的问题研讨会应该成为规划实践的一个组成部分，因为市政当局必须学会，在设计和改变城镇时，让城镇的市民们参与到一个连续的计划中来。遗憾的是，这种城市事务常常是准秘密的，所以，假定真有人读报纸，大部分市民都是从“优质”报纸上的房地产版上了解到这类重要改变的，那时，新的城市变更正在建设中。城市议员们与交通顾问们坐在一个守口如瓶的小组会上，有时允许绕过社区对道路模式做出重大变更。采用由专家协助的问题研讨会会花一些时间，但是，从长期角度看，可能还会节约时间。

无论“公开”规划过程是私人开发商推动的，还是公共当局推动的，由专家协助的问题研讨会无论如何都是“公开”规划过程的一个重要方式。选择和避免“干预”，即避免政府控制，是一个经久不衰的广告词，唯恐我们相信，跨国公司的势力不比任何政府的力量大，自由选择一个发胶品牌、洗涤灵或狗食体现了人的精神的真正胜利。

对于它们的所有令人啼笑皆非的夸大其词，广告商只讨论我们大多数人如何都接受：制造业必须是私营企业，即使它拥有一定的领域——药品、遗传工程、武器——不能完全免除政府监管，城市规划实际上是不能避免政府监管的。城市规划的限度可能难以确定，但是，我们大部分人都会承认，城市规划的限度需要明确标志出来，而且受到尊重。

激进的参与式民主正在从选民转变成利益攸关者和客户。在这个意义上讲，新城市主义是正确的。利益攸关者要做的基本工作就是寻找最大可能的投资回报。所有的法定机构都要对投资者的利润建立限度，保证它们不破坏竞争自由，或不是一切“向钱看”，如烟草消费和碳排放都是要加以控制的，保护选民的利益。

如果政府应该依法管理的事务变得不清晰了，参加选举的选民人数肯定会下降，实际上，在国家层面，甚至地方选举中，选民数目已经下降了。就选举本身而言，选举并不是一个参与式民主的手段，当然，非常低的参与率肯定表明对选举官员的权力缺乏信心。解决办法并不集中权力或更频繁的投票，相反，让权力分散化，增加地方或城市提供的服务内容。每一次选举都可以让选民实际看到选举后的变化。地方政府可以通过许多小的，甚至在公众参与的方向的微小的步骤来扩大政府的活动。

两个拉丁美洲的市政府试图调整城市的社会管理制度：第一个是玻利维亚首都拉巴斯，第二个是阿根廷的第二大城市科尔多瓦。同一个建筑师，罗卡（Miguel-Angel Roca）担任这两个城市的规划师。在这两个城市的规划中，都尽可能更重视地方政府的作用，把行政管理和代表的活动与公共项目，一个小剧场、若干舞厅、若干图书馆、一个酒吧，结合起来，所有的公共项目都是作为部分私人的、部分公共的办法来运作。这是巴塞罗那计划更自信的版本，让郊区传承历史，不过，这个计划是通过原先的政治智慧来实施的。

如果一个城市的目标不大，那么它是能够找到一个傅立叶主义的解决方案的，如给失业的人创造工作机会，让失业者重新得到培训，生活得更加有尊严，费城 1995 年以来就是这么做的，费城没有去驱赶穷人，让他们到更贫穷的地方去，但是，纽约的确这样做过。这个城市资助甚至拥有一个运动队，这样，这些运动队可以收门票，收粉丝缴纳的会费，而不仅仅给城市资助的运动队提供竞赛基础设施。[23] 城市还参与合作的食品供应，为食品生产区在一定距离内提供销售市场，圣莫妮卡和加州的一些城市，一些法国城镇就是这样做的。甚至在纽约，并非曼哈顿本身，在皇后区和法拉盛，那里都有很兴旺的农场。[24] 更一般地讲，美国都市农业所生产的食品价值从 30% 上升到了 40%。这种增加地方活力的办法几乎成了全球现象：坦桑尼亚的达累斯萨拉姆是目前世界上增长最快的城市之一，参与农作物生产的家庭比例从 18% 上升到了最近这些年的 67%。莫斯科在提高都市农业对莫斯科食品供应的比例上特别突出，从 1970 年的 20%，上升到 1991 年的 65%。规定不同的税率可以鼓励形成这种都市农业，事实上，都市农业思潮已经植根于英格兰地区了，伦敦一家就有 20 家农场。[25]

对都市农业的任何一种讨论还意味着，我们需要小心解开庞大的分区条例，因为分区规划可能实际上阻碍城市发展。最初的《雅典宪章》(Athens Charter) 建立了这样一种非常过分简单化的规则，1945 年后，许多规划师和建筑师按照这种分区规划规则重建了欧洲，长期以来，人们已经承认了分区规划所造成的损害。1998 年，同样在雅典，"欧洲城镇规划师理事会" 在欧盟的主持下，制定了另一份文件，替代已经有 60 年历史的《雅典宪章》。这个在雅典发布的新宪章的大部分内容还是遵循老《雅典宪章》的，但是，新宪章的确包括了与《雅典宪章》的精神和提法相悖的实质性建议，例如，新宪章说：

> 对于大部分市民和游客来讲，一个城市的特征是通过那个城市的建筑物和建筑物之间的空间确定下来的。在许多城市，城市结构，包括许多历史遗迹，已经被不适当的空间调整、道路建设和房地产业的失控而破坏掉了。

这段话总结了迄今为止我已经提到的问题。新宪章警告东欧交通密度的增加，号召注意通讯革命的意义。新宪章号召增加土地混合使用分区，坚持认为，土地混合使用分区符合公众利益。总之，这个新宪章坚持土地使用和交通规划不能分离，土地混合使用分区也会对交通需要产生影响，交通价格和赋税可以，而且应该不鼓励私人车辆，发展非污染的公共交通是当务之急。我认为，这个新宪章认为，"采用严格的分区规划政策已经产生了单调的土地使用模式，而单调的土地使用模式打破了城市生活的连续性和多样性。" [26]

最后这段引述道出了规划师的告白。现在就想看到这种告白的结果，现在就对过去的许多错误承担责任，还为时尚早。规划师当然不是这种国家事务的唯一责任人。政府、投资者和专业人士，如建筑师，一起创造了我们现在生活的城市。

我们需要重新考虑我们接近建筑事务的途径和我们对建筑事务的期待。我们不能再把城市看成一个沿着公路进入城市聚集区的不定型串，如未来学家曾经想象的那样。我们只能在城市景观背景下去认识城市，把城市看成它所在的不可分割的区域的一个部分，看成一个具有一个或更多中心的整体，在图上可以看出明显的边沿。现在，计算机给设计师增加了一种资源，让我们不再把城市看成二维的，而是看成三维的，实际上，三维的城市才是市民们所感受到的城市。

人们抱怨环境恶化，抱怨城市建筑在感觉上和形式上的贫乏，这种抱怨当然与建筑师的工作有关系，这种抱怨对他们的位置做出了调整。很久以前，人们一直都把建筑师看成一种有审美力的人，只是到了20世纪中叶，建筑师才转变成了管理者和专家，他们首先“让建筑发挥功能,”，然后，再给建筑加上“美学”因素。

这种看法有两个不幸的方面：首先，审美力难以争论，无论怎样，美学因素不是可以加上或从任何建筑（或一幅画、一首诗）上拿走的东西，美学因素是观察者对他面前的建筑（或一幅画、一首诗）的感觉。建筑师的最重要的职责，建筑师的真正的艺术，是给建筑发挥功能的方式一种形式。让建筑发挥功能常常不是那么困难；但是，赋予这种建筑功能看得见的形式则是很困难的，是建筑师的秘密素养和技艺。建筑师能够操纵和控制那些建筑形式的象征强度，美术家或建筑师把这种象征赋予建筑，观察者可能发现这种象征。我们需要重申建筑师在创造城市中的特殊角色。

与规划和建筑相关的活动都必然是政治的。所以，建筑商和规划师的活动都必须对公众负责。这就是为什么我发现，在讨论城市和规划时，使用“空间”作为通用术语，是令人担忧的，我在引言中提出过这一看法。每一幢好建筑都与这种抽象没有关系。所有的好建筑一定包括创造场所，即围护结构，人们能够栖息和欣赏又不伤害他们自己的地方。

历史学家和社会学家可以把这些人工产物，人工产物的运行和人的活动的积淀解释为文化和空间。但是，了解我居住的、我想去改变的那个世界，必须从这样一个认识开始：

> 我们感觉的世界是由“事物”和“事物之间的空间”组成的——首先，我看到事物，我从未在运行中看到的对象：房子、太阳、山——如果我们把事物看成房子、太阳、山之间的东西，那么，这个世界的外观就明显改观了。[27]

为了了解城市，能够发展城市以及与城市一起运转，我们需要把城市看成一系列人工产物。反过来，通过或多或少有能力的人，出于各种变化或通常的原因，安排和决定由建筑、街道和公园组成场所。通过选举，通过专业权威认可，这些人获得了相应的权力，或者因为他们能够购买那个场所。这就意味着，所有这些参与进来的人都可能受到批判，遭到反对，可能受到不同意见和压力的影响。

我们需要持续的社区参与和投入其中来创造我们的城市，让他们交流，许多政府机构一直都令人遗憾地把这种观念抛到了脑后。为了理解城市动态的和三维的形象，遵循和影响城市的自我更新过程，统一和扩大城市结构需要一个学科，认识建筑形式如何通过感觉经验转变成形象。1909 年“芝加哥规划”的编制者伯纳姆这样讲到，“编制大规划。小规划没有力量去打动人心。”[28] 我们现在不需要陶醉在大规划中，不需要夸夸其谈，我们需要的是节制和有效的行动。所以，我的意见是，编制小规划，编制许许多多的小规划。

非政府组织不仅要去阻止城市掠夺者恶劣的过度盘剥，而且还从抵制转变到制定规划，如果我能找到有这种认识和提出解决方案的非政府组织，我一定支持它。从政治上，从理智上去真正影响我们的城市，需要若干这样的非政府组织。还需要对城市和城市的制度重新做出历史的研判，我希望这本书会对此有所贡献。

跋

2001 年 9 月 11 日早上 8：46 和 9：03，两架波音 767 客机，带着它们装满高抗爆燃料的油箱，向纽约的世界贸易中心双子大楼撞去，接下来出现了巨大的灾难情景本来只能在电影上看到的。不仅仅是这个双子大楼，周边的另外 5 幢大楼也全部化为了灰烬。第三架飞机，一架波音 757 撞上了地处华盛顿特区五角大楼的一角。第四架飞机的目标可能是国会山或白宫，不过，它失败了，即使这样，三架击中目标的飞机实施了前所未有的恐怖行动。所以，评论员和记者不断说，世界从此改变了。象征着高大和不可撼动力量的双子大楼轰然倒下，化为灰烬，恐怖主义的选择已经令人痛苦地动摇了我们对城市的感知。

恐怖分子（terrorists）已经选好目标了：20 年以前，就在双子大楼还在建设的时候，一个卡通画家就用“S”形的云环绕着这两幢大楼，使双子大楼看上去像在 $ 符号中的两个棒子；按照我前面引述的那个嘲讽，双子大楼看上去像是装起帝国大厦的两个盒子。

但是，随着时间的推移，双子大楼的规模和位置使它们成了曼哈顿天际线的桅顶，现在，这个桅顶似乎不复存在了，所以，引起了一阵怀旧。双子大楼轻微波动的、闪烁的表面曾经给它们一个超凡脱俗的魅力，尤其是在日出和日落的时候，但是，这两幢大楼模糊的哥特式细部把贫瘠的过度简单化的现代主义与世故的、过分讲究的历史主义结合到了一起。双子大楼的体积让它们呆滞，它们之间的广场不能包容任何一种人情，这样，它们破坏性影响了纽约的城市结构，而这一点与它们缺少建筑个性相配合。双子大楼是为金钱交易的胜利而耸立在那里的。建筑师所说的目标与我这里所报告的嘲讽形成鲜明的对比，建筑师的目标是，双子大楼应该“成为人对人性的信仰的生动表达，成为人对个人尊严的需要的生动表达。”[1] 就华盛顿的五角大楼而言，它的任性的几何形状使它成为地球上人类留下的印记最大的建筑，成为一种神秘权力的普遍象征。恐怖主义者选择了攻击金融和军事这两个统治世界的最重要的象征，给他们明显不可战胜的敌人造成一个心理上的伤痛，心理上的伤痕可能比任何物质上的伤痕还要更难痊愈。

五角大楼共有 5 个边，而这次攻击仅仅破坏了一条边，而且，两年内就完全并隆重地修复了。下曼哈顿的情况则非常不同。在这场灾难刚刚发生的时候，有些人就提出，纽约不能从它的破碎的形象中恢复过来。按照双子大楼的原来模样重建这两幢大楼，强调了延续双子大楼的象征性的力量。另外一些人则提出，建设一个看得见的纪念碑，来纪念 3000 受害者，或者，在天际线上留下这个空缺，从负面纪念这个悲剧。现在，2 个朝上的探照灯的光柱临时替代了双子大楼，让人想起斯皮尔（Albert Speer）在希特勒的纽伦堡党的大会上制作的“冰的大教堂”（Cathedral of Ice）。

在这两种意见之间的开发商和地主们很快通过大的建筑设计事务所制定了许多方案，它们的目标是恢复与双子大楼相同的租赁面积，另外再建设一个纪念公园。他们被公众似乎冷酷无情的鄙视以及规模所惊呆了。在 2002 年的“意向”竞赛中，5 大方案脱颖而出，随后展开了大讨论，也许这是建筑问题上最活跃的一场讨论，但是，没有解决方案，当然，李伯斯金设计事务所的确赢得了这场设计竞赛，李伯斯金现在已经与 SOM 设计事务所联系起来，产生了一个分级的建筑群，最高的建筑，“自由大厦”，象征性的高度为 541 米，这个建筑实际上是头顶着一个空鸟笼。开发商、地主、生还者、建筑师，不同利益群体之间的斗争会延续下去，直到施工开始，预计开始施工的时间是 2007 年，斗争可能还会超出这个时间。2003 年中，下曼哈顿同一个开发公司宣布展开另外一个具体针对“纪念建筑”的设计竞赛。这个竞赛收到了 5000 多份设计方案，2007 年 10 月，开始对这些设计方案展开评判。相当贫乏的结果引起了意想不到的和没有解决的矛盾。

就房地产而言，这个场地是珍贵的。纽约已经失去了 93 万平方米的办公空间，93 万平方米是帝国大厦办公空间的 7 倍。双子大楼以及周边的另外 5 幢大楼本身从来都不容易实现 100% 的入住率，它们不适合信息时代的要求。现在，这些写字楼的主人可能不想在这个金融领地里显山露水，随着时间的推移，不出现在天际线里会让它们不那么令人厌恶。占据世贸中心遗址的建筑不应该考虑更具人性的公共场所和产生一个可以与上曼哈顿发展相匹敌的城市中心吗？

纽约的市长办公室已经对外宣布了它的意见，世贸中心遗址只提出最少公共空间的要求；但是，我怀疑，在没有对公共空间提出任何正式政策的情况下，或者在我们的建筑文化中完全不涉及公共空间的情况下，只要求最少公共空间的方案，会变成地主（港务局）、租赁人和纽约市之间，在建立复杂的保险索赔中的一种交易。这个交易会安排这个项目可以使用的资金，让开发商在不借贷的情况下得到建筑资源。卷入进来的开发商肯定希望建筑讨论已经销声匿迹了。如果不是这样，纽约可能成为公众参与城市规划过程的一个模式。

世贸中心遗址的问题不仅仅是建筑的或经济的。81年以前，几乎在同一个日子里，1920年的9月16日，在地处华尔街和布罗德街相交处的摩根担保银行（Morgan Guarantee Bank）外，一个炸弹爆炸了，炸死了33个人，数百人受伤。警方始终没有找到犯罪分子，也没有解释犯罪分子的动机。双子大楼自身以来遭到袭击：1993年2月26日，在双子大楼启用15年后，穆斯林极端分子在它的地下停车场里引爆了一个汽车炸弹，设想颠覆一个大楼，让它倒向另一座大楼，果真如此，会破坏一个比较大的区域，造成巨大的伤亡。就算双子大楼关闭了2周，这个企图还是没有得逞。但是，第二次攻击成功了。实力集中引来了暴力行为。[2]

最后的这次攻击让经年日久的焦虑浮出了水面：50年前，怀特（Elwyn Brooks White）已经感觉到了“每个人心里都有这种焦虑。这个城市历史上第一次可以招致破坏。一架比一群大雁还小的飞机在不经意间就可以让曼哈顿岛的梦想化为灰烬。……变态梦幻者的脑海里怎么都有可能出现一闪念，所以，纽约必须让自己有一个稳定的、无懈可击的魅力……”[3]

现在，怀特的预言已经如此夸张地应验了，那些身处芝加哥西尔斯大厦高处的工人，发出了忧心忡忡的抱怨，继世界贸易中心之后，西尔斯大厦成为世界上最高的建筑，而后，吉隆坡的双子塔超越了西尔斯大厦的高度，成为当时世界上的最高建筑。也有传言，计划在芝加哥南迪尔朋街7号建设的世界上最高的建筑（比埃菲尔铁塔高一倍）可能已经放弃了。2003年2月，上海浦东的“环球金融中心”开始施工，计划成为世界上最高的建筑，调整后的设计新增了32米的高度，让这个建筑的高度达到460米。一旦建成，这个建筑会成为世界上最高的建筑。但是，2003年7月，曾经设计了西尔斯大厦的SOM设计事务所宣布，它在迪拜的沙滩上设计了一幢更高的大楼，但没有透露其高度究竟是多少，这个建筑将于2004年破土动工。

伦敦市政府已经批准在伦敦桥上建设玻璃外墙的方尖碑或针形的“碎片大厦”（the shard），设计高度为313米，建成后将成为欧洲最高的建筑。最近展开的规划咨询已经推动开发商索取许可证的需要，争取在伦敦建设更多的高层建筑。尽管对建设这些摩天大楼的必然性不乏豪言壮语，但是，“9·11”事件还是给每一个摩天大楼的投资价值笼罩了一个阴影。也许唯一一个马后炮可以提出，把实力都集中在发挥符号功能的非常高的建筑上是不谨慎的，总而言之，非常高的建筑引诱了暴力。恐怖主义者已经对全世界的形体环境产生了另一个短期影响。自杀性攻击的增加在社会机构和它们打算服务的公众之间增加了另一个障碍。这种状况已经促使统治者们把他们的政治和经济“峰”会放到恐怖分子的手伸不到的地方，放到反全球化势力不能企及的地方，现在，反全球化的集会已经越来越拥挤、嘈杂和出现暴力，所以，我们的领导人不再有机会培育公共关系，与公众握握手，亲吻孩子，面对笑容地拜街。这些约束可能把这种昂贵的大型集会限制在它们的参与者的圈圈里。

无论计划的摩天大楼的命运如何，世界人口还在增长，从乡村向城市的迁徙，从贫穷的国家向富裕国家的迁徙，都没有减缓。这种状况还会对世界范围的城市基础设施，住房空间，无论是高层还是低层建筑，高密度还是低密度建筑，产生压力。破坏已经暂时减少了建筑，尤其是住房的存量，那些危险地区已经打破了带有欺骗性的全球文明的均衡结构，中非地区和巴尔干地区已经进一步分裂，卡比利亚人已经背叛了泛阿拉伯的阿尔及利亚，非洲、克里米亚、西班牙、东南亚、太平洋周边地区的其他分离主义的民族主义运动已经迅速发展。在美国和英国这两个最老和最有实力的所谓民主制度国家，弱小的公众参与分裂的愤怒和派系冲突形成鲜明对比。在最近的大选中，英国和美国的注册投票人数都达到历史的最低点，大约只有 50% 的水平，这种状况证实了这种“发达国家”反复出现的政治和经济分裂。

但是，在本书完成后的 5 年里，世界城市的状态或环境并未改变，也没有实质性地解决我曾经概括的那些问题。人们依然要求安全、容易接近和相互联系的空间，但是，为了满足汽车化对交通的需求，从城市整体布局上调整用地，增加道路路面和停车空间。交通拥堵和交通是温室气体排放的一大因素，它们是完全依靠石油的。石油政治可能指明了认识现状的一种途径。一些区域集中的石油资源已经让伊拉克和伊朗的统治者的口袋，文莱、卡塔尔、阿曼的苏丹，海湾国家的埃米尔，沙特阿拉伯的王室的口袋鼓了起来；这些统治者把一些石油换来的钱用于宣传活动，向埃及和阿富汗输出他们特殊的瓦哈比式的军事极端主义，给恐怖主义的基地组织提供帮助；它甚至让德克萨斯的石油大亨更富裕。休斯敦和迪拜（阿拉伯联合酋长国的）成为世界上人均收入最高的城市，它们如同这个酋长国的首都阿尔科威特一样，正在快速生长。在第一次海湾战争中，科威特是个受害国，但是，这种身份只是它增长中的插曲而已。科威特依然是科威特埃米尔的个人王国，而休斯敦正在成为美国第四大城市以及第二大港口，当然，休斯敦曾经是美国总统的大都市，投身石油天然气游说是不言而喻的。

休斯敦市的奠基人们似乎心怀让休斯敦成为像伦敦、纽约、东京之类的世界城市的雄心壮志。尽管我回避做出任何带有诱导性的预测，不过，我可以在这里打破我的规则，大胆地猜测，那些休斯敦市的奠基人们是不会成功的。我的怀疑可以还原成一个象征问题。对我来讲，休斯敦的整体布局没有承担世界城市的任何一种形体特征。休斯敦没有城市中心，像伦敦或墨西哥城那样的固定的城市中心，或像纽约那样的流动的城市中心。休斯敦被安排在相当平坦的地基上，没有河流或山川之类的地形地貌特征，如果真有那些地形地貌特征，它们是可以当作边界条件的。休斯敦的湖泊和海岸线，或者休斯敦沿加尔维斯海湾展开的郊区，都距离主要居住区太远了（在可以看到的未来，这种情况可能不会改变），所以，不能提供一个参考点。

我最后一次参观休斯敦的故事足以说明休斯敦的情景。当时，我想去一个博物馆，任何一个对艺术哪怕还有一点兴趣的人都知道的那种博物馆，我把博物馆的地址交给了来酒店接我的出租车司机。这个司机很确定我给他的地址，他把我送到了那个拱廊商业街，一个相当令人不快的房地产开发，一个披上城市风貌外衣的郊区购物中心（刚好在内环之外）。这个司机也很惊讶，我不会认为这个郊区购物中心等价于博物馆。出租司机给我做了解释,这个郊区购物中心是所有外国游客要去的地方，对他来讲，我的厌恶似乎不过是异想天开。

"休斯敦艺术博物馆"的附属建筑让这个博物馆的体积翻了一倍，从那时起，我一直没有去休斯敦，但是，我怀疑那个著名的建筑会影响休斯敦的结构。如果我现在把"休斯敦艺术博物馆"的地址给一个出租车司机，当我看到那个博物馆时，我可能会感觉好些,但是,不能保证我真的会感觉好些。[4] 博物馆、教堂、大学、市政厅、法庭之类的公共机构，休斯敦已经是应有尽有了，甚至数量充足。休斯敦的医院是世界上设备最好和投资最大的医院之一。但是，这些公共机构没有一个聚集成团的，所以，它们都把能给休斯敦这座城市提供一个核心；休斯敦甚至没有像拉斯维加斯大街那样的一条大街。我现在还是怀疑，休斯敦的城市结构已经得到了大规模发展，所以，没有位置可以塞进那种拉斯维加斯的浮光流彩。无论如何，休斯敦的基础依然是能源工业,特别是石油。所以,休斯敦的经济与石油价格的波动紧紧联系在一起,所以不能支撑城市的凝聚。

休斯敦虽然不能呈现出它的"核心"，不过，它还是有一种市中心，那是一个高层写字楼簇团。那些建筑之间的街道一般人烟稀少，因为许多建筑都是通过地下通道联系在一起的，那些通道很多是私人所有的，"武装起来的"氛围被认为是一种奢华，不过，摩天大楼的大厅都是有保安的。向美国其他地方一样，休斯敦的夏天的气候不好，潮湿和闷热，所以，楼宇之间这些安装了空调的通道可能是必要的。蒙特利尔的气候不是太热了，而是太冷了，所以，蒙特利尔也开发了一种地下街道系统，但是，蒙特利尔的地下街道系统与休斯敦楼宇之间安装了空调的通道大相径庭。蒙特利尔的地下街道系统与公交系统相衔接，像正常街道一样配备警力，与零售店相连接。虽然是地下的，它们甚至还有一定数量的娱乐。

休斯敦没有规划限制。开发商无论想在什么地方建设高层建筑就在那里建，不过，通常鹤立在蔓延开来的 2 ～ 3 层的建筑海洋中。蔓延和摩天大楼同时并存。由于公共交通是零星的，所以，在这种街道模式中，摩天大楼究竟布置在那里并不重要。20 世纪 90 年代初，有一个很流行的肥皂泡剧，《达拉斯》（Dallas），就是在这样的高层建筑里，在远郊采油的和开直升飞机的（因为小汽车在那样的城市里很难通行，当然不能在高峰时段开车出行）石油大亨的庄园里拍摄的，那个庄园地处一个比较小的德州城市。《达拉斯》的场景反映了我们的社会，这种场景正是现金交易战胜对血缘关系的最大忠诚的途径（和这种途径的象征）。我故意使用了远郊这个有些落伍的术语。[5]《达拉斯》反映的是半个世纪以前的故事，一直都是一个相当消极的，不过似乎依然对我有用。《达拉斯》描写了那些庄园的居住者，他们占有的土地远远超越了郊区，超出了任何地方政府的征税能力（至少在美国是这样），需要一个直升飞机去地处城中心的办公室。那时，大一群人中的大部分人都是从事各种各样信息交流事务的。虽然这个群体保持精确的区位，生活在郊区之外，但是，这一群人有着非常不同的职业和社会地位，投机的银行家、货币经纪人、债券经纪人；放到现在，他们大部分人都会是计算机专家，一些人会乐于生活在封闭的、广泛散开的领地里（封闭式郊区聚居地），有他们自己的院子。他们几乎不需要到城里来。

当然，我更关注的是远郊的形体结构，而不是远郊的社会结构。随着远郊距离它的郊区腹地越来越远，远郊聚居地会渐渐变得越来越稀疏，所以，远郊聚居地变成了一个不规则的绿带。远郊聚居地没有可以看得见的或法律上确定的边界，远郊聚居地是一个宽阔土地上松散的大房子甚至庄园的网络；在它们之间的是高尔夫球场、乡村俱乐部、私人树林。因为远郊相当不规则，所以，郊区逐步渗透到它里边。这个发展不仅仅是人口增加，而是郊区基础设施的持续衰落（尤其是郊区的道路路面）。乞丐和小犯罪分子也放弃了人口流失的城市中心，尾随他们捕食的那些人口，向郊区迁徙，所以，郊区进一步向外延伸，碰上了远郊。这种情况已经在“费城线”上发生了，那个区域曾经一直都是白种盎格鲁——撒克逊新教徒（White Anglo-Saxon Protestant）的专属领地，但是，那里已经逐步变成了郊区开发的代名词，不说社会混合，至少有了一定程度的民族混合。

这种增长一直都在延续，渐进发展；在我们的时代，后撤或收缩几乎不会发生，通过郊区入侵远郊不过是从城市中心不断向外延伸，一直到达一个远郊城镇，然后抹掉这个远郊城镇，至少在北美地区是这样。巴尔的摩—华盛顿案例似乎就是这样的。但是，无形状可言的蔓延并不像未来学家预计的那种形成连续的城市群。按照未来学家的预计，每一个城市核心似乎真的会有某种隔代相传的吸引力，能够维持它对蔓延部分的支配，从而形成一个集合城市，亦即城市群。事实并非如此。

巴尔的摩—华盛顿可能是一个很重要的案例。围绕华盛顿国家广场以及波托马克河岸上的那些公共建筑，形成了美国最大的纪念性建筑和纪念性空间群，它的强大的中央布局结构显示了华盛顿的特殊身份。虽然波托马克河不是那个城市簇团的边界，但是，波托马克河的确是联邦区的边界，发挥着重要的限制功能。所以，这个首都应该已经吸收了巴尔的摩，巴尔的摩虽然人口更多，但是，它的纪念性市中心（大教堂、华盛顿柱等）以及大学校园和新开发的"休闲中心"并不大。这个三角区的确可以扩大，但是，即使它不扩大，就足够让巴尔的摩中心形成一个确定的标志，郊区和远郊区的蔓延一直都没有压制这个中心。

洛杉矶的人口几乎是菲尼克斯人口的7倍，但是，菲尼克斯所覆盖的（至少实施行政管理的）区域比洛杉矶还要大。与菲尼克斯所在的美国南部和西南部地区相比，美国东海岸地区和大湖地区的远郊区蔓延是受到限制的。蔓延对交通拥堵水平和污染产生直接影响，但是，蔓延对北美地区的土地使用结构影响甚微，那里的福分（我一直坚持认为）是广袤的、开放的空间和便宜的石油。蔓延并不是欧洲或亚洲可以效仿的好模式，因为欧洲和亚洲的人口密度有时非常高，耕地短缺，对燃油课以高税。

开发新建筑、标准化建筑和高层建筑是大部分开发商想做的事情，他们对欧洲和美国许多城市都有废弃的工业建筑和不再使用的铁路编组站并不感兴趣。在许多大城市的增长中，许多政府部门都认为，"褐色场地"是一个不可忽视的部分，不过，开发那些褐色场地常常伴随着与原先的业主或在业主之间的冲突。褐色场地可能是不规则的，在褐色场地上的建筑可能引起历史遗产保护组织的关注；基于所有这些理由，开发商一直都在很大程度地破坏自然景观和占用耕地，除非引导他们去考虑褐色场地，否则，他们不会停止破坏。

纽约在20世纪50年代最先开始把闲置的工业建筑，如仓库、百货店、工厂，改造成了公寓。在北美和一些欧洲城市，这种做法现在很普遍，而且产生了"Loft"模式，这种模式把中心城区的区位优势与打通楼层结合起来。这种改造至今还被认为是时髦的。但是，大规模调整现有工业建筑，甚至开发整个"褐色场地"，并没有发生。我的两个来自欧洲的学生曾经访问过费城的总工程师办公室，询问工业建筑的重新利用政策，他们得到的答案是不了解。费城过去没有重新利用工业建筑的政策，很久以后，为了建设低成本住房，费城市政府才重新开发废弃的房地产。欧洲的情形则相当不同，至少在这个问题是相当不同的。鹿特丹和汉堡有很大的废弃港口，它们正在逐步把它们合并到现有的城市结构里来。

在法国，里尔一直都在争取成为一个新的欧洲大都市，里尔的通讯网络得到很大改善，而且建设了高速的城际铁路，但是，里尔似乎一直都是大都市姗姗来迟的象征。里尔 19 世纪的（尤其是 1870 年普法战争之后的）老的市中心得到了升级改造，不过，设计出来的迷你休斯敦一直都在拖累着这个中心，似乎已经限制了这个中心的吸引力。无论如何，自从 1989 年以来，欧洲的铁路中心已经明显向东移动了，所以，改造后的老城市中心没有吸引多少人们期待的活动。意大利北部的褐色场地已经建立了一种不同的管理模式。1986 ~ 1987 年，格雷戈蒂（Gregotti Associates）联合设计事务所旗下的米兰设计室在一场规划设计竞赛中胜出，重新利用倍耐力轮胎制造公司留在米兰比卡尔区的工业场地，这个公司已经搬到米兰以北去了。许多建筑师，包括一些竞争者，都得执行这个规划设计的建筑合同。按在规定，这个场地实施混合使用模式，建设项目包括从事理科教学的新的大学综合体，适合于歌剧表演的剧场，成为世界上最大歌剧院之一的米兰史卡拉（La Scala）歌剧院的驻地（它自己的剧场正在重建），以及许多公共的和私人的写字楼，许多就业者将会住在这个开发区内部和外部新开发的住宅里。那里还有公园和体育运动设施。这个开发大部分项目已经完成，而且已经入住，大学也已经有了毕业生。倍耐力轮胎制造公司在那里留下了一些办公空间作为它的总部和试验室，一个利用受控的氢氧融合生产能量和热的技术革新项目已于 2001 年夏季在那里展开。遗憾的是，最初设计中的一个有顶棚的市场在开发过程中没有建设起来。

这个米兰开发项目的主要业主，倍耐力轮胎制造公司，利用它自己所有的土地，展开一个可以获得收益的项目，而且，这个项目还包括了市政服务的内容，发挥了很好的间接宣传作用。这个规划的目标不是产生一个可以与米兰市中心对立的竞争对手，而是米兰市中心的一个卫星，就像霍华德所说的那种卫星城镇。虽然意大利的中央政府在政治上长期不稳定，但是，地方政府一直都坚定地支持这个开发。

巴黎和拉德芳斯，伦敦和港口，上海和浦东，在黄浦江的对岸展开的新的商业开发，我在前面曾经描述过这三个老城市的卫星城，一种非常不同的事态转变已经在这三个老城市里产生了比较具有威胁性的卫星城。在这三个案例中，在历史的城市核心区之外，建起了一大群高层建筑；地方政府或中央政府以补贴基础设施建设的形式或以免税的形式提供了巨额财政补贴，以及帮助濒临破产的开发商。这样使用公共财政的合法性在于创造就业，从房地产增值中获得更高的财政收入，效仿“曼哈顿模式”似乎让采用“曼哈顿模式”的城市获得声望。就伦敦而言，港区的建设已经导致那里的建筑不是明显与现存的街道模式相联系，也不与已经超负荷的公共交通系统的配置相联系。

1997 年大选上台的工党政府承诺，限制私人牟取不正当利益，更新公用设施和伦敦的地方行政管理（这个承诺的确得到了落实），不过，工党政府没有把伦敦重新建立的那个政府搬回到威斯特敏那个久违的市政厅里，而是让新市长到那个藏在伦敦桥下的相当让人不舒适的圆盒子里去办公。这个市长已经宣称他翘首期待正在建设的高楼，尽管谣传他的政府打算采用某种形式的政策。据说，高层写字楼与补贴的、低租金（和非高层的）住房相联系。作为一个短期的财政措施，伦敦已经征收了拥堵费，对进入市中心的汽车征税，这在所有大城市中还是第一次。此举从财政上获得了空前的成功，也明显减少了内城地区的交通拥堵。相应的发展，伦敦中心在更大范围内封闭了车辆交通：尤其是，2003 年，特拉法加广场禁止车辆通行。

这种限制应该由改善公共交通而得到平衡。在英国，改善公共交通依赖于中央政府，而中央政府似乎已经决定，交通应该是一种商务，而不是一种公共服务，这一点与欧洲其他地方都不一样。那时，开发商寻求许可证的项目都需要一系列公众听证，如果公众听证足够公开的话，这种公众听证肯定会推动有关城市发展的争论。公众听证是英国的标准程序，当然，最近关于希思罗机场第五航站楼建议书的听证已经进行了很长的时间（所以，听证的开支不菲），而且最终还是模棱两可。一个与商务圈友好相处的政府正在向开发商示意，限制进一步的规划听证，给开发商更大的支持，既便宜，还快捷，从公共论坛上排除掉大部分争论。在美国，类似的公共听证受到更多的限制（各州情况有所不同），因此，美国的项目不需要通过这种肆意剪裁；反对开发的意见有时是即兴的，所以，有时非常感人。

开发浦东的决策完全不需要公众听证。中央政府决定把浦东建设成一个经济上自由和税收上优惠的新区，而撒切尔保守党政府类似地免除了港区金丝雀码头的规划限制，给建筑商提供税收优惠。1750 ~ 1760 年，东印度公司在上海建立了一个基地，那时的上海，还是一个县城。整个 19 世纪，上海规划建设了许多道路，那些道路从黄浦江向西展开，每个帝国主义（美国、英国、法国、德国）都“拥有”一个租界。中日战争前，上海成为中国最大的城市，而且一直维持至今，当然，自 1995 年以来，上海的人口有些下降。上海的经济发展让它有条件对“人民广场”实施更新改造，现在的人民广场有上海博物馆（展览品是从外滩的旧建筑里搬过来的），上海大剧院和上海城市规划展示馆。黄浦江的对岸就是浦东，20 世纪 90 年代以前，那里还是一片农田。

在中央政府做出开发浦东新区的决定之后，1992 年，对浦东的开发展开了一场规划竞赛。如果当时提交的任何一个计划被采纳，我怀疑那个结果真会比后来实际发生的情况好：交通工程师和给排水工程师完成了巨大的道路工程和市政工程，“剩下的”土地卖给了开发商，每一个开发商建设起独立建筑，道路和荒地环绕着它们。更多的独立建筑会尾随而来，让浦东成为一个没有结构的城市。

在中国，建设宽阔的道路是必不可少的；一些统计学家预测，在21世纪的第一个10年里，中国的小汽车保有量会增加10倍。中国日益发展起来的汽车工业会供应这个数量的小汽车，中国小汽车保有量增加10倍的后果是一个真正令人恐惧的前景。很难想象，中国的城市会如何去应对城市污染和交通拥堵。现在，中国正在到处建设规模巨大的写字楼和公寓大楼。

如果浦东是黄浦江上的曼哈顿，那么，上海老城区的许多建筑像休斯敦，高层公寓楼在低层居住区中迅速地生长起来，这是偶然的而且有时随意的政策变更所致。解放初期，北京和上海都建设过高层建筑社区，但是，那里的住房都是不足的。在“大跃进”时期，人们尝试了许多低成本和自力更生的建筑方法。结果是出现了许多危险的棚户区。上海曾经是拥有特权的城市，20世纪60年代中期以前，（在番瓜弄，在天目路，闵行路）曾经建设过一些非常好的住宅，使用了内部庭院设计，解决又一次人口迁入上海市区的问题。中国人当时正在试验使用轻型框架结构建设高层公寓（尤其是在北京和上海，北漕溪路），欧洲人也在试图采用轻型框架结构建设高层建筑。到了20世纪70年代下半叶，出现了标准化的长形住宅公寓群，它们规模巨大而且统一。“四人帮”垮台以后，原先的住房标准得到了更新，出现了一些有创意的项目。中国的建筑师和规划师直到2000年，才开始以一种力量出现。当时，出现了商品建筑，城市生活方式和住房标准都服从市场需求，[6]大部分建设资金都是以合法获利为目标的，当然，不排除存在或多或少以不合法方式获利的资金。投资不动产是保证财富不丢失的传统中国方式。

中国会经历金融动荡，进入世界贸易组织和进口自由化都会影响中国的经济，尤其是那些处于低端的经济部门，受到补贴的农业。最近正在进行的国有企业转制会让失业水平上升。这种状况可能需要改革政治体制，在上海或广州，当然还有深圳，新的中国城市形象可能类似休斯敦，而不像曼哈顿。但是北京的城市形象很像“巴黎盆地”，北京的中心城区实际上至今还没有多大的改变，紫禁城地处北京神圣的中心，南边是天安门广场，北边是北海公园。它们一起构成了一个真正强大的成为北京核心的综合体，规划长期以来都不允许高层建筑太靠近那个核心，这一规划规定在2003年进一步加强。另外，为了举办2008年的奥林匹克运动会，北京市的政府部门全都开始紧张的工作。2008年奥林匹克运动会的主要场馆均设在北京的东北方向上，包括北京大学的校园。建设新的快速交通系统、减少温室气体排放、生活用水的供应、清理水库和增加一倍的绿色空间，这些重大项目的预算开支非常大。为北京奥运会所展开的城市建设肯定会影响北京的城市结构。

北京巨大的规模意味着为北京奥运会所展开的城市建设对北京城市结构的影响

可能不大。战后初期，即使北京中心城区道路模式是允许车辆通行和增加建筑高度的，当时的规划还是尊重北京中心城区建筑非常低矮的现状，但是，建筑存量的增加有迹象改变北京中心城区的现状。

莫斯科，计划经济的另一个首都，有一个甚至更强大核心区：克里姆林宫山上坚固的宫殿和大教堂，在克里姆林宫山下伸展开来巨大的红场以及绕过那里的筑堤的河流，展示了建设这个宏伟建筑群的力量的独裁性质。在斯大林时期，莫斯科政府编制了的若干规划，它们均采用了同心圆的规划模式，所以，进一步强化了克里姆林宫核心的主导地位，革命胜利之后的10年里，莫斯科的人口翻了三番。从那时起，莫斯科一直都在增长，不过，6个摩天大楼依然还是衬托着克里姆林宫中心。斯大林主义的网络植入了“休斯敦”元素，即随意布置采用或多或少后现代建筑装饰的高层建筑，这样形成的强大结构对克里姆林宫建筑群影响不大，克里姆林宫建筑群的稳定性的确反映了新俄国的社会和政治现实。城市规划以及经济规划的集中控制导致僵死的行政管理体制，这种体制是苏联解体的一个原因。从集中控制中解放出来，的确让一些东欧国家获益，但是，这种观念转变之快堪比任何一种时尚的转变，所以，莫斯科或北京、深圳或基辅，那里出现的增长混乱一定会引导它自己做出反应。

中央管理的规划，自由放任的增长（以及市场发生的坍塌），二者之间的此起彼落，影响了城市的布局结构，让拿到合同的或投机的人成为胜者，这恰恰是我们时代的悲剧。雅各布斯曾经鼓噪过解决这种矛盾的极端的解决办法，让所有的城市都成为一个独立的经济实体（甚至准备自己的货币）。[7] 这种极端方式未必可行或奏效，但是，的确存在许多小步骤，让先对自主的城市避免国家干预。准保护主义的市场政策可能是这些小步骤之一。准保护主义的市场政策不需要任何在法律上难以维持的对食品进口的限制，那样做可能违反国际自由贸易协定，但是，准保护主义的市场政策需要建立这样一种市场，那里买卖的任何东西都一定是在城市中心向外扩展一定距离之内的地区生产的或生长的：实际上，美国的若干城市已经这样做了，在法国和意大利，我看到过小心翼翼地宣传着生产的地方性。酒（现在发展到橄榄油）总是贴上产地标签的，管理这种“产地”标签应该是相对简单的事情。

对当地种植的食物的需要与对有机农业的类似压力相联系。1960年，就出现了对有机食品供应的需要，当时，能够买到有机食品的商店寥寥无几，有些商店还是宗教社团，欧洲的人智学社团，美国的阿米什教徒和门诺派教徒，已经在反对机器耕种和在农业耕种使用化学手段。随着有关水果和蔬菜使用杀虫剂信息的广泛传播，对有机农业的需要大幅增长了。当时，美国和英国很快出现了一批小市场，专门提供“有机”食品。大超级市场链很快发现这是一个新的盈利来源，一旦跨国公司抓住了“有机”食品，专门提供有机食品的小市场受到威胁，因为市场鼓励食品生产的标准化，而洲际食品运输促进了单一耕作（有些经济学家认为单一耕作是零星饥荒的间接祸首）。洲际食品运输有时给空中运输和陆地运输造成沉重压力，推进了温室大棚生产。什么构成“有机”，一些国家的定义是不同的，所以，给那些国家进口的食品贴上有机的标签是没有意义的，实际上，并不存在一个使用杀虫剂或添加剂的协议。于是，“地方生产”线必然很快出现在大超级市场链。

一些农产品，大米、一些水果、香料、酒、茶叶和咖啡，只能在特定的区域生长和加工。例如，在世界范围内，咖啡消费已经增加了。但是，2000年，咖啡的价格已经降至10年最低，未来咖啡价格还会下降。这种情况不能责怪跨国公司，而是世界银行大力推动在越南种植咖啡，把越南变成了世界上第二大咖啡生产国，从而打击了非洲和南美洲的咖啡生产者，他们最终转向了他们依赖的农作物，古柯叶，降低北美街头的可卡因价格。这并非世界银行想看到的，但是，它说明，世界经济脆弱的平衡很容易打破，同时也说明，要加强地方对农业生产的控制。[8]

通过环境保护社团，“有机”农业和“可持续”生态联系在一起，成为一种持续压力，而环境保护组织已经在开发商和建筑师中形成了一种涉及能源意识建筑的思潮。这个思潮可以追溯到20世纪60年代。当时，绿党的政策很难接受，但是，许多不同的技术，太阳能、风能、热储藏、自然通风、水循环使用和废弃物的再利用，都在那时得到了探索，但是，它们只是作为技术手段，没有在设计中把它们综合考虑进来。所有这些都没有摆在任何一个政府的或地方指导的桌子上。奥地利和德国的建筑师、美国的建筑师写出了第一篇论文，讨论如何把这些技术转变到建筑里，所以，许多年轻的建筑师认识到，不同的能源也可以引起新形式的发明。也许最有影响的人是阿根廷出生的安巴茨（Emilio Ambasz），他的第一个成功的大型绿色建筑建在日本的福冈县（1989年开始建设），那个绿色建筑已经成为这种倾向的一种标志。然后，大型设计事务所也参与设计绿色建筑，福斯特的“商业银行大楼”是到目前为止最引人注目的例子，当然，我认为强调如何让建筑绿起来很重要，绿色建筑可能还没有对城市的地表和纹理做出太大的贡献。

高层建筑采用“绿色”理念，这类问题似乎不是重大问题，但是，它显示出小规模的压力如何可以反对大公司的贪婪和政府的冷漠。我们需要许多这类小步子，然后，市民们才能对他们的环境提出要求，在本书中我已经提到过一些小步子，如增加市政当局对“公用设施”的管理，如地方运动队或银行或电视台，至少在美国可以这样做。市政府可以购买现有住房，成为现存住房或多或少的商业房地产主，费城有此先例，市政府可以拥有或管理某种地方种植的农产品的市场。[9]

地方政府坚持自己的主张，而不是听命于中央权威，需要很多步骤。一个强有力的地方行政管理当局可以让市民们重新控制城市结构。如果我们说服我们选举出来的那些人代表我们，那么，城市形式才有可能不是缺乏人情味的力量的产物。城市形式不仅仅是一个审美和“美学”问题，审美问题可以留给半失业的皇家成员或文化部长们，城市形式还被纳入了我们的经济生活。在规划听证和调查中，在我们就城市形式问题询问市民们的看法时，他们表达他们的看法和考察规划项目强化或弱化他们自己城市愿景的方式，是至关重要的。

他们看法常常冲突和可以回避，而且经常是这样。这种讨论当然是一个政治问题。最后的决定常常还是由中央政府做出的，而不是由地方政府做出的，中央政府可能或不可能注意到地方政府。这种情况当然不会在“海滨”或“欢庆”之类抱团的社区里发生，也一般不会在封闭式郊区大院里发生，那里用管理替代了政治，那里没有涉及公共空间的争议甚至争吵。在新城市主义设想建设的居民点里不要求公共空间。实际上，封闭式郊区大院最明显的特征是，封闭式郊区大院在一定意义上切断了与开放的、自由的社会的联系，我们似乎都是开放的、自由的社会的市民，所以，封闭式郊区大院采取了一种关上大门的特征。在许多情况下，购买者愿意签署一个协议，在这个大门里，转让他们的公共权利。

我强调公众压力，但是，公众压力一定不要阻碍了对地方性和自主性的维护，地方性和自主性在政治上是很重要的。英格兰有一个区，2001 年登记投票的人数大大高于全国平均水平，而且，他们选出了一个独立候选人，他是一个物理学家，有地方工作经验，他当时正在反对主要政党对地方事务的漠不关心，如中央政府下令关闭了一家医院，而当地大部分选民都主张保留这个医院。[10] 不是在国家层面的经济问题和外交政策问题上，而是在地方本身的问题上，选民们感觉到，他们可以控制他们的命运，他们能够通过联合起来的方式影响国家的政策。

出于某种特殊的原因，以及大部分压力团体所具有的消极动机，而给涉及城市问题的政府政策投反对票。一起抱怨不难，但是，形成一个联盟，支持一个清晰的政策，而不是通过妥协来破坏这个政策，则是不易的，有时甚至令人痛心。通过艰难地扩大了的协商，以执行 1997 年的“京都协议”，限制大气污染，就是我们可以看到的一个最近的例子。2001 年中期，一个部分协议降低了最初建立的原本就很有限的数字，现在，1997 年的“京都协议”成了一纸空文。看看 2001 年英国大选前工党政府资助的城市更新报告。这个报告以警告的语气，表达了它的推荐意见（称之为目标），一部分是展望，一部分是指令：“在回收上会有实质性的增加。……会出现城市人口更新。……生活质量得到提高。……到 2021 年，英格兰会成为国际上城市开发技能的领导训练基地。……”这是一个不切实际的幻想，但是，这个报告用来实现这些目标的动机是改善设计。[11]，甚至记住收益逐渐减弱的“毕尔巴鄂”效应和不那么引人注目的曼彻斯特 / 萨尔福德效应，提出“英国以设计引领的城市复兴”的主张，需要回答这样一个问题，设计何时是好的，谁决定设计质量。一些人认为很美和很新奇的建筑，市民们，通常是规划部门，认为那些人的判断是不适当的或极其讨厌的，不一致是明白无误的。没有很大的经济和政治斗争，就不会实现任何形式的城市更新，不过，政治并没有出现在这个报告里。

市民表达他们的看法和认真审查意向当然是至关重要的，这样，市民们就可以考虑他们是增强还是削弱他们自己心目中的城市。在把城市结构还给市民时，即使驳回了他们的看法，争论和不一致总是不可避免的。声高是一种武器，它可能让我们选举出来代表我们的人相信，城市形式不受非人的力量约束。正因为人的因素影响着城市形式，所以，城市具有一种象征力量，这种象征力量是城市的社会表达，对我来讲，城市具有象征力量是本书最需要重申的观点。一些读者和批评发现我在应用原理上固执己见。在伦敦，我曾经反复讲，尽管我相当不待见“伦敦眼”（London Eye），但是，“伦敦眼”归根结底没有坏处。不认为这个巨大的摩天轮有坏处，而且把它看成一种“优美构造”的人会同意，建筑不仅仅是“功能加美感”的问题，我们还以一定方式把建筑看成对社会的表达（所以，建筑还是一个注解）。总之，建筑不是一个孤立的对象，正像纽约那幢新的用黑玻璃装饰起来的川普大楼俯瞰联合国总部一样，我们必须在建筑的形体背景中去看待建筑，欣赏一个超过议会大楼高度的旅游景点的象征。

我邀请读者与我再向前跨一步，我同意，对于我们占据世界的方式来讲，象征能力是必不可少的；因为使用象征是我们与生俱来的能力，所以，在语言中使用比喻的确很有用。只有象征可以给我们提供与自然环境做协调的线索。掌握和培育我们这种与生俱来的能力是建筑事务，也是其他艺术的事务。抹黑一直都是一部分开发商和开发商所雇用的建筑师的公众和大众形象，所以，忽视或阻挠我们这种与生俱来的能力就是在放纵这种抹黑，打上“现代怪兽”标签的抹黑常常适用于任何规模的新建筑。

因为我们在与我们的环境相协调的过程中不断地和下意识地感受着象征的功能，如同我们期待在人们发出的各种声音中有一种意义模式一样，象征功能几乎或完全与美学功能没有关系。人们可能唱出美妙的歌声或者用尖叫骚扰我们，但是，无论何时我们听到人们发出的声音，我们理性地去感受那种声音，我们都会在顾及我们的记忆的情况下解释人们发出的声音。象征不像“审美的”，甚至暗示的“设计品质”

（一种针对相同事物的管理术语），象征是一个可以理性探讨的问题。堡垒般坚固的五角大楼坐落在安全设施环绕着的巨大停车场中，我们可能从来都不会对五角大楼建筑的美或丑达成一致，但是，带着达成某种共识的愿望，我们肯定可以讨论这个五角大楼在城市结构中的位置，或者讨论五角大楼不可思议的几何形状可能传递给观察者的是什么。

因为“伦敦眼”毕竟是最近才建成的，而且它清晰地显示出，人们是不会对“伦敦眼”的美或丑，取得共识的。所以，我还拿“伦敦眼”说事。这个誉为优美的建筑物无非是一个放大了的自行车轮子，上面挂上了“舱”，我可以考虑这个建筑物的轻盈，细腻的钢架表面，平滑的铰链，轻松的运动，从中得到不伤大雅的愉悦。但是，这些无关紧要的愉悦似乎被这样一种认识所抵消，用来支撑“伦敦眼”的沉重的混凝水土地基必须浇筑到泰晤士河的河床上。看得见的轻盈与我们所知道的或被掩盖起来的尴尬形成对比。甚至更扰人的是这样一种认识，在一个庙会场地上建设的一个轻型的和临时的建筑物已经转变成了伦敦这个历史性城市中心的半永久性景观。如果把“伦敦眼”搬走，如何处理“伦敦眼”的地基呢？让那个地基就待在河里吗？

当“伦敦眼”开始在伦敦运行起来时，巴黎的协和广场上正在举办一个庆祝千禧年的庙会。协和广场不在与波旁宫和马德莱娜教堂相连的轴上，那个庙会最吸引眼球的标志也是一个摩天轮，巴黎协和广场上的这个摩天轮色彩鲜艳，但没有“伦敦眼”那种虚张声势的高技术美。巴黎的这个摩天轮尺度相对小一些，它的毫无疑问的临时性质没有引起我在威斯特敏经历的那种象征不安。虽然一些人反对，按照巴黎市长的命令，2002 年 1 月 24 日，巴黎的这个摩天轮开始拆除。

伦敦最近的开发已经凸显了“伦敦眼”建在这个庙会场地上的效果。伦敦郡议事厅一直都在出租，最突出的是举办一个展览，展览一个广告代理商收集的奇特艺术品（经过防腐处理的动物、开肠破肚的汽车、系列谋杀者的巨幅雕像、在大象粪便里绘制的圣母像等），这个广告代理商精心策划了撒切尔的选举胜利。在我看来，对曾经在这里办公的政府当局的蔑视是昭然若揭的。

我们分析城市和城市制度—城市结构和城市对我们的影响，我曾经希望，我可以为这类分析的方式有所贡献，我用最初的这个愿望来给本书画上句号。城市的确从来都不是一个静态形式的组织，城市永远处在变化中，尤其是现在，城市正处在猛烈的变动中，但是，在这个变化过程中，我们不要认为我们自己是随波逐流的漂流者，不要认为不依我们意志为转移的巨大漩涡可以随心所欲地把我们抛向任何地方。只要我们是理性的动物，作为选民、消费者、鼓动者、政治家，我们就可以抵制。让一些力量受到约束。智慧可以创造小小的沟坎，可以堵塞水流或改变水流的方向。

或者，如果我们愿意，我们可以停下打磨的光光的管理转盘，记住一句老话：吱吱叫的轮子先上油。所以，设置障碍。

但是，设置障碍总是消极的。动脑子想想，发出吼声，不失为一种强大的武器，我们可以在许多层面呐喊。不要去考虑我们的政治候选人对堕胎和同性恋或对任何其他利益团体的权利究竟如何看，当然，他的看法不是不重要。考察一下他在城市肌理问题上的立场，问问他是否知道城市结构是一个你、我、他都想建造的社会的象征。需要看看每一个城市项目，考虑它对能量消费意义，对零售贸易的意义，对公共空间供应的意义，或者，考虑一下它适合于公众集会和示威，不只是供人们休闲的公园。需要混合使用城市土地和空间，把居住与城市市场空间和都市农业空间联系起来。坚持快速城市交通是一种公用事业，而不是一种商务。

在有关下曼哈顿世界贸易大楼遗址未来的争论中，这类问题都已经摆到桌面上来了，当恐怖分子残酷地但无意识地重申了建筑的象征力量时，“9·11”的巨大灾难撕开了这个场地。许多人反对金钱关系在世贸中心遗址重建中的绝对权力。回到一种形式的天际线意味着开发商从这个场地得到最大的收益。所以，那些反对开发商获得最大收益的人们急迫地提出了对“9·11”死难同胞的纪念，也许更积极一些，把国民的骄傲和公用设施放在私人收益之上。因为曼哈顿依然是世界首都，所以，这些争论和争论的结果不仅影响纽约，而且还会影响整个世界。

注释

序：众里寻它千百度（Finding Some Place in All the Space）

1. Joseph Rykwert, *The Idea of a Town.*
2. Italo Calvino, *Le Città Invisibili,* p. 50 "... Anche le città credono d'essere opera della mente o del caso, ma né una né l'altro bastano a tener su le loro mura."
3. Plato, *Republic* 4.422e. Also Kratinos in *Comicorum Atticorum Fragmenta,* ed. Theodor Kock, 1:29 (frag. 56). Czesław Bielecki has based his treatment of urban form on this notion in his *Gra w Miasto* (The Town Game) (Warsaw, 1996).
4. "Toute nation a le gouvernement qu'elle mérite," Joseph (-Marie) de Maistre, *Letter to the Chevalier de Rossi* "on the Constitution of Russia," August 27, 1811, in his *Oeuvres Complètes* (Paris, 1886), vol. 12, p. 57. He adds that this truth, which has cost him a great deal of trouble to arrive at, has the force of a mathematical proposition. However good the law, he adds, it is of no value unless a nation is worthy of it.
5. The primary text on the production of space is Henri Lefebvre's, *The Production of Space,* trans. Donald Nicholson-Smith (Oxford, 1992), pp. 38 f, 68 ff. The plant-city analogy is too common to call for specific reference.
6. "Natura enim in suis operationibus non facit saltum." Perhaps a proverb. First recorded by an antiquarian, Jacques Tissot, reporting on some reputed giant's bones in 1613, but insistently repeated by Linnaeus, in *Philosophia Botanica,* 2d ed. (Vienna, 1763), sec. 77, pp. 31 ff.
7. Thomas Jefferson, "Notes on the State of Virginia" (of 1785), in *Writings,* ed. Merrill D. Peterson (New York, 1984), p. 291. An explicit recantation in the letter to Benjamin Austin, January 9, 1816 (*Works,* 1984), pp. 1370 f.
8. Emile Durkheim, *The Elementary Forms of the Religious Life,* pp. 24 ff.; Claude Lévi-Strauss, *Tristes Tropiques,* pp. 227 ff.; Claude Lévi-Strauss, *Anthropologie Structurale,* pp. 147 ff.
9. Modified. Hesiod, *Works and Days,* trans. Richard Lattimore (Ann Arbor, Mich., 1959), 1.170 ff.
10. *Critias* 110c–121; *Timaeus* 23d ff. *Laws* 737–60, 848 ff.
11. Herman Kahn and Anthony J. Wiener, *The Year 2000.* The preface is by Daniel Bell. The term "global village" was much used by Marshall McLuhan.

1. 进城（How We Got There）

1. *Business Cycles* (New York, 1939), p. 177.
2. Jean-Jacques Rousseau, *Les Confessions* (1778), ed. Francis Bouvet, vol. 1, (Paris, 1961), pp. 260 ff.
3. Sir John Sinclair.
4. "The Village Minstrel," ¶107, in *The Early Poems of John Clare*, ed. Eric Robinson and David Powell, vol. 2 (Oxford, 1989), p. 169; and "The Mores," in *John Clare*, ed. Eric Robinson and David Powell (Oxford, 1984), pp. 168 ff.
5. Brian Inglis, *Poverty and the Industrial Revolution*, pp. 86 ff.
6. Oscar Wilde, *A Woman of No Importance*, act 1, in *Works*, ed. G. F. Maine (London, 1948), p. 422.
7. "The Deserted Village," in *The Works of Oliver Goldsmith with a Life and Notes*, vol. 1 (London, 1854), p. 96.
8. Adam Smith, *An Inquiry into the Nature and Causes of the Wealth of Nations*, vol. 1 (Oxford, 1904), p. 3.
9. It really meant artifact in the widest sense: Cicero quotes Cato on the stoic philosophical system: "What has nature, what have artifacts to show that is so well constructed?" (Quid enim aut in natura. . . . aut in operibus manu factis tam compositum . . .). *De Finibus* 3:74. The meaning had so changed in the nineteenth century that the mathematician Andrew Ure could write, ca. 1835: "The most perfect manufacture is that which dispenses entirely with manual labor."
10. Attributed both to Vincent de Gournay, French minister of commerce in 1751, and to François Quesnay, and quoted by Adam Smith, *The Wealth of Nations*.
11. See Pierre Barrière, *La Vie Intellectuelle en France*, pp. 382 ff. Peter Gay, *The Enlightenment*, pp. 347 ff., 493 ff. But see also Fernand Braudel, *The Identity of France*, vol. 2, pp. 378 ff.
12. His criticism of their system in *The Wealth of Nations*, vol. 2, pp. 292 ff.
13. Jacques Vaucanson (catalogue of Exhibition), Musée National des Techniques (Paris, 1983), passim; Vaucanson's looms are nos. 55–60; Jacquard's, nos. 61–64; Siegfried Giedion, *Mechanization Takes Command* (New York, 1955), pp. 34 ff.
14. "Mill" from the Latin *molere*, to grind; the Indo-European root is **mar*. But variants of *molino* early produced "mylne," corrupted to "mill." On the introduction of the windmill, see Jean Gimpel, *La Révolution Industrielle du Moyen Age*, pp. 11 ff.
15. Simon Schama, *Landscape and Memory*, pp. 162 ff.
16. Schama, pp. 173 ff.
17. Bertrand Gille, *Leonardo e Gli Ingegneri del Rinascimento*, pp. 114, 184; the invention is sometimes attributed to Aristotele di Fioravanti and seems to have been first described by Leon Battista Alberti (a distant kinsman) in his *de Re Aedificatoria* 10:11.
18. Martin Kemp, *Leonardo da Vinci*, pp. 232 ff.
19. The effects of Turgot's reform were not immediate, of course; yet by Napoléon's time, the mail coaches were circulating in spite of war operations. F. Braudel, pp. 480 ff.

20. The great seventeenth-century work on Roman roads, *Histoire des Grands Chemins de l'Empire Romain,* by Nicolas Bergier, was given a splendid reprint in Paris in 1728, and another in Brussels in 1736; it is this last edition that Gibbon possessed and used.
21. Terry Coleman, *The Railway Navvies,* pp. 20 ff.
22. M. J. B. Davy, *Aeronautics,* pp. 15 ff, 29 f.
23. William Wordsworth, *The Excursion,* first published in 1814; bk. 8, "The Parsonage," in *Poetical Works,* vol. 6 (London, 1874), pp. 249 ff.
24. Ms. in Halifax Public Library quoted by E. P. Thompson, *The Making of the English Working-Class,* p. 547.
25. First published in Siegfried Giedion, *Space, Time and Architecture,* pp. 125 ff.
26. Although up to May 1851, the duke of Wellington persisted in calling it "the Glass Palace" (in his letters to Lady Salisbury, quoted by Christopher Hobhouse, *1851 and the Crystal Palace,* pp. 177 ff.). But the official "Crystal" was used that same year in the title of *The Crystal Palace, Its Architectural History and Constructive Marvels* (London, 1851) by Peter Berlyn and Charles Fowler.
27. S. G. Checkland, *The Rise of Industrial Society in England, 1815–1885,* pp. 27 ff.
28. William Gilpin, *Observations on the River Wye,* p. 37.
29. Now in the Science Museum, London. But see Stephen Daniels, "Loutherbourg's *Coalbrookdale by Night,*" in John Barrell, ed., *Painting and the Politics of Culture,* pp. 195 ff.
30. *The Great Day of His Wrath,* painted in 1851–52 and now in the Tate Gallery. The conversation with his son is quoted by Francis D. Klingender, *Art and the Industrial Revolution,* pp. 132 ff.

2. 急救（First Aid）

1. Karl Friedrich Schinkel, *The English Journey: Journal of a Visit to France and Britain in 1826,* ed. David Bindman and Gottfried Riemann, pp. 174 ff.
2. Alexis de Tocqueville, *Oeuvres.* vol. 1, pp. 501 ff.
3. "Socialism Utopian and Scientific," in K. Marx and F. Engels, *Collected Works,* vol. 2 (Moscow, 1962), p. 119.
4. *Observations sur l'Architecture,* by M. L'Abbé Laugier (The Hague, 1765), pp. 321 ff.
5. On these and others, see John Hale, *The Civilization of Europe in the Renaissance,* pp. 413 ff.
6. A. R. Sennett, *Garden Cities in Theory and Practice,* pp. 125 ff., 193 ff.
7. The full title gives its flavor: *La Découverte Australe par un Homme Volant ou le Dédale François: Nouvelle Très-philosophique* (Paris, 1781). Sade's exotic utopias were described in *Aline et Valcour, ou le Roman Philosophique: Ecrit à la Bastille un an avant la Révolution de France* (Paris, 1793). 8 vols.
8. *Seine höchst komplizierte Organisation erscheint als Machinerie—die Verzahnungen der Passions sind primitive Analogiebildungen zur Machine*

in Material der Psychologie. Walter Benjamin, "Paris, die Haupstadt des XIX Jahrhundert," in *Illuminationen,* p. 187.

9. *The Correspondence of Thomas Carlyle and Ralph Waldo Emerson,* vol. 1 (London, 1888), pp. 308 ff.
10. William Morris, *News from Nowhere,* p. 31.

3. 居家（House and Home）

1. It is the title of one of his most famous essays in *Illuminationen,* p. 185, which I quoted earlier.
2. For the documentation of housing as a type, see Ulf Dirlmeier et al., eds., *Geschichte des Wohnens,* 5 vols.
3. Jeannot Simmen and Uwe Drepper, *Der Fahrstuhl,* pp. 29 ff.
4. F. Engels, *The Condition of the Working Class in England,* tr. W. O. Henderson and W. H. Chaloner (Oxford, 1958), pp. 47ff.
5. May 13, 1848; quoted by J. H. Clapham, *An Economic History of Modern Britain,* vol. 1, p. 545.
6. James Hole, *The Homes of the Working Classes,* p. 54.
7. An uncritical account by Phebe A. Hanaford, in *The Life of George Peabody,* pp. 124 ff, without mention of the architect.
8. Benjamin Disraeli, Earl of Beaconsfield, *Tancred, or the New Crusade,* vol. 1, pp. 146ff, in *Works,* vol. 15, part 2.
9. George Gilbert Scott, A.R.A., *Remarks on Secular and Domestic Architecture,* pp. 6 ff.
10. Report of the Royal Commission on the Housing of the Working Classes, pp. 19 ff. Quoted in Donald J. Olsen, *Town Planning in London: The Eighteenth and Nineteenth Centuries,* p. 208. Both "slum" and "rookery" (used to describe human habitation) were words of nineteenth-century coinage.
11. Friedrich Engels quoting the Spanish periodical *La Emancipación* of March 16, 1872. Karl Marx and Friedrich Engels, *Collected Works,* vol. 23 (New York, 1988), pp. 329 ff.
12. Quaranta, Cavalier Bernardo, et al., *Napoli e le Sue Vicinanze* (Naples, 1845), vol. 2, pp. 581 ff. Paolo Sica, *Storia dell'Urbanistica. Il Settecento* (Bari, 1981), pp. 197 ff. Italian silk-weaving methods were first emulated or imitated in Britain by the Lombe Brothers of Derby after 1717. Although their works, powered by the River Derwent, could claim to be the first factories, silk throwing and weaving remained a secondary industry and seemed to have no direct impact on later spinning and weaving machinery. *See* Paul Mantoux, *The Industrial Revolution in the Eighteenth Century* (New York, 1961), pp. 192 ff.
13. *See* Christian Devillers and Bernard Huet, *Le Creusot,* pp. 164 ff.
14. Benjamin Disraeli, Earl of Beaconsfield, *Works,* vol. 14 (*Sybil,* part 1), pp. 259 ff.
15. Charles Dickens, *American Notes and Pictures from Italy* (London, nd), pp. 30 ff.
16. *Industrial Housing,* published by the Aldin Company in Bay City, Michigan, in 1918. Quoted by Gwendolyn Wright, in *Building the Dream,* p. 184.

17. Nicholas Bullock and James Read, *The Movement for Housing Reform in Germany and France,* pp. 31, 110 f. I have relied on this book for much information in this chapter.
18. Arthur Raffalovich, *Le Logement de l'Ouvrier et du Pauvre,* pp. 249 ff., 264 f.
19. Nicholas Bullock and James Read, pp. 472 ff.
20. Gwendolyn Wright, *Building the Dream,* pp. 141 ff.
21. The word "urbanize" in English has had the sense of making people more polite and refined; in Cerdá's sense, it appeared in the United States about twenty years after his book was published. However, it did not have the same fortune in England and in the 1920s an English journalist could still call "urbanism" a "new-coined word."
22. Quoted by Françoise Choay, *The Rule and the Model,* p. 236.
23. *Aérodomes, Essai sur un Nouveau Mode de Maisons d'Habitation* was published in Paris in 1865; the only recent reference is in Françoise Choay's *The Modern City,* p. 20.
24. *Le Corbusier, Oeuvres Complètes,* ed. Willi Boesiger, 1924–1934 (Zürich, 1935), pp. 138 ff., 174 ff., 1938–1946 (Zürich, 1946), pp. 44 ff. His version of the linear city is on pp. 66 ff., but he makes no reference to Soria.
25. On the importance of Magnitogorsk for the NEP and Stalin's "industrial revolution," see Isaac Deutscher, *Stalin,* pp. 329 ff. But see also Selim O. Khan-Mahomedov, *Pioneers of Soviet Architecture* (London, 1987), pp. 335 ff., 392; and Andrei Gozak and Andrei Leonidov, *Ivan Leonidov,* pp. 86 ff.
26. Remembered now for having beaten up a prominent Georgian Bolshevik who called him a "Stalinist arsehole." Orlando Figes, *A People's Tragedy,* p. 799.
27. Pierre Patte, *Monumens érigés à la Gloire de Louis XV* (Paris, 1765), pl. 17.
28. See Richard Sennett, *The Fall of Public Man,* pp. 14 ff.

4. 建筑风格、建筑类型和城市结构（Style, Type, and Urban Fabric）

1. First published in 1817, it went through many editions.
2. Augustus Welby Pugin, *The True Principles of Pointed or Christian Architecture* (London, 1853), p. 1.
3. Quoted in Klaus Döhmer, *In Welchem Style Sollen Wir Bauen?,* p. 27, n. 150, as being drawn from the *Royal Architectural Institute of Canada Journal* 12 (1835): 159 ff., but as given, the reference cannot be correct.
4. Barry Bergdoll, *Léon Vaudoyer,* p. 207.
5. Published in London, 1851–53, pp. 413, 394, 362. Elaborately illustrated.
6. Charles Parker, *Villa Rustica, Selected from Buildings and Scenes in the Vicinity of Rome and Florence and Arranged for Rural and Domestic Dwellings* (London, 1848). The seventy-two plates were published in sixteen monthly installments in 1832–41 and reprinted.
7. Calvert Vaux, *Villas and Cottages. A Series of Designs* (New York, 1857), p. 19.
8. It was destroyed, in spite of much protest, in 1962. See Alison and Peter Smithson, *The Euston Arch* (London, 1968).

9. *Illustrated London News* (May 4, 1844).
10. Account given in Sir George Gilbert Scott, *Personal and Professional Recollections*, pp. 179, 271 ff.
11. Letter to Hawksworth Fawkes, January 31, 1851, in A. J. Finberg, *The Life of J. M. W. Turner, R. A.*, pp. 430 ff.
12. Perhaps after the mansion flats in Queen Anne's Gate, built in 1875; though, in fact, it is such an eclectic mix that it could almost be considered a non-style.
13. Anonymous ballad, published in the *St. James's Gazette* (December 17, 1881). Quoted from *Richard Norman Shaw* by Sir Reginald Blomfield, R.A. (London, 1940), pp. 34 ff.
14. G. K. Chesterton, *The Man Who Was Thursday, a Nightmare* (London, 1908), p. 10.
15. *Der Städte-Bau nach seinen Künstlerischen Grundsätzen* had a long subtitle and was published in Vienna.
16. The episode is told in detail by H. Allen Brooks, *Le Corbusier's Formative Years*, pp. 200 ff. Corbusier confesses to his disenchantment in *Quand les Cathédrales étaient Blanches* (Paris, 1937), p. 58.
17. See David Harvey, *Condition of Postmodernity*, pp. 276 ff.
18. *Entartung*, almost immediately translated as *Decadence*, an international best-seller by Max Nordau, was published in 1892–93; *The Decline of the West* by Oswald Spengler summed up this attitude; first published (as *Untergang des Abendandes*) in 1918.
19. I am deliberately echoing Serge Guilbaut's title: *How New York Stole the Idea of Modern Art*.
20. See Manfredo Tafuri, *The Sphere and the Labyrinth*, pp. 129 ff.
21. Lines 11 and 12 of *Zone*, a long poem written in 1912. In *Oeuvres Poétiques* (Paris, 1956), pp. 39 ff.
22. Guillaume Apollinaire, *Les Peintres Cubistes: Méditations Esthétiques* (Geneva, 1950; reprint of Paris edition of 1913), fig. 1. Alfred J. Barr, *Picasso: Fifty Years of His Art* (New York, 1946), p. 68; John Richardson, *A Life of Picasso* (New York, 1996), vol. 2, pp. 128 ff. Apollinaire dates it 1909, the other two 1910.
23. The situation was already set out by El Lissitzky and Hans Arp in *Die Kunst-Ismen/Les Ismes de l'Art/The Isms of Art* (Zürich, 1924; reprinted Baden, 1990).
24. Adolf Loos, "Ornament und Erziehung (1924)" in *Trotzdem: 1900–1930* (Vienna, 1931), pp. 200, 205.
25. As in the offensive glib *From Bauhaus to Our House* by Tom Wolfe (New York, 1981).
26. That is where I saw it; others had seen the same one outside Paddington Station; Nigel Rees, *Graffiti Lives O.K.*, p. 37.
27. Norman Mailer, *The Faith of Graffiti* (New York, 1974); quoted in *Vandalism and Graffiti: The State of the Art* by Frank Coffield (London, 1991), p. 64.

5. 逃离城市：现实空间和虚拟空间

（Flight from the City: Lived Space and Virtual Space）

1. Joel Garreau, *Edge City*, p. 452.
2. Kevin Lynch, *The Image of the City*, p. 5.
3. As the word "chip" is being displaced in UK English by "French fries," it has been adopted by the French (pronounced *cheeps*).
4. Kevin Lynch, *What Time Is This Place?* pp. 66 ff.
5. Quoted from a lost play, *The Woman from Boeotia*, by Aulus Gellius, *Noctes Atticae* 3.3.v.
6. "The headquarters city of the League of Nations will be looked upon as the Capital of the world," Major David Davies, M.P., "Constantinople as the G.H.Q. of Peace," in *The Architectural Review*, November 1919, p. 148. (Special issue commemorating the signing of the Versailles treaty and largely devoted to an account of the Andersen-Hébrard proposal.)
7. Corbusier's own view and explanation of the scheme are presented in the book *Une Maison—Un Palais, "A la recherche d'une Unité Architecturale"* (Paris, 1928). See Hannes Meyer's scheme in Claude Schnaidt, *Hannes Meyer*, pp. 22 ff.
8. Robert Moses, *Working for the People*. p. 127.
9. Quoted by Robert A. Caro, *The Power Broker*, p. 771.
10. Cesare de Seta, *Città verso il 2000*, p. 54.
11. So a recent book edited by Andrew Kirby, *The Pentagon and the Cities*, does not mention the building, but is entirely concerned with the impact of military spending on local urban economies in the United States.
12. Wilma Fairbank, *Liang and Lin*, p. 170.
13. The best source is Gordon Cullen's *The Concise Townscape*.
14. David Harvey, *The Condition of Postmodernity*, p. 300.
15. Sharon Zukin, *The Cultures of Cities*, p. 53.
16. Zukin, p. 49.
17. Gregory J. Ashworth, "Heritage Planning," in *Heritage Landscape*, ed. Jacek Purchla (Kraków, 1993). Yvonne Ridley, "Have We All Got Heritage Fatigue?" (on the falling tourist figures in British Heritage Sites in 1999), in *The Independent on Sunday*, August 29, 1999, p. 11.
18. Ashworth, *ibid.*
19. Paul Saffo quoted by William J. Mitchell, in *E-Topia*, p. 33.
20. Paul Krugman quoted by Mitchell, in *E-Topia*, p. 124.
21. M. Carpo, reviewing William J. Mitchell, *City of Bits*, in *L'Architecture d'aujourd'hui* 317 (June 1998), p. 26.
22. Plato, *Phaedrus* 275 a.
23. William Gibson, *Neuromancer*, pp. 71 ff.
24. Gibson, pp. 67, 106.
25. Gibson, *ibid.*
26. Marshall McLuhan and Quentin Fiore, *The Medium Is the Message*, p. 72.
27. See Carol Willis, *Form Follows Finance*, p. 9.
28. William Wordsworth, "Expostulation and Reply," lines 16–20, but see McLuhan and Fiore, *The Medium Is the Message*, p. 44.

6. 郊区和新首都（The Suburbs and the New Capitals）

1. *Beppo, A Venetian Story,* from *The Complete Poetical Works of Lord Byron,* ed. Jerome J. McGann, vol. 4 (Oxford, 1986).
2. *L'Oeuvre de Tony Garnier,* ed. Albert Morancé and Jean Badovici.
3. Lord Curzon's speech on relinquishing the viceroyalty in 1904, quoted by Sten Nilsson, *The New Capitals,* p. 82.
4. Clarence Arthur Perry, *The Neighborhood Unit,* Monograph 1 in vol. 7, Neighborhood and Community Planning. Regional Plan of New York and Its Environs, New York 1929. Reproduced by Clarence Arthur Perry, in *Housing for the Machine Age,* pp. 49 ff.
5. Clarence S. Stein, *Toward New Towns for America,* pp. 96 ff.
6. Norma Evenson, *Chandigarh,* pp. 55 ff.
7. Report on living conditions in the new capital from *Brasília* (Journal of the Companhia Urbanizadora da Nova Capital do Brasil—NOVACAP), 1963, quoted in James Holston, *The Modernist City,* pp. 20 ff.
8. Sales advertisement for Downs of Hillcrest, near Dallas. Quoted by Jane Holtz Kay, *Asphalt Nation,* p. 31.
9. Thomas J. Campanella, "A Welcome Alternative: China's Suburban Revolution," in *Harvard Architectural Review* 10 (New York, 1998), pp. 112 ff.
10. Frank Schaffer, *The New Town Story,* p. 7.
11. Lloyd Rodwin, *The British New Towns Policy: Problems and Implications* (Cambridge, Mass., 1956), pp. 85 ff.
12. Henry George, *Progress and Poverty: An Inquiry into the Cause of Industrial Depression and of Increase of Want with Increase of Wealth. The Remedy* by Henry George (London, Fifty-second anniversary edition, 1931), pp. 283, 284.
13. Quoted in Jane Holtz Kay, *Asphalt Nation,* p. 233.
14. Mahlon Apgar IV, *Managing Community Development: The Systems Approach in Columbia, Maryland* (New York, 1971), p. 24.
15. "We wanted to provide a full residential, educational, cultural, recreational and vocational life within the city. There should be as many jobs in the city as there were dwelling units. It should be possible for anyone to work and live there, whether he was a janitor or a corporation executive. . . . Secondly, the plan should respect the land. Thirdly . . . we have an enormously 'examined' society in which ministers, doctors, psychiatrists, psychologists have learned a lot about people's ability to live together in an urban environment." So, James Rouse, in "Columbia, A New Town Built with Private Capital," *Occasional Papers* 26, Institute of Economic Affairs (London, 1969).
16. Signed by President Johnson on August 1, 1968; it is in fact Title IV of the Housing and Urban Development Act. See Shirley F. Weiss, *New Town Development in the United States* (Chapel Hill, 1973), p. 5.
17. Interview with James Howard Kunstler, May 10, 1990, reported in his *The Geography of Nowhere,* p. 255.
18. Reported by Andrew Ross, in *Celebration,* pp. 306 ff.
19. Ross, *Celebration,* p. 7.

7. 城市核心和全球首都（The Heart of the City and the Capital of a Globe）

1. "Manhattanization" had not appeared in dictionaries until 1999, when it was listed in the new Encarta dictionary, for instance.
2. Forty-six versions of the name—from Manachatas to Munhaddons—are registered. Dingman Versteeg, *Manhattan in 1628*, p. 205.
3. I have followed Michael Kammen, *Colonial New York*, pp. 24 ff. But alternative versions exist. See Edwin G. Burrows and Mike Wallace, *Gotham*, pp. 14 ff.; and of course the burlesque version given by Washington Irving in his *Knickerbocker's History of New York*, which first appeared in 1809. The sale and the price are reported to the Dutch West India Company in a letter of November 5, 1626, quoted in Dingman Versteeg, *Manhattan in 1628*, p. 186.
4. Janet Abu-Lughod, *New York, Chicago, Los Angeles*, pp. 23 ff.
5. Quoted by Larry R. Ford, in *Cities and Buildings*, p. 21.
6. The reception center was closed in 1954—by then most immigrants arrived by air.
7. G. H. Edgell, *The American Architecture of Today*, p. 358.
8. Louis Sullivan, "The Tall Office Building Artistically Considered," first published in *Lippincott's* 17 (March 1896), pp. 403 ff., and reprinted several times; here quoted from Sullivan's *Kindergarten Chats and Other Writings*, pp. 202 ff.
9. Daniel H. Burnham quoted by Montgomery Schuyler, often reprinted. Here quoted from Carl W. Condit, *Chicago 1910–1929*, p. 60.
10. Henry James, *The American Scene*. Quoted in *Writing New York*, by Phillip Lopate, ed., pp. 372 ff. James was in New York in 1904, his book was published in 1907.
11. The Council on Tall Buildings and Urban Habitat. It is located at Lehigh University, Bethlehem, Pennsylvania.
12. *Record and Guide* 86, of July 2, 1912, p. 8. Quoted by Sarah Bradford Landau and Carl W. Condit, *Rise of the New York Skyscraper*, p. 394.
13. "Higher Building in Relation to Town Planning," in *RIBA Journal* 31, no. 5 (January 12, 1924), p. 125 ff.
14. See Merle Crowell, ed., *The Last Rivet*.
15. Designed by John McComb and Joseph Mangin.
16. An intermediate, second "Madison Square Garden" was built on Eighth Avenue and Forty-ninth Street in 1927, but was destroyed, unmourned, to make way for a parking lot.
17. William Pedersen (of Kohn, Pedersen and Fox). Quoted by Carol Willis, in *Form Follows Finance*, pp. 142 ff.
18. Letter to Henry J. Muller, senior vice president of Citicorp in 1970. Quoted in Robert A. M. Stern and others, *New York 1960*, p. 492.
19. All advertising information and slogans quoted from the *New York Times*, October 24, 1999, Magazine section, advertising supplement.

8. 为了新千年?(For the New Millennium?)

1. Quoted in *De Gaulle et Son Siècle*, ed. Institut Charles de Gaulle, vol. 3 (Paris, 1992), p. 534.
2. "Plan-Programme de l'Est de Paris," *Communications au Conseil de Paris*, November 23, 1983. Quoted by H. V. Savitch, *Post-Industrial Cities*, p. 152.
3. Ross Davis, *Evening Standard*, May 28, 1999, p. 8.
4. Ibid.
5. Reported in *China Daily*, June 22, 1999.
6. Charles P. Kindleberger, *Manias, Panics, and Crashes*, p. 125.
7. Although it seems immemorial, the maxim has a recent origin: "A long line of cases shows that it is not merely of some importance, it is of fundamental importance that justice should not only be done, but should manifestly and undoubtedly be seen to be done." Lord Justice Heward (1870–1943) in R. v. Sussex Justices, November 9, 1923.
8. Robert Venturi, Denise Scott-Brown, and Stephen Izenour, *Learning from Las Vegas*, pp. 64 ff.
9. Perry Anderson, *The Origin of Postmodernity*, p. 133.
10. Jane Jacobs, *The Death and Life of Great American Cities*, pp. 360 ff.
11. "In the U.K., the McLibel Case is a McDisaster." Reported in *Inside PR and Reputation Management*, 1996.
12. *The Economist*, December 11–17, 1999, pp. 19 ff.
13. Gerald Silver of the Encino Homeowners' Association. Quoted by Mike Davis in *City of Quartz*, p. 205.
14. Sharon Zukin, *The Cultures of Cities*. pp. 238 ff. But see Jane Jacobs, *The Economy of Cities*, pp. 224 ff., on earlier Harlem revitalization problems.
15. See above, chapter 3, note 10.
16. Not in the 1971 OED supplement, but dated 1954 by Merriam-Webster.
17. Told in outline in *Traffic in Towns: A Study of the Long-term Problems of Traffic in Urban Areas*. Report of Working Group, chaired by Colin Buchanan and known as the Buchanan Report (London, 1963), pp. 182 ff.
18. Seth Mydans in the *New York Times*, December 6, 1999, p. A3.
19. Mike Davis, *City of Quartz*, pp. 122; Jane Holtz Kay, *Asphalt Nation*, pp. 117 ff.
20. Zygmunt Bauman, *Globalization, the Human Consequence*, p. 72.
21. My chapter 3, p. 97.
22. Gerald E. Frug, *City Making*, p. 220.
23. This argument is advanced in greater detail by Gerald E. Frug, *City Making*, pp. 215 ff.
24. Tony Hiss, *The Experience of Place*, pp. 104 ff.
25. Martin Hoyles, "Hints of the Open Country," in Tim Butler and Michael Rustin, eds., *Rising in the East*, pp. 240 ff.
26. *The New Charter of Athens: The Principles of . . . for the Planning of Cities*, European Council of Town Planners (Athens, 1998).
27. Maurice Merleau-Ponty, *Phénoménologie de la Perception*, p. 23. (My translation.)
28. Often quoted, the remark is now considered apocryphal.

跋（Epilogue）

1. Minoru Yamasaki interviewed by Paul Heyer in *Architects on Architecture* (New York, 1993), p. 194. It is very difficult to see how the building could have been interpreted by anyone except its architect to carry such a message.
2. On this, and the earlier "controlled" dynamiting of the Pruitt Igoe housing, also designed by Minoru Yamasaki and destroyed as the Twin Towers rose, see pp. 128 f.
3. E. B. White, *Here is New York*. With a new Introduction by Roger Angell (New York, 1999 (1st edition, 1949)), p. 54.
4. The extension to the Museum of Fine Arts, designed by Rafael Moneo, was opened in 2000.
5. It first appeared as the title of a racy, journalistic study by A. C. Spectorsky: *The Exurbanites*m (New York, Street & Smith), 1955.
6. I have relied on the new survey, *Modern Urban Housing in CHINA*, ed. by Lü Junhua, Peter G. Rowe and Zhang Jie, Prestel, Munich (London and New York, 2001), which was not available until after the book was published.
7. In her book, *Cities and the Wealth of Nations* (New York, 1984), pp. 156 ff., 215.
8. 'World takes caffeine hit' by Nick Mathiason and Patrick Tooher in *The Observer*, 12 August 2001 'News Focus', p. 3.
9. Following Gerald E. Frug (1999) pp. 214 f.; which I have already quoted earlier, p. 243 and n. 23.
10. Dr. Richard Taylor was elected for Wyre Forest, Worcestershire, by a majority of 17,630—one of the largest in that election, taking votes from both major parties, to defend Kidderminster Hospital. He has now become a spokesman on health issues.
11. *Towards an Urban Renaissance. Final report of the Urban Task Force Chaired by Lord Rogers of Riverside*, London, 1999, p. 11, 'The Key Proposals'. The report was published between the completion of my manuscript and the publication of the book.

参考文献

Abu-Lughod, Janet. *New York, Chicago, Los Angeles: America's Global Cities*. Minneapolis, 1999.

Adriani, Maurilio, et al. *L'Utopia nel Mondo Moderno*. Florence, 1969.

Anderson, Perry. *The Origins of Postmodernity*. Oxford, 1998.

Aymonino, Carlo, et al. *Le Città Capitali dell XIX Secolo*. Rome, 1975.

Bairoch, Paul. *Cities and Economic Development: From the Dawn of History to the Present*. Trans. Christopher Braider. Chicago, 1988.

Balfour, Alan. *Berlin: The Politics of Order 1737–1989*. New York, 1990.

Banham, Rayner. *Los Angeles: The Architecture of Four Ecologies*. Harmondsworth, England, 1971.

Barnett, Jonathan. *The Fractured Metropolis*. New York, 1995.

Barrell, John, ed. *Painting and the Politics of Culture*. Oxford, 1992.

Barrière, Pierre. *La Vie Intellectuelle en France*. Paris, 1961.

Bauman, Zygmunt. *Globalization, the Human Consequence*. New York, 1998.

Benevolo, Leonardo. *Le Origini dell'Urbanistica Moderna*. Bari, 1963.

Benjamin, Walter. *Illuminationen*. Frankfurt, 1969.

Benoit-Lévy, Georges. *La Cité-Jardin*. Paris, 1904.

Bergdoll, Barry. *Léon Vaudoyer: Historicism in the Age of Industry*. Cambridge, Mass., 1994.

Berton, Kathleen. *Moscow: An Architectural History*. London, 1990.

Bindman, David, and Gottfried Riemann, eds. *Karl-Friedrich Schinkel: Journal of a Visit to France and Britain in 1826*. New Haven and London, 1993.

Bird, Anthony. *Roads and Vehicles*. London, 1969.

Bonnome, C., et al. *L'Urbanisation Française*. Paris, 1964.

Boyer, M. Christine. *Dreaming the Rational City*. Cambridge, Mass., 1983.

———. *The City of Collective Memory*. Cambridge, Mass., 1994.

Bradford Landau, Sarah, and Carl W. Condit. *Rise of the New York Skyscraper 1865–1913*. New Haven and London, 1996.

Braudel, Fernand. *The Identity of France*. New York, 1990.

Brooks, H. Allen. *Le Corbusier's Formative Years*. Chicago, 1997.

Brooks, Richard Oliver. *New Towns and Communal Values, A Case Study of Columbia, Maryland*. New York, 1974.

Buder, Stanley. *Pullman. An Experiment in Industrial Order and Community Planning 1880–1930*. New York, 1967.

Bullock, Nicholas, and James Read. *The Movement for Housing Reform in Germany and France 1840–1914*. Cambridge, 1985.

Burchard, John, and Albert Bush-Brown. *The Architecture of America*. Boston, 1961.

Burrows, Edwin G., and Mike Wallace. *Gotham: A History of New York City to 1898*. Oxford and New York, 1998.
Butler, Martin, and Evelyn Joll. *The Painting of J. M. W. Turner.* New Haven and London, 1977.
Butler, Tim, and Michael Rustin, eds. *Rising in the East: The Regeneration of East London.* London, 1996.
Calthorpe, Peter. *The Next American Metropolis.* New York, 1993.
Calvino, Italo. *Le Città Invisibili.* Turin, 1972.
Carini, Alessandra, et al. *Housing in Europe, 1900–1960.* Bologna, 1978.
Caro, Robert A. *The Power Broker: Robert Moses and the Fall of New York.* New York, 1974.
Castells, Manuel. *The City and the Grassroots.* Berkeley and Los Angeles, 1983.
———, ed. *High Technology, Space and Society.* London, 1985.
Castells, Manuel, and Peter Hall. *Technopoles of the World.* London, 1994.
Checkland, S. G. *The Rise of Industrial Society in England, 1815–1855.* London, 1964.
Choay, Françoise. *The Modern City.* New York, 1969.
———. *The Rule and the Model.* Cambridge, Mass., 1997.
Ciucci, Giorgio, Francesco Dal Co, Mario Manieri-Elia, and Manfredo Tafuri. *La Città Americana dalla Guerra Civile al New Deal.* Bari, 1973.
"Civitas/What Is a City." *Harvard Architecture Review* 10. New York, 1998.
Clapham, J. H. *An Economic History of Modern Britain.* Cambridge, 1926.
Coleman, Terry. *The Railway Navvies.* Harmondsworth, England, 1968.
Condit, Carl W. *Chicago 1910–29. Building, Planning and Urban Technology.* Chicago and London, 1973.
———. *Chicago 1930–70. Building, Planning, and Urban Technology.* Chicago, 1974.
Crowell, Merle, ed. *The Last Rivet: The Story of Rockefeller Center.* New York, 1940.
Cullen, Gordon. *The Concise Townscape.* London, 1961.
Davis, Mike. *City of Quartz.* New York, 1992, and London, 1990.
Davy, M. J. B. *Aeronautics.* London, 1949.
De Magistris, Alessandro. *La Costruzione della Città Totalitaria.* Milan, 1995.
Dethier, Jean, and Alain Guiheux, eds. *La Ville, Art et Architecture en Europe, 1870–1993.* Exhibition catalogue. Paris, 1994.
Deutscher, Isaac. *Stalin.* Harmondsworth, England, 1966.
Devillers, Christian, and Bernard Huet. *Le Creusot: Naissance et Développement d'une Ville Industrielle 1782–1914.* Seyssel, France, 1981.
Dirlmeier, Ulf, et al., eds. *Geschichte des Wohnens.* Stuttgart, 1997–98.
Disraeli, Benjamin, earl of Beaconsfield, *Works,* edited Edmund Gosse. London, 1904.
Döhmer, Klaus. *In Welchem Style Sollen Wir Bauen?* Munich, 1973.
Domosh, Mona. *Invented Cities.* New Haven and London, 1996.
Downs, Anthony. *New Visions for Metropolitan America.* Washington, D.C., 1994.
Duany, Andres, Elizabeth Plater-Zyberk, and Jeff Speck. *Suburban Nation: The*

Rise of Sprawl and the Decline of the American Dream. New York, 2000.
Duby, Georges, ed. *Histoire de la France Urbaine*. Paris,
Durkheim, Emile. *The Elementary Forms of the Religious Life*. New York, 1961.
Edgell, G. H. *The American Architecture of Today*. New York and London, 1928.
Eliot, Marc. *Walt Disney: Hollywood's Dark Prince*. London, 1994.
Ellin, Nan. *Postmodern Urbanism*. Oxford, 1996.
Evenson, Norma. *Chandigarh*. Berkeley and Los Angeles, 1966.
———. *Paris: A Century of Change, 1878–1978*. New Haven, 1979.
Fairbank, Wilma. *Liang and Lin: Partners in Exploring China's Architectural Past*. Philadelphia, 1994.
Figes, Orlando. *A People's Tragedy: The Russian Revolution 1891–1924*. London, 1996.
Finberg, A. J. *The Life of J. M. W. Turner, R. A.* Oxford, 1961.
Ford, Larry R. *Cities and Buildings*. Baltimore and London, 1994.
Frug, Gerald E. *City Making: Building Communities without Building Walls*. Princeton, N.J., 1999.
Galantay, Ervin Y. *New Towns: Antiquity to the Present*. New York, 1975.
Gans, Herbert J. *The Urban Villagers*. New York, 1982.
Garreau, Joel. *Edge City: Life on the New Frontier*. New York, 1991.
Gay, Peter. *The Enlightenment: An Interpretation*. London, 1973.
Geist, Johann Friedrich. *Arcades: The History of a Building Type*. Cambridge, Mass., 1983.
Gibson, William. *Neuromancer*. London, 1995 (1984).
Giedion, Siegfried. *Space, Time and Architecture*. New York, 1941.
Gille, Bertrand. *Leonardo e Gli Ingegneri del Rinascimento*. Milan, 1972.
Gilpin. *Observations on the River Wye . . . Made in the Summer of the Year 1770*. London, 1782.
Gimpel, Jean. *La Révolution Industrielle du Moyen Age*. Paris, 1975.
Glass, Ruth. *Clichés of Urban Doom*. Oxford, 1989.
Glazer, Nathan, and Mark Lilla, eds. *The Public Face of Architecture: Civic Culture and Public Spaces*. New York, 1987.
Goldberger, Paul. *The Skyscraper*. London and New York, 1982.
Gordon, W. Terrence, *Marshall McLuhan*. New York, 1997.
Gottmann, Jean. *Megalopolis: The Urbanized Northeastern Seaboard of the United States*. Cambridge, Mass., 1961.
Gozak, Andrei, and Andrei Leonidov. *Ivan Leonidov*. Edited Catherine Cooke. London, 1988.
Graf, Arturo. *L'Anglomania e l'Influsso Inglese in Italia nel Secolo XVIII*. Torino, 1911.
Grout, Catherine, and Tsutomu Iyori, eds. *Le Paysage de l'Espace Urbain*. Enghien-les-Bains, France, 1998.
Gruen, Victor. *The Heart of Our Cities, the Urban Crisis: Diagnosis and Cure*. New York, 1964.
Guilbaut, Serge. *How New York Stole the Idea of Modern Art: Abstract Expressionism, Freedom and the Cold War*. Chicago and London, 1983.
Hale, John. *The Civilization of Europe in the Renaissance*. London, 1993.

Hall, Sir Peter. *Managing Growth in the World's Cities*. Lecture given in Toronto, October 1990. Published March 1991.

———. *Cities in Civilization*. New York and London, 1998.

———. *Great Planning Disasters*. London, 1980.

Hanaford, Phebe A. *The Life of George Peabody*. Boston, 1870.

Harvey, David. *The Limits to Capital*. Oxford, 1982.

———. *The Condition of Postmodernity*. Oxford, 1990.

———. *Justice, Nature and the Geography of Difference*. Oxford, 1996.

Hatt, Paul K., and Albert J. Reiss, Jr., eds. *Cities and Society*. New York, 1957.

Hayden, Dolores. *The Power of Place*. Cambridge, Mass., 1997.

Heertje, Arnold, ed. *Schumpeter's Vision: Capitalism, Socialism and Democracy after 40 Years*. New York, 1981.

Hilberseimer, L. *Entfaltung einer Planungsidee*. Berlin, 1963.

Hiller, Carl E. *Babylon to Brasília: The Challenge of City Planning*. Boston, 1972.

Hiss, Tony. *The Experience of Place: A New Way of Looking at and Dealing with Our Countryside*. New York, 1991.

Hitchcock, Henry-Russell, et al. *The Rise of an American Architecture*. London, 1970.

Hobhouse, Christopher. *1851 and the Crystal Palace*. London, 1937.

Hobsbawn, Eric, and Terence Ranger, eds. *The Invention of Tradition*. Cambridge, 1983.

Hodgson, Godfrey. *A Grand New Tour*. London, 1995.

Hole, James. *The Homes of the Working Classes with Suggestions for Their Improvement*. London, 1866.

Holston, James. *The Modernist City: An Anthropological Critique of Brasília*. Chicago, 1989.

Hübsch, Heinrich, et al. *In What Style Should We Build?* Introduction and translation by Wolfgang Herrmann. Santa Monica, Calif., 1992.

Huxtable, Ada Louise. *Architecture Anyone?* Berkeley, 1986.

———. *The Tall Building Artistically Reconsidered*. Berkeley, 1992.

Inglis, Brian. *Poverty and the Industrial Revolution*. London, 1971.

Institut Charles de Gaulle. *De Gaulle en son Siècle*. Paris, 1992.

Jacobs, Jane. *The Death and Life of Great American Cities*. New York, 1961.

———. *The Economy of Cities*. New York, 1969.

Jefferson, Thomas. *Writings*. Edited by Merrill D. Peterson. New York, 1984.

Jordy, William H. *American Buildings and their Architects*. Vol. 4, 5. Oxford, 1972.

Kahn, Herman, and Anthony J. Wiener. *The Year 2000: A Framework for Speculation on the Next Thirty-three Years*. New York, 1967.

Kammen, Michael. *Colonial New York: A History*. Oxford and New York, 1975.

Kay, Jane Holtz. *Asphalt Nation: How the Automobile Took Over America and How We Can Take It Back*. Berkeley and Los Angeles, 1997.

Kemp, Martin. *Leonardo da Vinci*. London, 1981.

Kindleberger, Charles P. *Manias, Panics, and Crashes: A History of Financial Crises*. New York, 1996.

Kirby, Andrew, ed. *The Pentagon and the Cities*. Newbury Park, Calif., 1992.
Klingender, Francis D. *Art and the Industrial Revolution*. London, 1947.
Kunstler, James Howard. *The Geography of Nowhere: The Rise and Decline of America's Man-Made Landscape*. New York, 1993.
Ladrière, Jean. *Vie Sociale et Destinée*. Gembloux, Belgium, 1973.
Le Corbusier (Charles-Edouard Jeanneret). *Oeuvres Complètes*. Edited by W. Boesiger. Zürich, 1935.
Lefebvre, Henri. *La Vie Quotidienne dans le Monde Moderne*. Paris, 1968.
———. *Du Rural à l'Urbain*. Paris, 1970.
———. *La Production de l'Espace*. Paris, 1974.
Lévi-Strauss, Claude. *Tristes Tropiques*. Paris, 1955.
———. *Anthropologie Structurale*. Paris, 1958.
Lopate, Phillip, ed. *Writing New York: A Literary Anthology*. New York, 1998.
Lynch, Kevin. *The Image of the City*. Cambridge, Mass., 1960.
———. *What Time Is This Place?* Cambridge, Mass., 1972.
McLuhan, Marshall. *Understanding Media: The Extensions of Man*. London, 1968.
McLuhan, Marshall, and Quentin Fiore. *The Medium Is the Message: An Inventory of Effects*. Harmondsworth, England, 1967.
Magistris, Alessandro De. *La Costruzione della Città Totalitaria*. Milan, 1995.
Manuel, Frank E., and P. Fritzie. *Utopian Thought in the Western World*. Oxford, 1979.
Merleau-Ponty, Maurice. *Phénoménologie de la Perception*. Paris, 1945.
Merlin, Pierre. *Les Villes Nouvelles*. Paris, 1969.
Merlin, Pierre, and Françoise Choay, eds. *Dictionnaire de l'Urbanisme et de l'Aménagement*. Paris, 1988.
Merrifield Andy, and Erik Swyngedouw, eds. *The Urbanization of Injustice*. New York, 1997.
Mitcham, Carl, and Robert Mackey. *Philosophy and Technology*. New York, 1972.
Mitchell, B. R., ed. *International Historical Statistics*. London, 1998.
Mitchell, William J. *E-Topia: "Urban Life, Jim—But Not As We Know It."* Cambridge, Mass., 1999.
———. *City of Bits*. Cambridge, Mass., 1995.
Moore, Charles. *Daniel H. Burnham: Architect, Planner of Cities*. New York, 1968.
Morancé, Albert, and Jean Badovici. *L'Oeuvre de Tony Garnier*. Paris, 1932.
Morris, A. E. J. *History of Urban Form*. New York, 1979.
Morris, William. *News from Nowhere*. London, 1890.
Moses, Robert. *Working for the People: Promise and Performance in Public Service*. New York, 1956.
Mumford, Lewis. *Technics and Civilization*. London, 1934.
———. *The City in History*. New York, 1961.
Nicholson, Max. *The Environmental Revolution*. Harmondsworth, England, 1972.
Nilsson, Sten. *The New Capitals*. Lund, Sweden, 1972.
Olsen, Donald J. *Town Planning in London: The Eighteenth and Nineteenth Centuries*. New Haven and London, 1982.

Overholt, William H. *China: The Next Economic Superpower.* London, 1993.
Parsons, Kermit Carlyle, ed. *The Writings of Clarence S. Stein.* Baltimore, 1998.
Pearson, S. Vere. *The Growth and Distribution of Population.* London, 1935.
Perloff, Harvey S., ed. *Planning and the Urban Community.* Pittsburgh, 1961.
Perronet, Jean-Rodolphe, et al. *Ecrits d'Ingénieurs.* Paris, 1997.
Perry, Clarence Arthur. *Housing for the Machine Age.* New York, 1939.
Pétonnet, Colette. *Espaces Habités: Ethnologie des Banlieues.* Paris, 1982.
Phillips, Peggy A. *Modern France: Theories and Realities of Urban Planning.* Lanham, Md., 1987.
Power, Anne. *Hovels to High Rise: State Housing in Europe Since 1850.* London, 1993.
Quilici, Vieri. *Città Russa e Città Sovietica.* Milan, 1976.
Raffalovich, Arthur. *Le Logement de l'Ouvrier et du Pauvre.* Paris, 1887.
Rees, Nigel. *Graffiti Lives* O.K. London, 1979.
Reps, John W. *The Making of Urban America.* Princeton, N.J., 1965.
———. *Monumental Washington.* Princeton, N.J., 1967.
Reulecke, Jürgen. *Geschichte des Wohnens.* 3 vols. Stuttgart, 1997.
Robinson, Eric, and A. E. Musson. *James Watt and the Steam Revolution.* London, 1969.
Rojek, Chris. *Ways of Escape: Modern Transformations in Leisure and Travel.* Basingstoke, England, 1993.
Ross, Andrew. *Celebration: Life, Liberty and the Pursuit of Property Value in Disney's New Town.* New York, 1999.
Rykwert, Joseph. *The Idea of a Town: The Anthropology of Urban Form in Rome, Italy, and the Ancient World.* Hilversum, Netherlands, 1960; London and Princeton, N.J., 1976; Cambridge, Mass., 1980.
———. "Reflections on the Continent as a Museum." *Times Literary Supplement,* Dec. 8, 1989.
———. "Rebuilding Europe's Bombed Cities." *Times Literary Supplement,* May 11, 1990.
———. "Für die Stadt—Argumente für ihre Zukunft." In *Die Welt der Stadt,* ed. Tilo Schabert. Munich, 1991.
———. "Off Limits: City Pattern and City Texture." In *Constancy and Change in Architecture,* edited by M. Quantrill and B. Webb. Texas A&M University, 1991.
Sadler, Simon. *The Situationist City.* Cambridge, Mass., 1999.
Sassen, Saskia. *The Global City.* Princeton, N.J., 1991.
Savitch, H. V. *Post-Industrial Cities: Politics and Planning in New York, Paris and London.* Princeton, N.J., 1988.
Schaffer, Frank. *The New Town Story.* London, 1970.
Schama, Simon. *Landscape and Memory.* London, 1996.
Schnaidt, Claude. *Hannes Meyer.* Teufen A/R, 1965.
Schumpeter, Joseph. *Economic Doctrine and Method.* London, 1957.
Scott, Allen, J. and Edward W. Soja. *The City: Los Angeles and Urban Theory at the End of the Twentieth Century.* Berkeley, 1996.
Scott, Sir George Gilbert. *Remarks on Secular and Domestic Architecture.* London, 1858.

———. *Personal and Professional Recollections*. Edited by Gavin Stamp. Stanford, 1995.
Seabrook, Jeremy. *The Leisure Society*. Oxford, 1988.
Sellier, Henri. *Une Cité pour Tous*. Edited by Bernard Marrey. Paris, 1998.
Sennett, A. R. *Garden Cities in Theory and Practice*. London, 1905.
Sennett, Richard. *The Fall of Public Man*. London, 1978.
———. *Flesh and Stone*. New York, 1994.
Seta, Cesare de. *Città verso il 2000*. Milan, 1990.
Siegel, Arthur, ed. *Chicago's Famous Buildings*. Chicago, 1965.
Sies, Mary Corbin, and Christopher Silver. *Planning the Twentieth-Century American City*. Baltimore, 1996.
Simmen, Jeannot, and Uwe Drepper. *Der Fahrstuhl: Die Geschichte der Vertikalen Eroberung*. Munich, 1984.
Sitte, Camillo. *City Planning According to Artistic Principles*. London, 1965.
Skinner, B. F. *Walden Two*. Toronto, 1948.
Smiles, Samuel. *James Brindley and the Early Engineers*. London, 1864.
Smith, Adam. *The Wealth of Nations*. Oxford, 1904.
Sorkin, Michael, ed. *Variations on a Theme Park*. New York, 1992.
Stein, Clarence S. *Toward New Towns for America*. Liverpool and Chicago, 1951.
Stern, Robert A. M., Thomas Mellins, and David Fishman. *New York 1960*. New York, 1997.
Stewart, Murray, ed. *The City: Problems of Planning*. Harmondsworth, England, 1972.
Sudjic, Deyan. *The Hundred Mile City*. London, 1992.
Sullivan, Louis H. *Kindergarten Chats and Other Writings*. Reprint, New York, 1947.
Sutcliffe, Anthony. *The Autumn of Central Paris*. London, 1970.
———. *Towards the Planned City*. Oxford, 1981.
———. ed. *Metropolis 1890–1940*. Chicago, 1984.
Tafuri, Manfredo. *The Sphere and the Labyrinth*. Cambridge, Mass., 1987.
Tallmadge, Thomas E. *The Story of Architecture in America*. London, n.d.
Taylor, Graham Romeyn. *Satellite Cities: A Study of Industrial Suburbs*. New York, 1970.
Thompson, E. P. *The Making of the English Working-Class*. London, 1963.
Tocqueville, Alexis de. *Oeuvres*. Edited by André Jardin. Paris, 1991.
Trachtenberg, Marvin. *The Statue of Liberty*. New York, 1986.
Tunnard, Christopher. *The City of Man*. London, 1953.
Van der Ryn, Sim, and Stuart Cowan. *Ecological Design*. Washington, D.C., 1996.
Venturi, Robert, Denise Scott-Brown, and Stephen Izenour. *Learning from Las Vegas*. Cambridge, Mass., 1977.
Versteeg, Dingman. *Manhattan in 1628*. New York, 1904.
Vidler, Anthony. *Claude-Nicolas Ledoux*. Cambridge, Mass., 1990.
Ward, David, and Olivier Zunz, eds. *The Landscape of Modernity*. New York, 1992.
Warner, Sam Bass. *The Urban Wilderness: A History of the American City*. Berkeley, 1972.

Watkins, Perry. *The Rise of the Sunbelt Cities*. London, 1977.
Whyte, William H. *City: Rediscovering the Center.* New York, 1988.
Williams-Ellis, Clough, ed. *Britain and the Beast*. London, 1938.
Willis, Carol. *Form Follows Finance: Skyscrapers and Skylines in New York and Chicago*. Princeton, 1995.
Wilton, Andrew. *Turner in His Time*. New York, 1987.
Wright, Gwendolen. *Building the Dream: A Social History of Housing in America*. New York, 1981.
———. *The Politics of Design in French Colonial Urbanism*. Chicago, 1991.
Yelling, J. A. *Slums and Slum Clearance in Victorian London*. London, 1986.
Zukin, Sharon. *The Culture of Cities*. Oxford and Cambridge, Mass., 1995.